U0397232

浪花朵朵

[日] 富田幸光 著　王美玲 译　廖俊棋 校

小学馆大百科NEO ネオ

恐龙

北京联合出版公司
Beijing United Publishing Co.,Ltd.

目录

小学馆大百科

恐龙

霸王龙

封面：霸王龙　封底：窃蛋龙　书脊：恶魔角龙
扉页：梁龙

以松鼠龙羽毛印迹残留化石

伶盗龙与原角龙决斗化石

剑龙头骨

了解最新的恐龙研究

来进一步熟悉恐龙吧

本书的阅读方法

本册图鉴以恐龙为中心，按照亲缘关系对恐龙以及同时代生存的翼龙、蛇颈龙、鱼龙、哺乳动物等400余种生物进行了相关介绍。

同时本书记录了近年来有关恐龙化石的最新发现和研究。

本书以最新研究成果为基础，配以精致的插图和珍贵的照片，对恐龙进行了详细的讲解。

如何阅读图鉴页

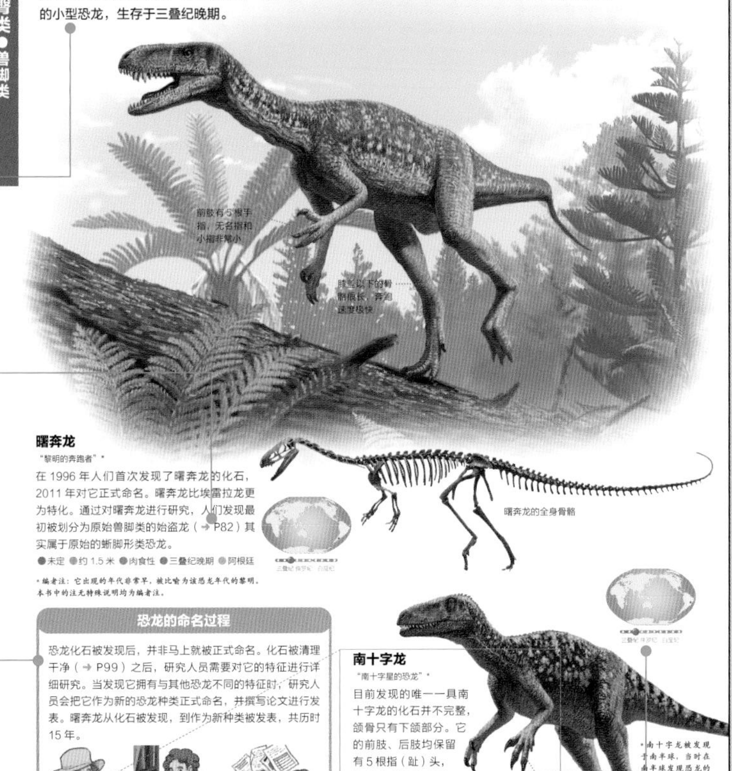
蜥臀类●兽脚类

原始的兽脚类

原始的兽脚类恐龙是那些被认为最接近所有兽脚类的共同祖先的恐龙。以前甚至还有学说认为，这些恐龙和更为祖先的“原始蜥臀类”是近亲。除了埃雷拉龙，原始的兽脚类恐龙都是全长2米左右的小型恐龙，生存于三叠纪晚期。

曙奔龙

“黎明的奔跑者”*

在1996年人们首次发现了曙奔龙的化石，2011年对它正式命名。曙奔龙比埃雷拉龙更为特化。通过对曙奔龙进行研究，人们发现最初被划分为原始兽脚类的始盗龙（➔P82）其实属于原始的蜥脚形类恐龙。

●未定 ●约1.5米 ●肉食性 ●三叠纪晚期 ●阿根廷

*编者注：它出现的年代非常早，被比喻为该恐龙年代的黎明。本书中的注无特殊说明均为编者注。

恐龙的命名过程

恐龙化石被发现后，并非马上就被正式命名。化石被清理干净（➔P99）之后，研究人员需要对它的特征进行详细研究。当发现它拥有与其他恐龙不同的特征时，研究人员会把它作为新的恐龙种类正式命名，并撰写论文进行发表。曙奔龙从化石被发现，到作为新种类被发表，共历时15年。

南十字龙

“南十字星的恐龙”*

目前发现的唯一一具南十字龙的化石并不完整，颌骨只有下颌部分。它的前肢、后肢均保留有5根指（趾）头，这是非常原始的恐龙的特征。后肢的结构保证了它们可以迅速地奔跑。

●埃雷拉龙科 ●约2米 ●肉食性 ●三叠纪晚期 ●巴西

*南十字龙被发现于南半球，当时在南半球发现恐龙的例子极少，因此科学家以在南半球才能看见的南十字星座对这种恐龙命名。

28 ●科名 ●全长 ●食性 ●生存时代 ●化石被发现的地区

【用不同颜色来区分恐龙种类】

本图鉴收录的生物被分为6组，包括5组恐龙和1组恐龙以外的生物，并在页面的边缘用不同颜色加以区分。

【简介】

本书将不同种类的恐龙等生物进一步细分为49个群体。简介部分将对每个群体的特征进行通俗易懂的介绍。

【指向关联页码的箭头】…➔

当相关信息出现在其他页面时，读者看到箭头指向便可知道关联的页码，可以进一步扩大知识面、激发兴趣。

【博古通今专栏】

在这个专栏里，有许多有趣信息可以帮助读者成为“恐龙博士”。

如何阅读恐龙的信息

【属名】

写着恐龙的常用名称（属名）。引号内的话是对该名称含义的解释。

【解说】

详细介绍该恐龙的特征以及发现时期等相关信息。

【数据】

●科名：该恐龙在分类上所属的“科”。当科名不清楚时，记为“未定”。

●全长：当恐龙整个身体伸展时，从头部到尾巴的长度。

●食性：该恐龙的主要食物类型。

●生存时代：化石存在的地层年代。

●化石被发现的地区：发现该化石的主要国家。

【图中说明】

指出身体特征。

【地图及时间轴】

★ 用星星符号标记发现化石的主要地区。当地区分布非常接近时，共用一个星星标记。

● 利用时间轴标示该恐龙的生存时代，一目了然。

时代划分

三叠纪晚期…2亿3700万～2亿年前

侏罗纪早期…2亿～1亿7400万年前

侏罗纪中期…1亿7400万～1亿6300万年前

侏罗纪晚期…1亿6300万～1亿4500万年前

白垩纪早期前半叶…1亿4500万～1亿2500万年前

白垩纪早期后半叶…1亿2500万～1亿年前

白垩纪晚期前半叶…1亿～8360万年前

白垩纪晚期后半叶…8360万～6600万年前

【复原图】

基于最新信息和最前沿的学说，对每种恐龙进行绘制的复原图。

【照片】

从世界各地搜集而来的、可以反映恐龙骨骼特征与生态的宝贵照片。

观察一下钩爪

去博物馆时，大家可以观察一下恐龙的后肢。兽脚类恐龙的后肢拥有发达的钩爪。其中，驰龙类为了减少钩爪的磨损，在行走或奔跑的时候，会将钩爪缩回；而在捕猎时，会全力向猎物猛扑过去，同时向下伸出钩爪，切开猎物。

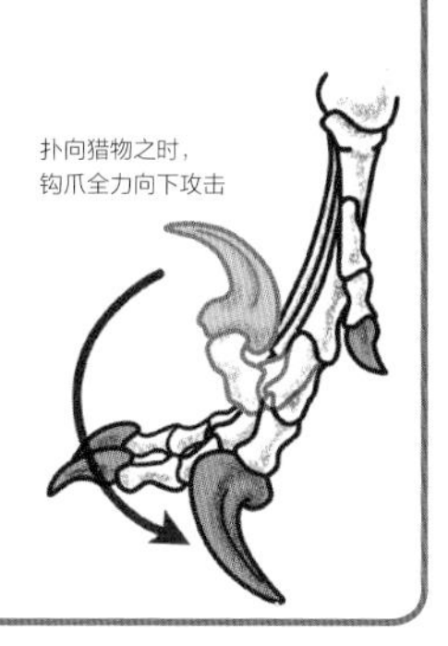

【LET'S TRY! 专栏】

读者通过做实验、猜谜语、观察化石等活动，加上独立尝试和思考，可以进一步了解恐龙。

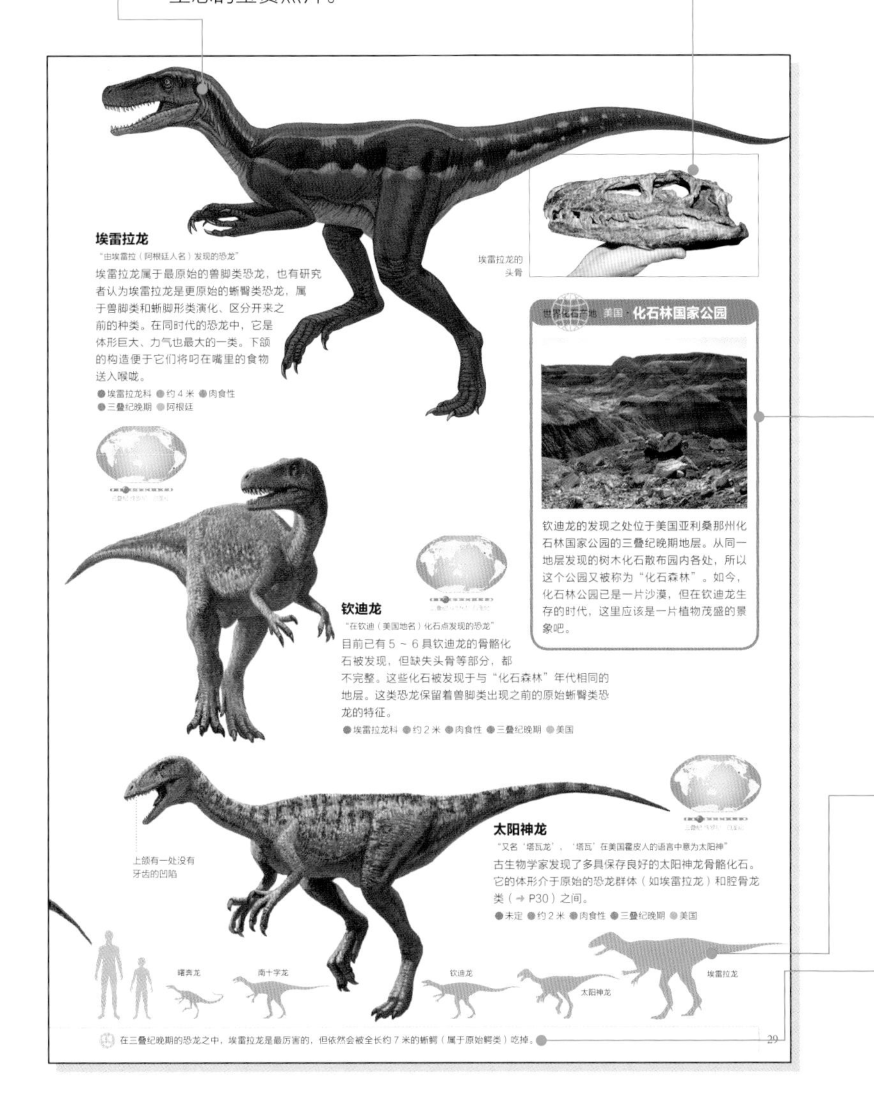

【世界化石产地】

从发现恐龙化石的地区中选取了特别重要的来进行介绍。

【与人类进行对比】

为了帮助读者想象出恐龙的实际大小，这里以身高170厘米的大人和身高120厘米的儿童为参照对象，描绘出恐龙的大致大小。

【一句话信息】…

对趣味知识、术语等相关信息进行介绍。

●身体大小

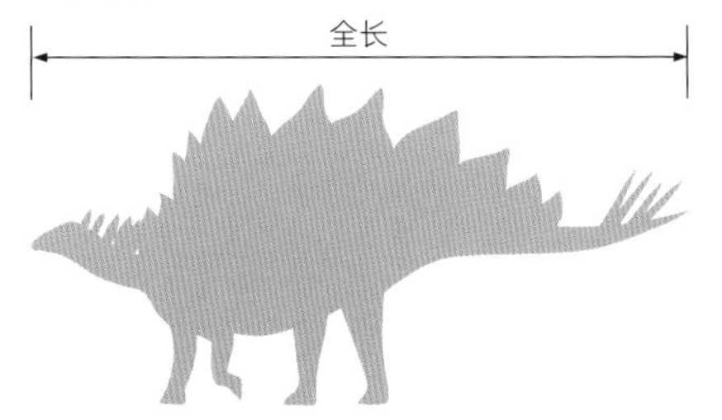

本书用"全长（单位米、厘米）"来描述大多数恐龙和其他生物的大小。一部分恐龙和翼龙的大小，用"翼展（展开双翼时，左右翼尖之间的直线距离）"来描述。

专题页

通过多种切入点，对大家特别感兴趣的恐龙进行专题介绍。

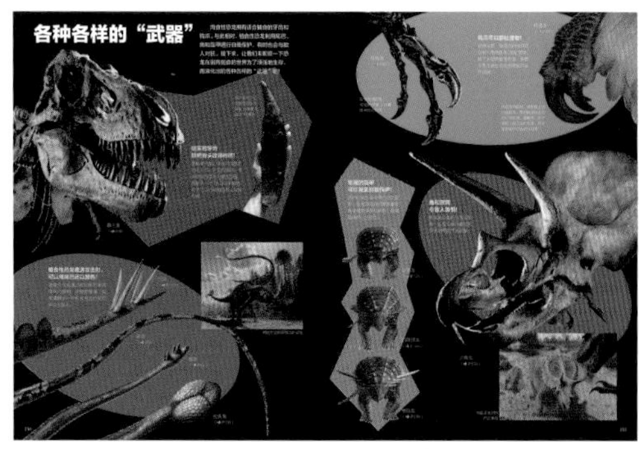

欢迎来到 恐龙世界

2 亿多年前，地球上出现了恐龙这种生物。经过长期的演化，恐龙群体演变出许多不同的特征，并不断繁盛起来，但最终它们还是灭绝了。虽然恐龙生存的时代距今非常久远，但随着研究的不断深入，曾经神秘的恐龙形态和它们的生活状态在人们眼中渐渐清晰起来。世界各地也接连发现了恐龙化石。

1 亿 2000 万年前日本（福井县手取群）恐龙生活的情形

一方面，人们了解到越来越多关于恐龙的新知识；但另一方面，在这个领域内，仍然存在大量未知之谜。如今，地球的某些地方仍掩埋着尚未被发现的化石。它们的发掘、命名和更多全新的大发现，也许就看你的了！

那么，冒险要开始喽！翻开史前的画卷，一起踏入恐龙的世界吧！

恐龙诞生前的地球

地球大约诞生在 46 亿年前，在随后的 6 亿年间，地球上没有任何生命存在。一段时间后，结构简单的生命才在地球上诞生。经过漫长的岁月，在各种生物不断演化的过程中，恐龙诞生了，这已经是地球诞生后大约 43 亿年的事情了。

从出现多种多样生命的埃迪卡拉纪开始，到恐龙诞生前的二叠纪为止，这期间地球上生存着哪些生物呢？

查恩盘虫
环轮水母
狄更逊水母
蕨叶虫
埃鲁尼塔虫

埃迪卡拉纪

（约 6 亿 3500 万～约 5 亿 4100 万年前）

最原始的生命在大海中经过长时间演化后，地球上终于开始出现肉眼可见的生物，其中以身体扁平的生物居多。它们与现代生物之间的关系尚不清楚。

奇虾
欧巴宾海蝎
皮卡虫
怪诞虫
马尔三叶形虫
莱得利基虫

寒武纪

（约 5 亿 4100 万～约 4 亿 8500 万年前）

在古生代寒武纪，很多种生物爆发式地出现，并逐步向远处扩张。其中，全长约 1 米的奇虾成为当时最强的肉食动物。恐龙最原始的祖先便是由这些动物演化而成的。

奥陶纪、志留纪、泥盆纪

（约 4 亿 8500 万～约 3 亿 5800 万年前）

奥陶纪时，大海中开始出现原始鱼类。这些鱼类与当今鱼类的最大区别便是没有颌。而志留纪时，出现了拥有颌、鱼鳍和坚硬骨骼的鱼类。泥盆纪时，各种鱼类繁盛，有的鱼还拥有了盔甲，但不久后它们便灭绝了。

二叠纪（约 2 亿 9900 万 ~ 约 2 亿 5200 万年前）

二叠纪时，陆地上出现了爬行动物和单孔类动物，后者就是哺乳动物的祖先。异齿兽便属于肉食性单孔类，它巨大的背脊能起到调节体温的作用。在不久后的三叠纪，恐龙就出现了。

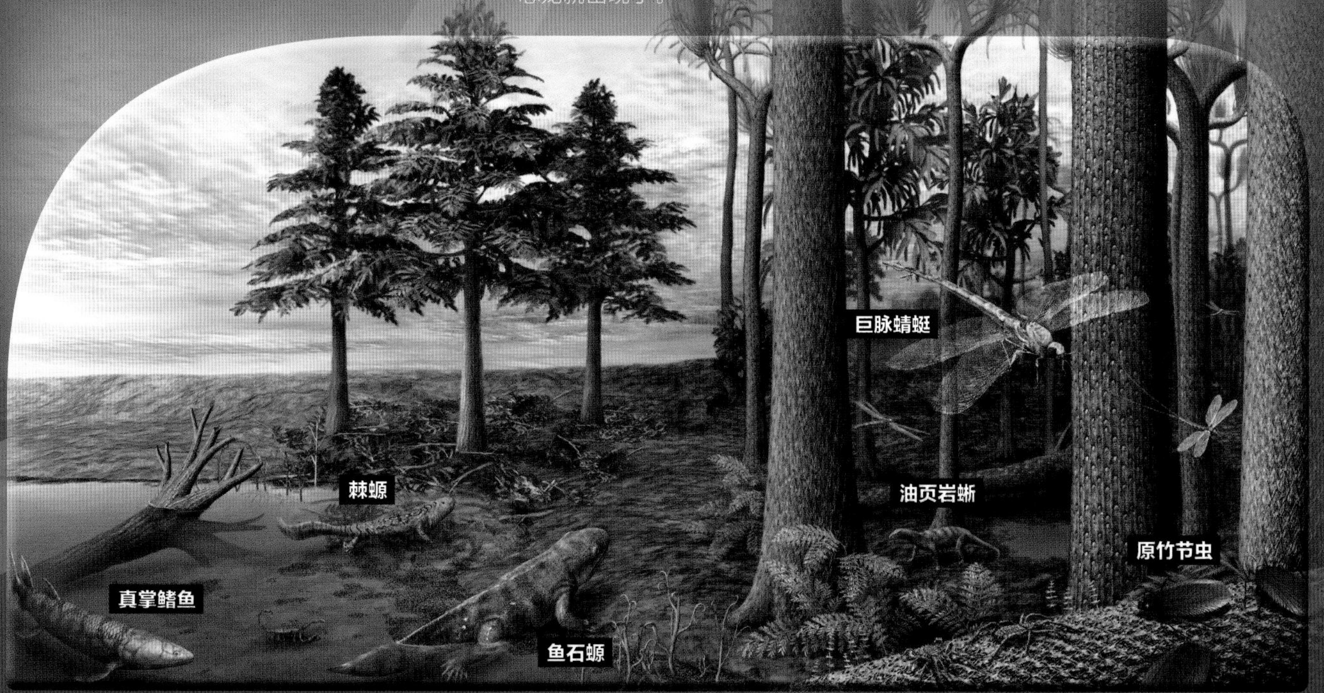

泥盆纪、石炭纪（约 4 亿 1900 万 ~ 约 2 亿 9900 万年前）

生命在大海中诞生 34 亿年后，才开始向陆地进军。“先锋军”就是最初的两栖动物——鱼石螈。然而，它还不能完全脱离水生存。石炭纪晚期出现的爬行动物才能够真正地完全在陆地上生活。

三叠纪 约 2 亿 5200 万 ~ 2 亿年前

三叠纪中期，地球上开始出现恐龙的身影。首先出现的是双足行走的肉食性恐龙，随后才出现四足行走的植食性恐龙。

此时，原始的大型爬行动物盛极一时，尤其是蜥鳄等。但肉食性恐龙比其他肉食性动物更加敏捷，更善于捕捉猎物，因此势力不断扩张。

沛温翼龙（➔ P174）
槽齿龙（➔ P85）
埃雷拉龙（➔ P29）
始盗龙（➔ P82）
腔骨龙（➔ P30）
南十字龙（➔ P28）
虾蟆螈（两栖动物）
始带齿兽（哺乳类➔ P17）
孔耐蜥（蜥蜴类➔ P17）
※该全景立体画与具体时代和地区无关，只是为了汇集三叠纪生物而绘成。

侏罗纪 约 2 亿～1 亿 4500 万年前

进入侏罗纪后，恐龙的种类日益增多。一部分植食性恐龙的体形渐渐变大，同时蜥脚形类恐龙繁盛起来。在以植食性恐龙为食的肉食性恐龙中，出现了牙齿巨大、躯体强壮、钩爪锋利的大型种类。有羽毛的恐龙和原始的鸟类也在这个时期登场了。

※该全景立体画与具体时代和地区无关，只是为了汇集侏罗纪生物而绘成。

白垩纪

进入白垩纪后，随着不断的演化，出现了大量特征多样的恐龙。肉食性恐龙除一部分类群外，体形都变得更加巨大，霸王龙便是在此时登场的。身体覆盖着结实骨板的装甲龙，以及头上长着锋利尖角的角龙类等恐龙鼎盛一时，它们的身体构造可以保护自己免受肉食性恐龙的攻击。另外，此时地球上还出现了会开花的被子植物。植食性恐龙还演化出了发达的特殊牙齿和颌部，以便更好地食用这些植物。

※ 该全景立体画与具体时代和地区无关，只是为了汇集白垩纪生物而绘成。

什么样的生物是恐龙？

在迄今为止地球上曾经出现过的各种生物之中，什么样的生物才是恐龙呢？研究者们通过对恐龙骨骼和牙齿化石进行观察，将它们与其他生物化石、现代生物进行比较，发现了恐龙这种生物的多种特征，并对它们进行了分类。让我们来仔细阅读一下吧。

双孔类与单孔类

恐龙属于四足动物。“四足”就是四条腿的意思，现在的两栖动物、爬行动物（包含鸟类）、哺乳动物都属于这个类群。四足动物中，最早出现的是两栖动物。两栖动物由那些鱼鳍演化成腿的鱼类（肉鳍鱼类）演变而来，它们生活在水边。这些两栖动物中，渐渐又出现了可以离开水边、在陆地上生活的生物，它们大致可以被分为两类——蜥形类（➡后环衬）和单孔类。蜥形类中又演化出了如今被称为爬行动物的双孔类动物。恐龙便属于双孔类。

■——无孔类的存在

蜥形类中，除了双孔类外，还存在无孔类（也称副爬行动物），但这类生物如今已经全部灭绝。

恐龙的特征

恐龙因腿部结构特殊，奔跑和行走都比其他爬行动物更加敏捷，这被认为可能是恐龙繁盛的一个原因。与其他爬行动物相比，恐龙有哪些特点呢？我们试着将它们与鳄鱼比较一番吧！

■——腿部向下伸出

恐龙

腿部向躯干的正下方笔直伸出，可以用两条腿支撑体重。

鳄鱼

腿部从躯干几乎横向伸出。站立时用力叉开腿部，以支撑体重。

双孔类

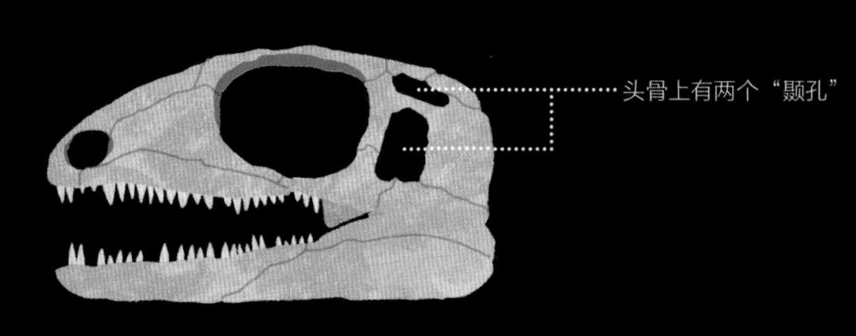

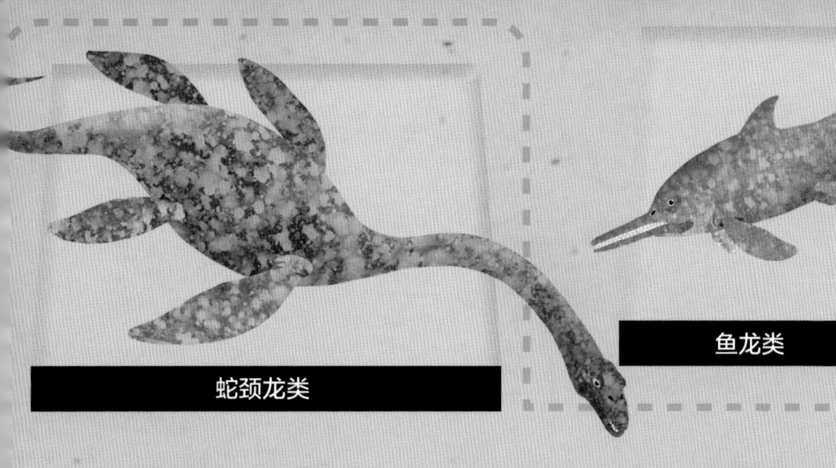

鳞龙形类

单孔类

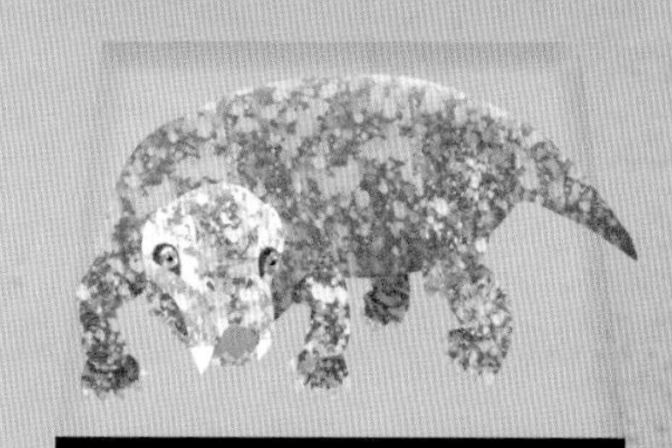

■——骨盆处有缝隙

腿根部的骨头结构不同导致了腿部朝向不同。

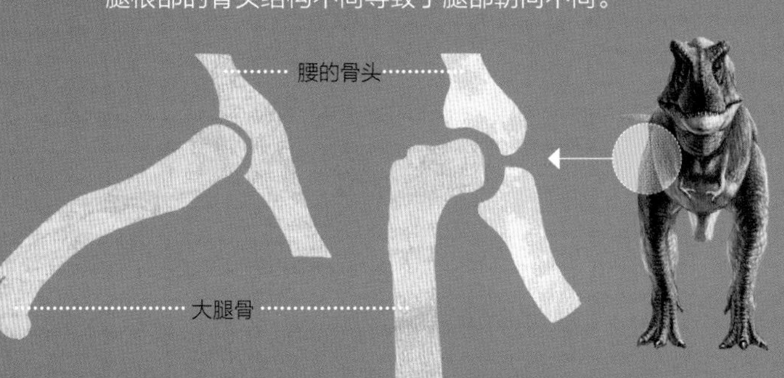

鳄鱼

腰的骨头有凹陷，但无缝隙。大腿骨（股骨➔P19）倾斜地嵌入腰部骨头凹陷处。

恐龙

腰的骨头凹陷处有缝隙。大腿骨的突出部分嵌入凹陷处，腿骨笔直地向正下方伸出。

■——脚踝关节易于弯曲

即使地面凹凸不平，依然能够敏捷移动。

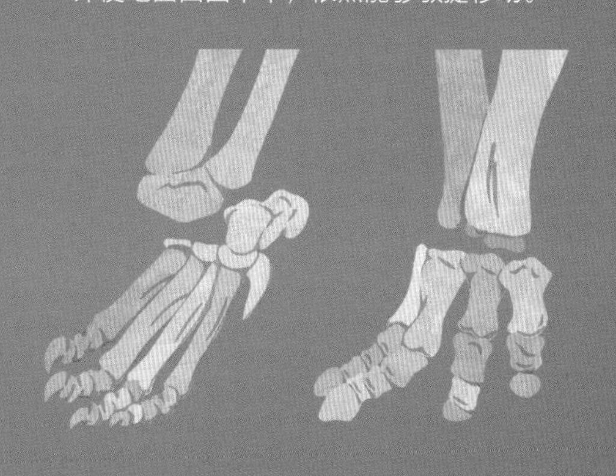

鳄鱼

脚踝结构复杂，难以弯曲。

恐龙

脚踝结构简单，容易弯曲。

龟鳖类头骨中没有颞孔，与其他爬行动物不同。这种现象被认为是演化的结果。

看看恐龙的身体结构吧

恐龙家族有特征各异的众多种类。但无论哪个种类，它们身体的基本结构是相同的。就让我们来仔细看一看吧。

身体结构

恐龙身体的前端是头部。从嘴尖到眼前的部分被称为“吻”。恐龙的头部由颈部支撑，颈部将头部和躯干相连。躯干的后部长有尾巴，尾巴能够起到保持身体平衡的作用。恐龙躯干的前后部分各有两条腿，也就是一共有四条腿。前后腿分别借助肘部和手腕、膝部和脚踝，以及手指、脚趾关节进行弯曲。

骨骼

恐龙的身体从头至尾，共有 300 多块骨头。每块骨头都有各自的名称。

头骨结构

头部由多块骨头构成。为了具备看、听、闻的功能，恐龙头部的结构演化得十分复杂。恐龙想要生存下来就必须进食，食物的“入口”便是口部（颌部）。它们颌部排列的牙齿能起到吞入、咀嚼食物的作用。

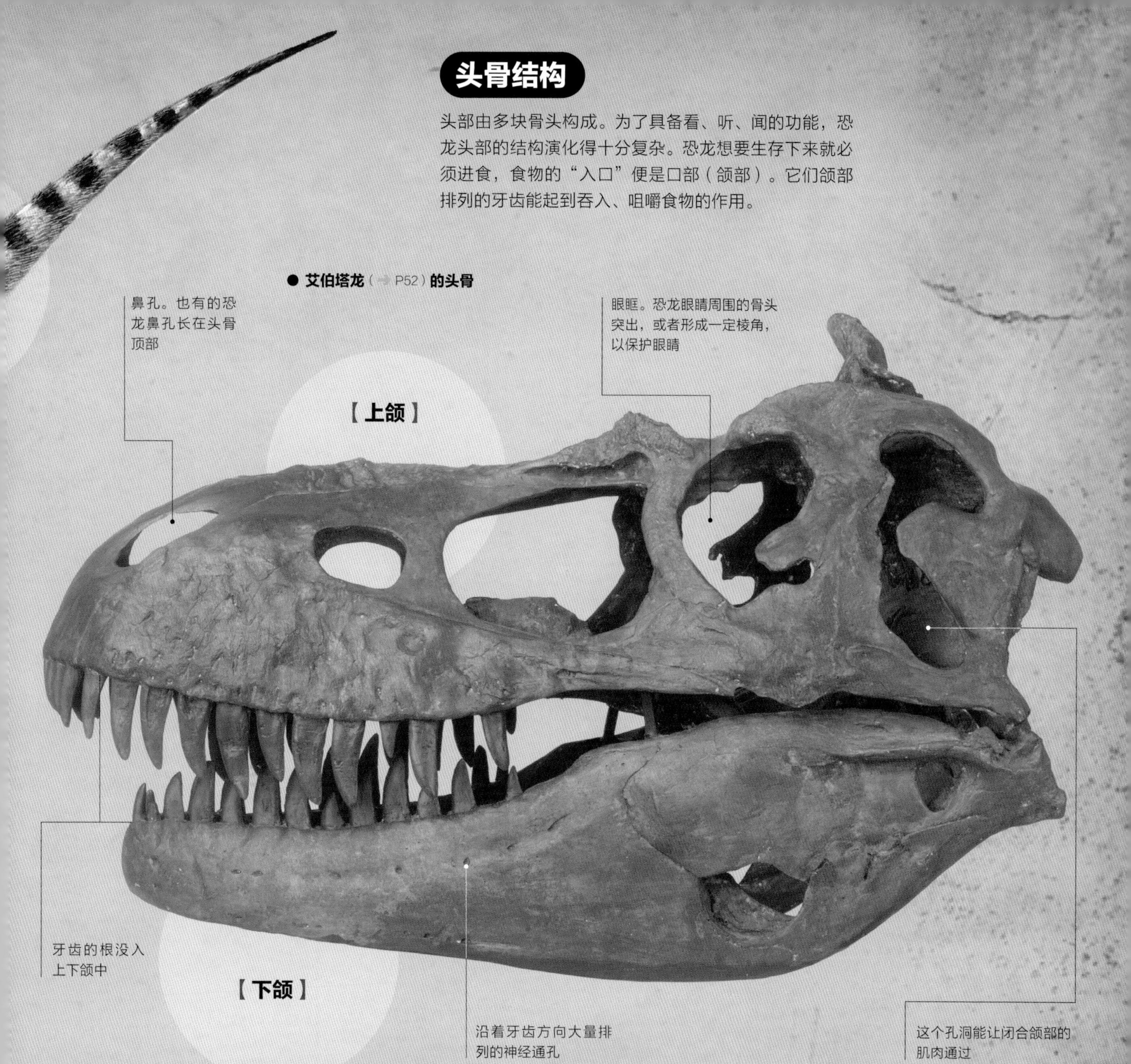

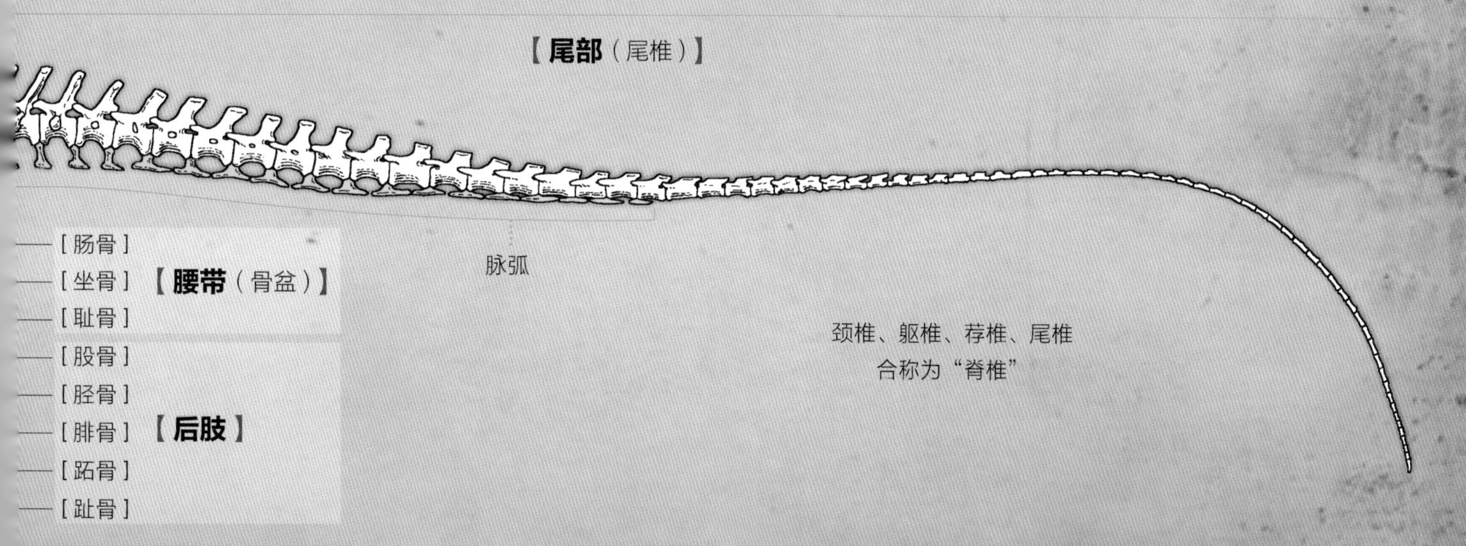

恐龙的分类

根据骨盆结构的特征，可将恐龙分为两大类——蜥臀类和鸟臀类。其中，蜥臀类可以进一步细分为两类，鸟臀类可以进一步细分为三类。每个类群内的恐龙都被认为是从同一祖先演化而来的，因为它们具有与其他类群不同的特征。

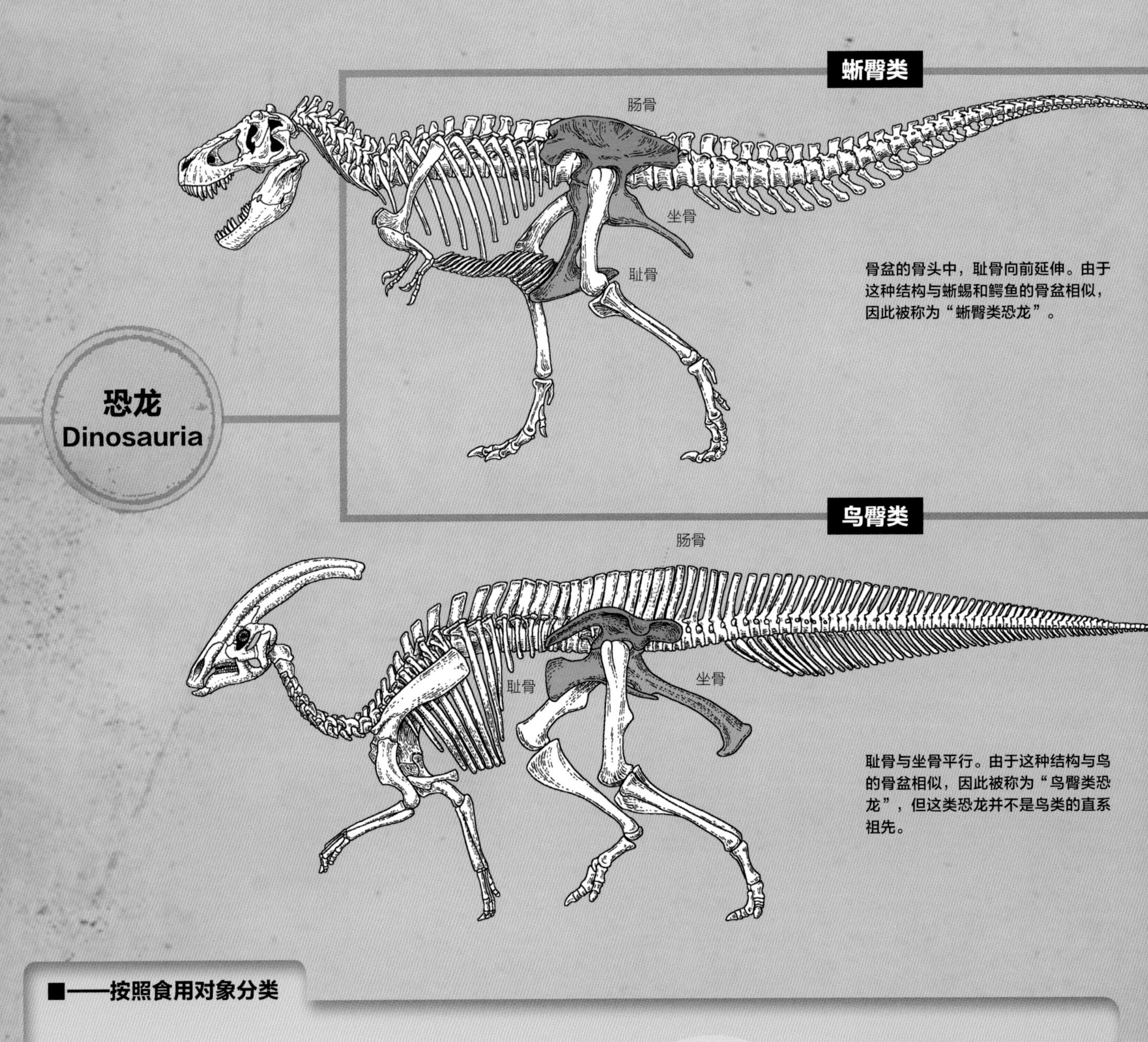

骨盆的骨头中，耻骨向前延伸。由于这种结构与蜥蜴和鳄鱼的骨盆相似，因此被称为“蜥臀类恐龙”。

耻骨与坐骨平行。由于这种结构与鸟的骨盆相似，因此被称为“鸟臀类恐龙”，但这类恐龙并不是鸟类的直系祖先。

■——按照食用对象分类

肉食性恐龙

主要吃狩猎捕捉到的活物，有时也吃已经死亡的动物的肉。它们的牙齿锋利，像是匕首。有的恐龙也会吃一些鱼或昆虫。

植食性恐龙

在恐龙生存的年代里，蕨类、针叶树、苏铁等植物生长茂盛，可以被作为食物。这类恐龙的牙齿形状多种多样，有汤勺形、铅笔形、树叶形等。

兽脚类（➔P26）

兽脚类恐龙拥有匕首般的牙齿，两条腿行走迅速。这一类恐龙包括全部的肉食性恐龙和部分植食性恐龙。这类恐龙出现于三叠纪晚期，到白垩纪末期几乎全部灭绝，但其中演变成鸟类的一部分存活到了今天。

蜥脚形类（➔P80）

蜥脚形类恐龙是植食性恐龙，头部较小，脖子与尾巴则长长的。在早期，它们是只用两条腿行走的小型恐龙。随着不断演化，它们的体形变得巨大，有的体长甚至超过 30 米。这类恐龙生存在三叠纪晚期至白垩纪末期。

装甲类（➔P116）

装甲类恐龙是后背长有骨板和盔甲的植食性恐龙。在早期，它们用两条腿行走，但演化后体形巨大，需要用四条腿支撑身体。这类恐龙出现于侏罗纪，生存至白垩纪末期，包括剑龙类和甲龙类。

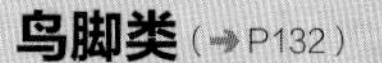

鸟脚类（➔P132）

鸟脚类恐龙是颌部和牙齿发达的植食性恐龙，特化的类群还拥有“齿系”（➔P142）。它们早期用两条腿行走，演化后也能用四条腿行走。这类恐龙出现于侏罗纪早期，生存至白垩纪末期。

头饰龙类（➔P152）

头饰龙类恐龙是头部周围长着骨质隆起或装饰物的植食性恐龙。这类恐龙出现于侏罗纪晚期，在白垩纪达到鼎盛，但与多数恐龙一样，在白垩纪末期它们全部灭绝了。这类恐龙包括肿头龙类和角龙类。其中，肿头龙类恐龙用两条腿行走，角龙类恐龙多用四条腿行走。

■——按照行走方式分类

【用 2 条腿行走】

只用后肢站立，用尾巴保持平衡。

【用 2 ~ 4 条腿行走】

通常用 4 条腿生活，也可以用 2 条腿站立或行走。

【用 4 条腿行走】

用 4 条腿支撑体重。

恐龙的生存年代

地球大约诞生在46亿年前。此后经过了漫长的岁月，直到约2亿3000万年前，恐龙在地球上出现了。随后的1亿6000万年间，恐龙家族不断壮大，在地球上称霸一时。

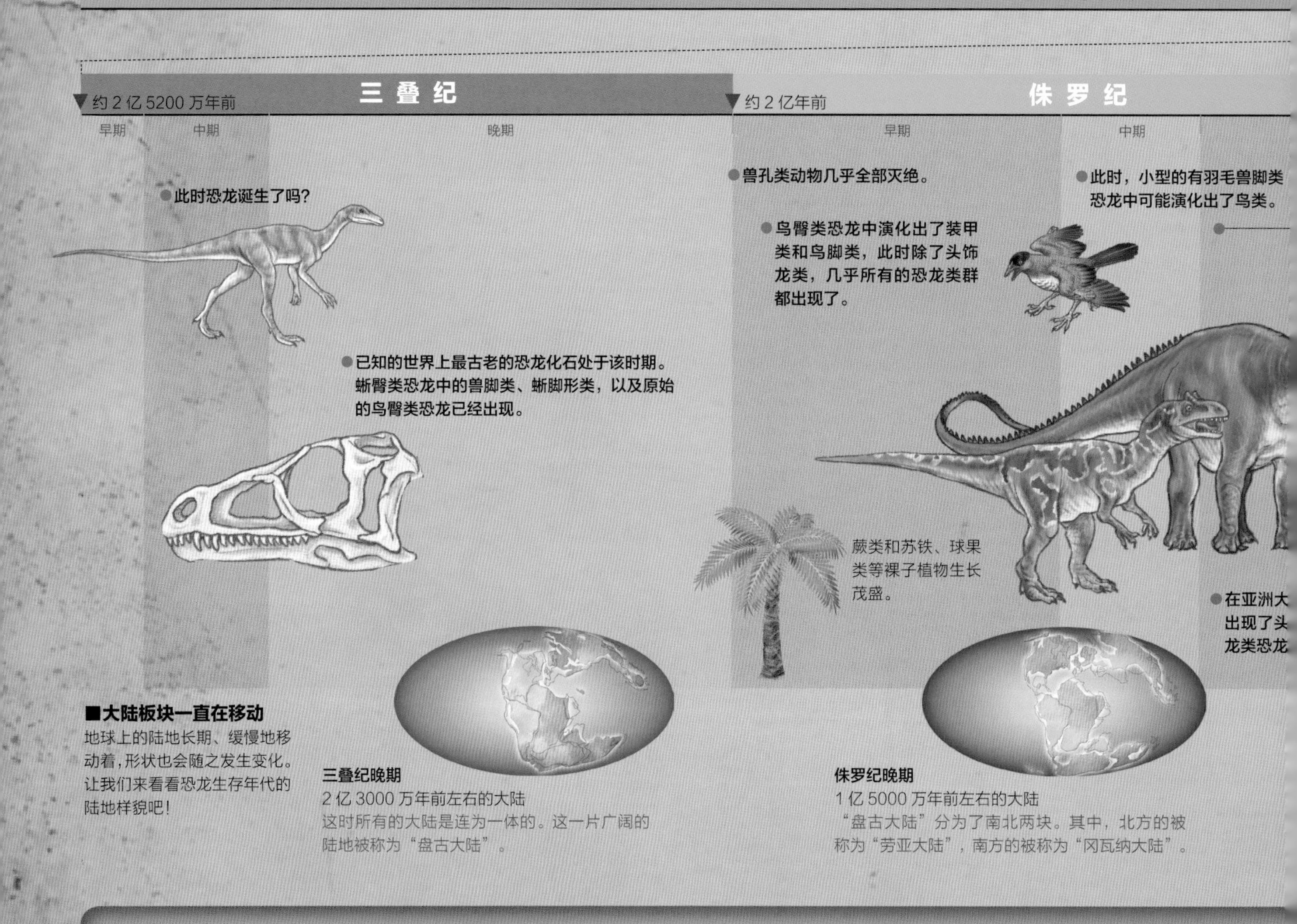

■大陆板块一直在移动

地球上的陆地长期、缓慢地移动着，形状也会随之发生变化。让我们来看看恐龙生存年代的陆地样貌吧!

三叠纪晚期

2亿3000万年前左右的大陆

这时所有的大陆是连为一体的。这一片广阔的陆地被称为“盘古大陆”。

侏罗纪晚期

1亿5000万年前左右的大陆

“盘古大陆”分为了南北两块。其中，北方的被称为“劳亚大陆”，南方的被称为“冈瓦纳大陆”。

了解恐龙的一大线索：化石

化石是很久以前生活在地球上的生物遗骸和它们活动所残留下的遗迹。通过化石，人们可以了解到恐龙的身体结构、生活方式等。

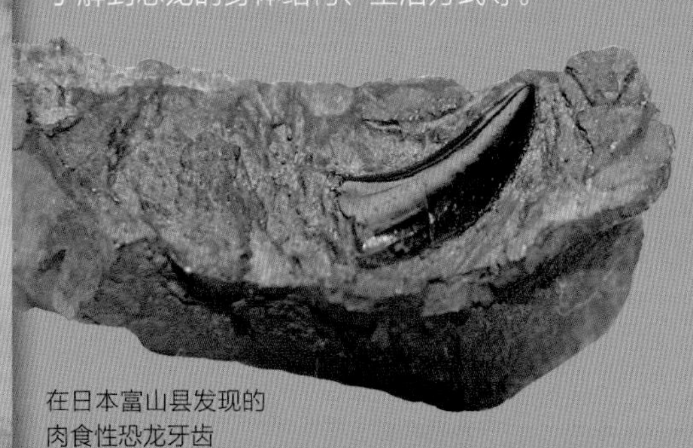

在日本富山县发现的肉食性恐龙牙齿

■——恐龙化石的形成过程

这是一只濒临死亡的恐龙。当它在水边或沙漠中死亡时，容易形成全身化石。

水边的恐龙尸体被洪水冲入水底。大量的沙子和泥土在水流的带动下将恐龙掩埋，恐龙的肌肉和内脏开始腐烂。但有的恐龙尸体会直接被其他生物吃掉。

时代名称的由来

【三叠纪】…… 在德国南部发现了这个时代的地层，分为三层。

【侏罗纪】…… 在瑞士与法国交界处的侏罗山脉发现了这个时代的地层。

【白垩纪】…… 位于欧洲西部，这个时代的地层主要由名为“白垩”的石灰细粒构成。

现代

新生代

约 5 亿年前：

▼ 约 10 亿年前：多细胞生物出现 ▼ 最古老的脊椎动物出现

古生代 中生代

第四纪

白 垩 纪

▼约 1 亿 4500 万年前 约 6600 万年前▼ 古近纪

早期 晚期

出现了体形超级巨大的蜥脚类恐龙，对应地，也出现了可以捕食它们的大型肉食性恐龙。

●鸟脚类恐龙的体形变大。出现了齿系（→ P142）发达的恐龙群体。

●除了一部分鸟类外，恐龙全部灭绝。

被子植物出现，种类不断增多。

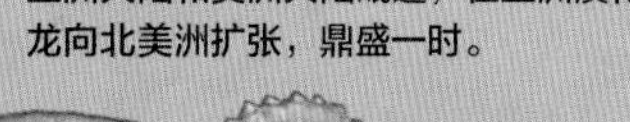

●亚洲大陆和美洲大陆毗连，在亚洲演化的恐龙向北美洲扩张，鼎盛一时。

哺乳动物繁盛。

约 20 万年前，人类祖先（智人）出现。

在亚洲大陆，角龙、鸭嘴龙类和暴龙类恐龙不断演化。

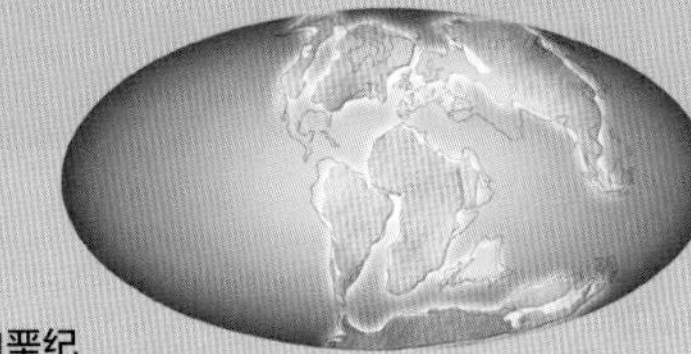

白垩纪

1 亿 2000 万年前左右的大陆

侏罗纪晚期形成的南北两块大陆进一步分裂，逐渐接近当今的陆地形状。

现在的大陆

（以大西洋为中心的地图）

几百年、几千年间，沙子和泥土不断堆积，形成了坚硬的岩石。被掩埋的恐龙骨头和牙齿与岩石中的成分发生作用，成为坚硬的化石。

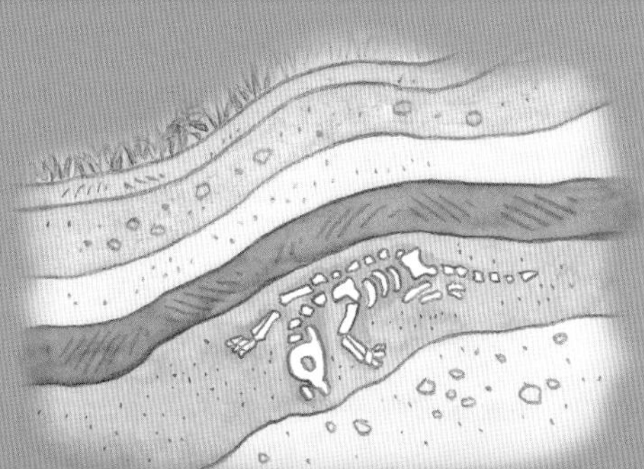

随着地球内部的运动，岩层不断上升，化石移动至地表附近。

岩石在河水和风力的作用下逐渐脱落，化石的一部分暴露出来。人们以此为线索，对恐龙化石进行发掘。

蜥臀类恐龙

通常认为，所有恐龙的祖先——也就是最原始的恐龙，诞生于三叠纪中期。随后，恐龙演化成两大类：蜥臀类和鸟臀类。蜥臀类恐龙又分为兽脚类和蜥脚形类。其中，兽脚类实现了向鸟类的演化，一直生存到今天。而蜥脚形类则是地球上体形最大的生物。

在侏罗纪晚期的北美洲，出现了兽脚类恐龙中的异特龙（➡P40）和嗜鸟龙（➡P55），以及梁龙（➡P94）和圆顶龙（➡P98）等大型蜥脚形类恐龙。

什么是兽脚类恐龙？

兽脚类恐龙拥有匕首般的牙齿，其中大多数都是捕食其他生物为生的肉食性恐龙，有的也会吃昆虫或植物。它们用双腿行走，行动敏捷迅速。目前的研究表明，部分特化的兽脚类恐龙身体上覆盖着羽毛。其中，小型的有羽毛恐龙中出现了长有翅膀的种类，并出现了进一步向鸟类演化的物种。

由兽脚类恐龙演化而成的鸟类是唯一存活至今的恐龙类群。

霸王龙（➜ P48）

牙齿

从颌部前端至内侧，排列着尖锐的牙齿。多数兽脚类恐龙的牙齿边缘都有细小的锯齿，便于它们咬住猎物并将肉撕下来。

前肢

原始的兽脚类恐龙中，有的恐龙拥有 5 根手指，但多数恐龙只有 3 根手指。特化的类群中也有拥有 1 ~ 2 根手指的恐龙，指尖上有尖锐的指甲。

■——兽脚类恐龙中，最大的恐龙和最小的恐龙

棘龙
全长约 16 米

始中国羽龙
全长约 25 厘米

■——如今现存的兽脚类后代（也就是鸟类）中，最大的鸟和最小的鸟

鸵鸟
全长约 2.3 米

吸蜜蜂鸟
全长约 6 厘米

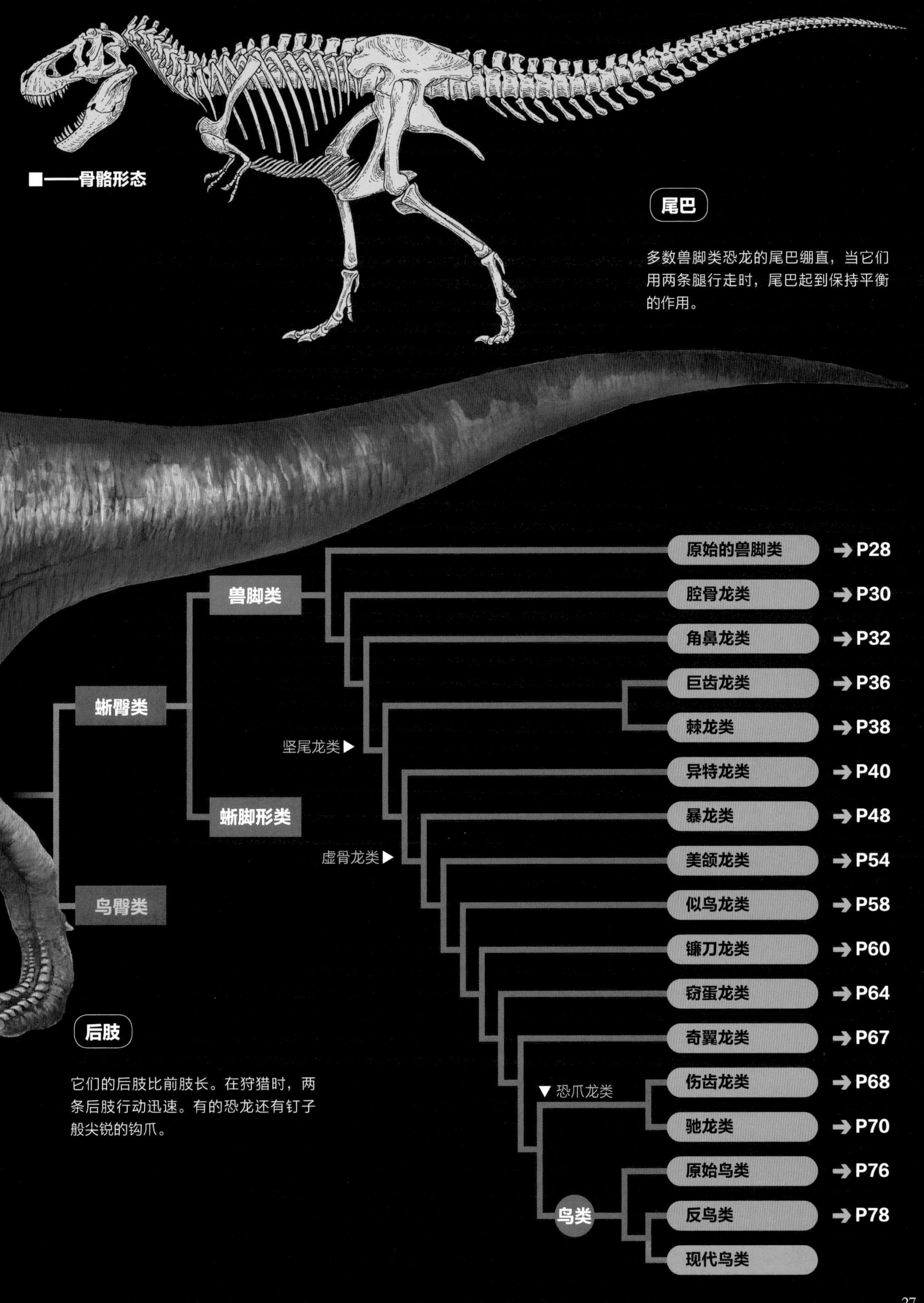

■——骨骼形态
尾巴
多数兽脚类恐龙的尾巴绷直，当它们用两条腿行走时，尾巴起到保持平衡的作用。
后肢
它们的后肢比前肢长。在狩猎时，两条后肢行动迅速。有的恐龙还有钉子般尖锐的钩爪。
蜥臀类
兽脚类
蜥脚形类
鸟臀类
坚尾龙类▶
虚骨龙类▶
▼恐爪龙类
鸟类
原始的兽脚类 ➔P28
腔骨龙类 ➔P30
角鼻龙类 ➔P32
巨齿龙类 ➔P36
棘龙类 ➔P38
异特龙类 ➔P40
暴龙类 ➔P48
美颌龙类 ➔P54
似鸟龙类 ➔P58
镰刀龙类 ➔P60
窃蛋龙类 ➔P64
奇翼龙类 ➔P67
伤齿龙类 ➔P68
驰龙类 ➔P70
原始鸟类 ➔P76
反鸟类 ➔P78
现代鸟类

原始的兽脚类

原始的兽脚类恐龙是那些被认为最接近所有兽脚类的共同祖先的恐龙。以前甚至还有学说认为，这些恐龙和更为祖先的“原始蜥臀类”是近亲。除了埃雷拉龙，原始的兽脚类恐龙都是全长 2 米左右的小型恐龙，生存于三叠纪晚期。

曙奔龙

“黎明的奔跑者”*

在 1996 年人们首次发现了曙奔龙的化石，2011 年对它正式命名。曙奔龙比埃雷拉龙更为特化。通过对曙奔龙进行研究，人们发现最初被划分为原始兽脚类的始盗龙（➔ P82）其实属于原始的蜥脚形类恐龙。

●未定 ●约 1.5 米 ●肉食性 ●三叠纪晚期 ●阿根廷

三叠纪 侏罗纪 白垩纪

曙奔龙的全身骨骼

* 编者注：它出现的年代非常早，被比喻为该恐龙年代的黎明。本书中的注无特殊说明均为编者注。

恐龙的命名过程

恐龙化石被发现后，并非马上就被正式命名。化石被清理干净（➔ P99）之后，研究人员需要对它的特征进行详细研究。当发现它拥有与其他恐龙不同的特征时，研究人员会把它作为新的恐龙种类正式命名，并撰写论文进行发表。曙奔龙从化石被发现，到作为新种类被发表，共历时 15 年。

南十字龙

“南十字星的恐龙”*

目前发现的唯一一具南十字龙的化石并不完整，颌骨只有下颌部分。它的前肢、后肢均保留有 5 根指（趾）头，这是非常原始的恐龙的特征。后肢的结构保证了它们可以迅速地奔跑。

有 5 根手指

●埃雷拉龙科 ●约 2 米 ●肉食性 ●三叠纪晚期 ●巴西

三叠纪 侏罗纪 白垩纪

* 南十字龙被发现于南半球，当时在南半球发现恐龙的例子极少，因此科学家以在南半球才能看见的南十字星座对这种恐龙命名。

埃雷拉龙

“由埃雷拉（阿根廷人名）发现的恐龙”

埃雷拉龙属于最原始的兽脚类恐龙，也有研究者认为埃雷拉龙是更原始的蜥臀类恐龙，属于兽脚类和蜥脚形类演化、区分开来之前的种类。在同时代的恐龙中，它是体形巨大、力气也最大的一类。下颌的构造便于它们将叼在嘴里的食物送入喉咙。

●埃雷拉龙科 ●约 4 米 ●肉食性
●三叠纪晚期 ●阿根廷

埃雷拉龙的头骨

世界化石产地 美国 · 化石林国家公园

钦迪龙的发现之处位于美国亚利桑那州化石林国家公园的三叠纪晚期地层。从同一地层发现的树木化石散布园内各处，所以这个公园又被称为“化石森林”。如今，化石林公园已是一片沙漠，但在钦迪龙生存的时代，这里应该是一片植物茂盛的景象吧。

钦迪龙

“在钦迪（美国地名）化石点发现的恐龙”

目前已有 5 ~ 6 具钦迪龙的骨骼化石被发现，但缺失头骨等部分，都不完整。这些化石被发现于与“化石森林”年代相同的地层。这类恐龙保留着兽脚类出现之前的原始蜥臀类恐龙的特征。

●埃雷拉龙科 ●约 2 米 ●肉食性 ●三叠纪晚期 ●美国

上颌有一处没有牙齿的凹陷

太阳神龙

“又名‘塔瓦龙’，‘塔瓦’在美国霍皮人的语言中意为太阳神”

古生物学家发现了多具保存良好的太阳神龙骨骼化石。它的体形介于原始的恐龙群体（如埃雷拉龙）和腔骨龙类（➜ P30）之间。

●未定 ●约 2 米 ●肉食性 ●三叠纪晚期 ●美国

在三叠纪晚期的恐龙之中，埃雷拉龙是最厉害的，但依然会被全长约 7 米的蜥鳄（属于原始鳄类）吃掉。

腔骨龙类

自三叠纪晚期至侏罗纪早期，腔骨龙类恐龙几乎遍布世界各地。它们体形纤细，以群体合作的方式捕猎，通常吃一些小型的蜥蜴类动物，也会捕捉比自身体形大的动物。

细长的头部

纤细的身体

牙齿锋利，吃昆虫及蜥蜴等

腔骨龙

“四肢骨头空心的恐龙”

腔骨龙是一种原始的兽脚类恐龙，动作敏捷。古生物学家们发现了大量重叠在一起的腔骨龙化石。专家对雄雌腔骨龙之间的差异进行了研究，发现雄性身体稍壮，体重约 20 千克；雌性比雄性纤细，体重约 15 千克。

三叠纪 侏罗纪 白垩纪

●腔骨龙科 ●约 2.5 ~ 3 米 ●肉食性 ●三叠纪晚期 ●美国

可能有头冠

三叠纪 侏罗纪 白垩纪

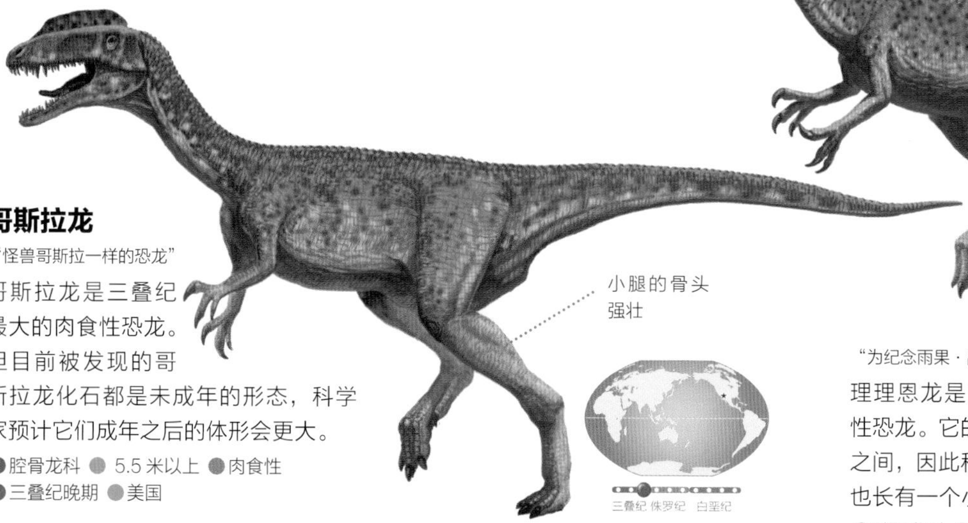

哥斯拉龙

“怪兽哥斯拉一样的恐龙”

哥斯拉龙是三叠纪最大的肉食性恐龙。但目前被发现的哥斯拉龙化石都是未成年的形态，科学家预计它们成年之后的体形会更大。

●腔骨龙科 ● 5.5 米以上 ●肉食性 ●三叠纪晚期 ●美国

小腿的骨头强壮

三叠纪 侏罗纪 白垩纪

理理恩龙

“为纪念雨果·吕勒·理理恩（德国古生物学者）而得名”

理理恩龙是三叠纪时期欧洲最大型的肉食性恐龙。它的演化位置处于腔骨龙和双嵴龙之间，因此科学家推断理理恩龙的头部可能也长有一个小型头冠。

●腔骨龙科 ●约 5 米 ●肉食性 ●三叠纪晚期 ●德国

斯基龙

“在斯基（美国峡谷名）发现的恐龙”

斯基龙的体形小，因此行动敏捷。目前发现的唯一一具斯基龙化石缺少头骨，而且尚未成年，预计成年之后它们的体形会变得更大一些。

●腔骨龙科 ●1.5 米以上 ●肉食性（虫） ●侏罗纪早期 ●美国

并合踝龙 “跗骨接合的恐龙”

并合踝龙是与腔骨龙非常接近的种类。它最初的学名为 *Syntarsus*，但这个名字已用来命名一种昆虫了，所以它的学名被改为 *Megapnosaurus*（意为“巨大的死亡恐龙”）。古生物学家在同一片区域发现了 30 具并合踝龙化石，所以推测它们是群体捕猎的恐龙。

●腔骨龙科 ●约 2 ~ 2.5 米 ●肉食性 ●侏罗纪早期 ●南非、津巴布韦、英国? *

* 本书数据栏添加问号的信息表示尚不确定。

南极也有恐龙!

如今，98% 的南极大陆都被冰块所覆盖，十分寒冷。但在南极大陆地层中，也发现过恐龙化石。在 1990 ~ 1991 年进行的发掘调查中，学者们在柯克帕特里克山 3800 米左右高度的地层发现了冰脊龙和蜥脚类等恐龙的化石。据此，学者认为当时的南极大陆非常温暖，拥有十分适于恐龙生活的环境。目前推测还有很多其他恐龙的化石至今仍被埋藏于冰层之下。

柯克帕特里克山和发掘队的帐篷

冰脊龙

“生活在冰天雪地、有头冠的恐龙”

冰脊龙是侏罗纪早期最大型的肉食性恐龙。它同时拥有原始的和特化的恐龙特征，所以分类比较模糊。2007 年，科学家们认为它应被划分到与双嵴龙相近的群体中。被发现的冰脊龙化石都属于未成年恐龙，预计成年之后体形会变得更大一些。

●双嵴龙科 ●约 6.5 米 ●肉食性 ●侏罗纪早期 ●南极大陆

双嵴龙

“有两个头冠的恐龙”

双嵴龙的头顶上有一对薄薄的 V 字形骨质头冠。在电影《侏罗纪公园》中，双嵴龙颈部有可收缩的褶皱，而且能射出毒液，但这个描述并没有得到相关考证。

●双嵴龙科 ●约 7 米 ●肉食性 ●侏罗纪早期 ●美国

哥斯拉龙的命名者肯 · 卡彭特博士非常喜欢哥斯拉。此外，他还命名了超龙（➔ P95）等恐龙。

角鼻龙类 ①

角鼻龙类恐龙的化石被发现于侏罗纪晚期至白垩纪晚期地层。角鼻龙类比腔骨龙类恐龙（➔ P30）演化得更完全，但与尾巴坚硬、进一步演化的兽脚类恐龙相比，它们仍然比较原始。

属于角鼻龙类的阿贝力龙科恐龙（➔ P34）体形特别大，是白垩纪晚期南半球最厉害的肉食性动物。

角鼻龙

"鼻子上有角的恐龙"

角鼻龙是这个群体中被研究得最详细的恐龙。它鼻子的上方有一个短角，左右眼眶上方有小突起。有学说认为它鼻子上方的角是用于雄性之间的对抗以及吸引雌性的。

●角鼻龙科 ●约 6 米 ●肉食性 ●侏罗纪晚期 ●美国、葡萄牙、坦桑尼亚

泥潭龙

"在化石泥坑中发现的恐龙"

泥潭龙的化石保存良好，所以学者得到的信息较为详细。它的颌部没有牙齿，而且看起来像鸟喙一样。这具泥潭龙化石被发现于超大型蜥脚类恐龙的足迹中。

●未定 ●约 1.7 米 ●植物性 ●侏罗纪晚期 ●中国

轻巧龙

"奔跑起来轻巧、迅速的恐龙"

关于轻巧龙，一种学说认为它是腔骨龙类中最晚出现的种类，还有一种学说认为它是似鸟龙类（➔ P58）中最古老的群体。由于没有发现它们的头骨，学者们无法清楚判断它的食性。

●未定 ●约 6 米 ●植物性? ●侏罗纪晚期 ●坦桑尼亚

三角洲奔龙

"在河流三角洲发现的、奔跑迅速的恐龙"

三角洲奔龙是角鼻龙类中的大型恐龙。它的后肢细长，奔跑迅速。三角洲奔龙目前有 2 具骨骼化石被发现，与棘龙（➔ P38）和鲨齿龙（➔ P42）的化石处于同一地层。

● 未定 ● 约 8 米 ● 肉食性 ● 白垩纪早期~晚期 ● 摩洛哥、埃及？

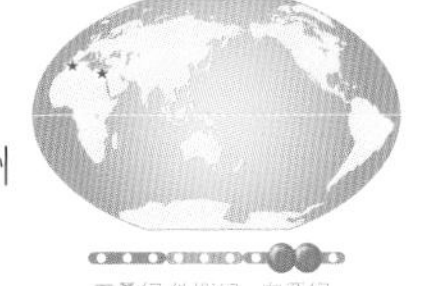

令人注目的牙齿生长方式！

恶龙的头骨

恶龙的前齿自颌部向前突出，这种牙齿生长方式是其他兽脚类恐龙所没有的。而它后侧牙齿的生长方式与其他兽脚类恐龙一样。

科学家推测，凭借这样的前齿，恶龙可以捕捉行动敏捷的鱼等猎物

恶龙

"凶恶的恐龙"

目前发现的西北阿根廷龙科恐龙化石中，恶龙的骨骼化石是最完整的。它的牙齿倾斜向前生长，造就了非常独特的面部样貌。恶龙可能以鱼类和小动物为食。

● 西北阿根廷龙科 ● 约 1.5 米

● 肉食性 ● 白垩纪晚期 ● 马达加斯加

下颌的前齿几乎横着向前生长

西北阿根廷龙

"在阿根廷西北部发现的恐龙"

西北阿根廷龙是角鼻龙类中的小型恐龙，演化关系接近阿贝力龙（➔ P35）。它的后肢细长，奔跑迅速。化石最开始被发现时，西北阿根廷龙的前指爪被误认为是后趾爪，而且被认为类似于恐爪龙（➔ P73）趾爪的样子。

● 西北阿根廷龙科 ● 约 2.5 米 ● 肉食性

● 白垩纪晚期 ● 阿根廷

角鼻龙　轻巧龙　三角洲奔龙　恶龙　泥潭龙　西北阿根廷龙

角鼻龙曾被认为是独自捕猎的恐龙，但最近人们发现了它们群体行动的足迹化石。

角鼻龙类 ②

隐面龙

“脸颊紧贴头骨的恐龙，看起来像是面孔被隐藏了”

隐面龙是已知的最古老的阿贝力龙科恐龙。它被发现的化石包括一部分上颌骨和腰骨。它的上颌骨表面凹凸不平，分布着细小的凹槽及血管等痕迹。

●阿贝力龙科 ●约 6 米 ●肉食性 ●白垩纪早期 ●尼日尔

皱褶龙的头骨，表面看起来像有皱纹

相关化石还没有被发现，但学者推测它的前肢应该很短

三叠纪 侏罗纪 白垩纪

皱褶龙

“脸上有褶皱的恐龙”

皱褶龙只有头骨化石被发现，而且骨头表面残留着血管痕迹。有学者认为它们并不自己去捕猎，而是一种食腐动物 *。皱褶龙是原始的阿贝力龙科恐龙。●阿贝力龙科 ●约 6 米 ●肉食性 ●白垩纪晚期 ●尼日尔

极短的前肢

三叠纪 侏罗纪 白垩纪

奥卡龙

“在奥卡（阿根廷地名）发现的恐龙”

和相近的食肉牛龙相比，奥卡龙的体形较小，且前肢更短，几乎没有手指，体形显得更加特殊。它的骨骼化石是阿贝力龙科中最为完整的。

●阿贝力龙科 ●约 4.2 米 ●肉食性 ●白垩纪晚期 ●阿根廷

眼睛上方有角

食肉牛龙

“食肉的、有着像公牛一样的角的恐龙”

在阿贝力龙科恐龙中，食肉牛龙是最早被发现较完整全身骨骼化石的恐龙。通过这具化石，人们发现了它前肢极短的特征，它的皮肤痕迹也残留在化石上。

●阿贝力龙科 ●约 8 米 ●肉食性 ●白垩纪晚期 ●阿根廷

极短的前肢

长长的后肢

三叠纪 侏罗纪 白垩纪

* 食腐动物是指以动植物的尸体及其分解物等为食的动物。

 ●科名 ●全长 ●食性 ●生存时代 ●化石被发现的地区

印度鳄龙

“印度的鳄鱼”*

印度鳄龙有多块头骨化石被发现，但在很长一段时间内，这种恐龙的分类都不明确。直到后来，科学家们在阿根廷发现了阿贝力龙和食肉牛龙，才认为印度鳄龙和它们应属于同一科。

● 阿贝力龙科 ● 不明 ● 肉食性
● 白垩纪晚期 ● 印度

*最初它被认为是鳄鱼的一类而非恐龙。

阿贝力龙

“为纪念阿贝力（阿根廷一家博物馆的馆长）而得名”

虽然阿贝力龙只有头骨化石被发现，但这个名字也被用作科名来代表这个群体里的恐龙。它的头骨处有较大的空穴，可以减轻重量。

● 阿贝力龙科 ● 约 11 米？ ● 肉食性
● 白垩纪晚期 ● 阿根廷

玛君龙

“在马哈赞加（马达加斯加地名，旧称玛君）发现的恐龙”

玛君龙的头颅骨较宽，自眼眶上方至鼻尖，长着厚厚的鼻骨，且表面凹凸不平。它的头顶长有一个半球形角状物。玛君龙是南半球兽脚类恐龙中被研究得最详细的恐龙，在它们的群体内有同类相食的现象。科学家还发现曾经被称为“犸君颅龙”的恐龙，其实就是玛君龙。

● 阿贝力龙科
● 约 7 米 ● 肉食性
● 白垩纪晚期
● 马达加斯加

同类相食

玛君龙尾骨化石上残留着被其他恐龙咬伤的痕迹。学者们将这些痕迹与玛君龙的牙齿相对照，发现形状和数量都吻合。因此，玛君龙被认为是会同类相食的恐龙。

奥卡龙 隐面龙 皱褶龙 玛君龙 食肉牛龙 阿贝力龙

被发现的奥卡龙头骨化石有少许残缺，有研究者认为这是因为它临死前搏斗而受伤了。

巨齿龙类

本页起介绍的兽脚类恐龙都可以被称为坚尾龙类，因为它们的尾骨几乎不动。巨齿龙类属于坚尾龙类的早期群体，它们大小不一、牙齿锋利，前肢有 3 根钩爪，生活在侏罗纪中期至晚期。

巨齿龙

"有巨大牙齿的恐龙"

巨齿龙是世界上最早被正式命名的恐龙。巨齿龙最初被发现的化石几乎没有明显的特点，但通过进一步的详细研究以及新骨骼化石的发现，它的特征越来越明晰。

●巨齿龙科 ●约 9 米 ●肉食性 ●侏罗纪中期 ●英国

巨齿龙类恐龙已经有羽毛了吗?

2012 年，学者在德国发现了生存于侏罗纪晚期的似松鼠龙（属巨齿龙科）的完整骨骼化石。这具化石的躯体表面残留着类似于羽毛的痕迹。

在此之前，人们一直认为羽毛是暴龙类（➔ P48）之后的兽脚类恐龙才有的特征，但这具化石的发现说明巨齿龙类恐龙可能就已经长有羽毛了。

似松鼠龙生存时的形态

单嵴龙

"有一个头冠的恐龙"

单嵴龙最明显的特征是头顶上长有一个头冠。这种恐龙有一具非常完整（包括头骨）的骨骼化石被发现。它曾经被认为是异特龙类（➔ P40）。

●未定 ●约 5 米 ●肉食性 ●侏罗纪中期 ●中国

皮亚尼兹基龙

“为纪念皮亚尼兹基（阿根廷地质学者）而得名”

与其他早期的巨齿龙类恐龙相比，学者对皮亚尼兹基龙骨骼的研究较为详细。它的多块身体骨骼和 2 个头骨被发现。它骨骼较轻，曾经被认为是原始的异特龙类恐龙（➔ P40）。

●未定 ●约 6 米 ●肉食性 ●侏罗纪中期 ●阿根廷

美扭椎龙

“完全弯曲的脊椎”*

最初的美扭椎龙化石于 1870 年被发现。在欧洲发现的侏罗纪中期的化石中，它的骨骼属于保存最为完整的一类。它的化石被发现后，人们对其的称呼多种多样，直至 1964 年才将它正式命名为美扭椎龙。

●巨齿龙科 ●约 7 米 ●肉食性

●侏罗纪中期 ●英国

*指它的化石被发现时的脊柱排列方式。

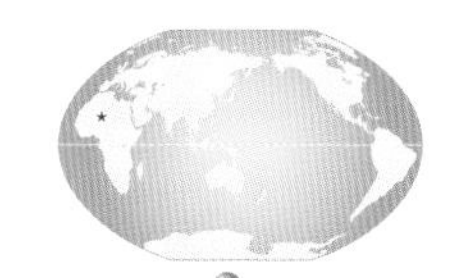

锋利的牙齿

锋利的钩爪

非洲猎龙

“非洲的猎龙”

非洲猎龙有一具几乎完整的骨骼化石（包括头骨）被发现。它曾被认为生活在白垩纪早期，以生存在同一时代、同一地区的约巴龙（➔ P92）为食物。

●巨齿龙科 ●约 7.5 米 ●肉食性

●侏罗纪中期 ●尼日尔

头部大小接近于霸王龙（➔ P48）

蛮龙

“野蛮的恐龙”

蛮龙是侏罗纪晚期最大型的肉食性恐龙之一。它只有部分骨骼被发现，所以体形大小还不明确。古生物学家在葡萄牙发现了疑似蛮龙的头骨化石，和霸王龙（➔ P48）的头骨大小相似。

●巨齿龙科 ●约 12 米? ●肉食性

●侏罗纪晚期 ●美国、葡萄牙?

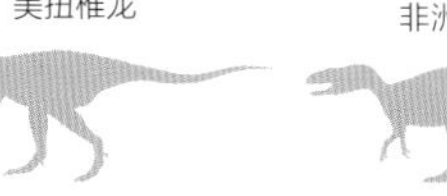

世界上最早被发现的化石是鸟脚类中的禽龙（➔ P138），但巨齿龙是最先被命名的。

棘龙类

棘龙类是罕见的以鱼类为食的兽脚类恐龙。这类恐龙体形较大，用双足行走。它们细长的头部类似于鳄鱼，颌部排列着特殊的牙齿。棘龙类恐龙脊背的骨头是向上生长的，呈现出帆船一样的形状。它们生存于白垩纪早期至晚期初叶。

棘龙的全身骨骼

棘龙

“有长棘的恐龙”

棘龙是世界上最大型的兽脚类恐龙。它由于脊背上长着向上延伸的长棘而得名。2014 年发表的一种学说认为棘龙是水陆两生的恐龙。棘龙的趾间长有鸭子般的蹼状结构，这一特征似乎便于它们在水中移动。

●棘龙科 ●约 16 米 ●肉食性（鱼） ●白垩纪早期 ~ 晚期 ●埃及、摩洛哥

激龙

“令人激怒之物”*

激龙被命名的时候，古生物学家只发现了它头骨的一部分。就在同年，另一具被发现的恐龙身体骨骼化石被命名为“崇高龙”。后来的研究证实，这具化石其实也是激龙，所以学者们只保留了第一个名称。●棘龙科 ●约 8 米? ●肉食性（鱼） ●白垩纪早期 ●巴西

* 校注：该恐龙化石被贩子用石膏等材料大量修补，以便高价卖出，以致科学家们耗费大量金钱和时间还原化石原貌，这激怒了研究人员，因此得名。

■——喜食鱼类的恐龙

科学家推测棘龙类恐龙是以鱼类为食，一大理由是它们面部和牙齿的形状与鳄鱼相似。它们细长的面部适合在水中迅速移动。而且棘龙类恐龙的牙齿上有竖着的条纹，并且几乎垂直向上生长，与其他兽脚类恐龙匕首般的牙齿（➜ P53）有着巨大差异。这样的牙齿被认为可以帮助棘龙迅速捕获光滑的鱼类。

竖着的条纹

此外，棘龙类的化石只在当时是水边的地层发现，同时还在重爪龙化石胃部发现了大量鱼鳞，这两点都可以成为棘龙类以鱼类为食的证据。

棘龙的牙齿

鳄鱼的头骨

棘龙类恐龙的头骨

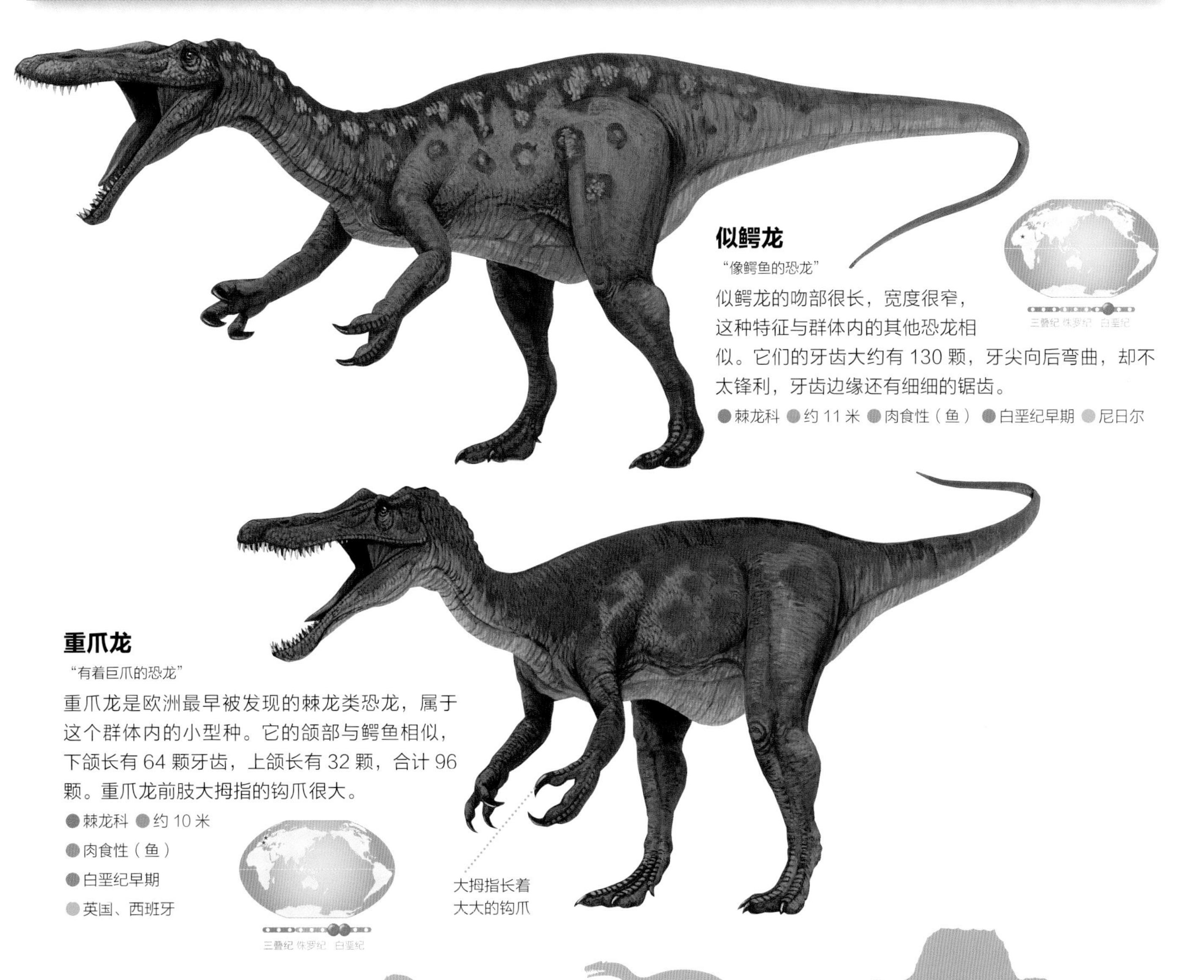

似鳄龙

"像鳄鱼的恐龙"

似鳄龙的吻部很长，宽度很窄，这种特征与群体内的其他恐龙相似。它们的牙齿大约有 130 颗，牙尖向后弯曲，却不太锋利，牙齿边缘还有细细的锯齿。

●棘龙科 ●约 11 米 ●肉食性（鱼） ●白垩纪早期 ●尼日尔

重爪龙

"有着巨爪的恐龙"

重爪龙是欧洲最早被发现的棘龙类恐龙，属于这个群体内的小型种。它的颌部与鳄鱼相似，下颌长有 64 颗牙齿，上颌长有 32 颗，合计 96 颗。重爪龙前肢大拇指的钩爪很大。

●棘龙科 ●约 10 米
●肉食性（鱼）
●白垩纪早期
●英国、西班牙

棘龙脊背上帆状物的作用可能包括调节体温、威胁其他恐龙等。虽然有各种各样的说法，但学界现在还没有定论。

异特龙类 ①

异特龙类包括异特龙以及与其相近的恐龙类群。自侏罗纪晚期至白垩纪早期，异特龙类恐龙站上了陆生生物食物链的顶端，是最强的肉食性动物。除了南极大陆，在所有大陆都发现了它们的化石。

异特龙

“脊椎奇异的恐龙”

异特龙是侏罗纪兽脚类恐龙中最有名、相关研究最为详细的种类。有大量自幼年至成年形态的异特龙骨骼被发现。有学说认为异特龙是当时陆地上最厉害的肉食性动物，它们会潜伏着等待时机，和同伴一起捕捉大型猎物。

●异特龙科 ●最大约 12 米 ●肉食性
●侏罗纪晚期 ●美国、葡萄牙

异特龙（右）袭击弯龙时的骨骼

暹罗暴龙

“在暹罗（泰国古称）发现的暴龙”

暹罗暴龙是这个类群中的原始恐龙。古生物学家只发现了几块腰骨（骨盆）以及与其相连的尾骨化石。最初它认为被划分到暴龙类（➔ P48），由此得名。

●未定 ●约 6 米 ●肉食性 ●白垩纪早期 ●泰国

气龙

"与天然气有关的恐龙"

古生物学家只发现了一具气龙化石，而且缺少头骨及部分身体骨骼，非常不完整，所以人们不了解它的详细信息。它属于坚尾龙类（➔ P36）中最古老的群体，也是中华盗龙科中最小的恐龙。

● 中华盗龙科 ● 约 3.5 米 ● 肉食性 ● 侏罗纪中期 ● 中国

中华盗龙

"中国的盗龙"

中华盗龙是在中国和加拿大的联合恐龙考察（1987 ~ 1990 年）中发现的最有名的恐龙之一。它的化石被发现于新疆地区，头骨上有被牙齿咬伤的痕迹，肋骨处也有疑似骨折愈合后的痕迹。

● 中华盗龙科 ● 约 7.6 米 ● 肉食性 ● 侏罗纪晚期 ● 中国

永川龙

"在永川（中国四川地名）发现的恐龙"

永川龙是生活在亚洲的大型肉食性恐龙。它与在北美洲生活的异特龙一样，是当时那个地区最厉害的肉食性动物，可能以马门溪龙（➔ P90）和峨眉龙（➔ P91）为食。

● 中华盗龙科 ● 约 10.5 米 ● 肉食性 ● 侏罗纪晚期 ● 中国

食蜥王龙

"以蜥蜴等爬虫类为食的恐龙"

发现于美国西部的著名地层"莫里逊组"（➔ P123）中，是其中体形最大的肉食性恐龙。它的相关化石发现于 1931 年，但 1995 年才正式命名。过去，有学说认为食蜥王龙是大型的异特龙。

● 异特龙科 ● 约 11 ~ 13 米 ● 肉食性 ● 侏罗纪晚期 ● 美国

气龙化石是由一支调查天然气的中国工程队发现的。由于与天然气有关联，所以得名"气龙"。

异特龙类 ②

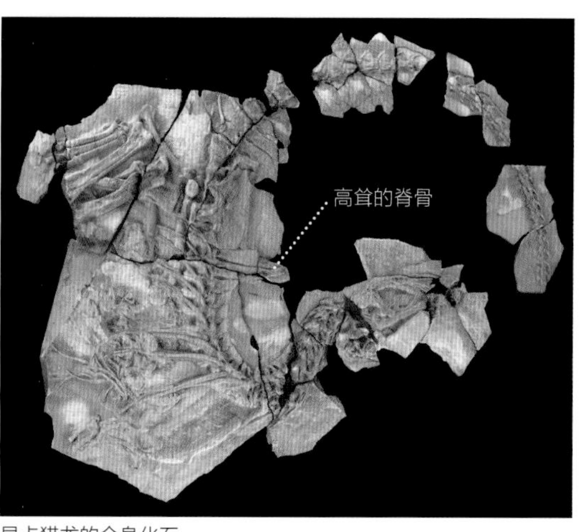

昆卡猎龙的全身化石

昆卡猎龙

“在昆卡（西班牙地名）发现的猎龙”

昆卡猎龙被发现的化石几乎保留着完整的骨骼和皮肤痕迹。它腰部前段的两节脊骨特别高，而前肢骨头上长有小突起，因此有学说认为它的手臂可能长有羽毛。

●鲨齿龙科 ●约 6 米 ●肉食性 ●白垩纪早期 ●西班牙

小小的头

隆起的脊背

高棘龙

“背棘（神经棘）高的恐龙”

在暴龙类恐龙（➜ P48）出现之前，高棘龙是北美洲最大的兽脚类恐龙。它的特征是背棘向上生长、脊背高高隆起。和庞大的身体相比，它的头部小而窄。

●鲨齿龙科 ●约 12 米 ●肉食性 ●白垩纪早期 ●美国

头骨长约 1.6 米

鲨齿龙和人类的头骨对比

鲨齿龙

“牙齿像鲨鱼的恐龙”

古生物学家们发现了鲨齿龙保存良好的头骨化石，但暂时还没有发现它身体骨骼的化石。在非洲，鲨齿龙是大小仅次于棘龙类的兽脚类恐龙。学者们对它的脑部和耳部结构进行了非常详细的研究。

●鲨齿龙科 ●约 12 米 ●肉食性 ●白垩纪早期～晚期 ●阿尔及利亚、埃及、摩洛哥、尼日尔

马普龙

“大地上的恐龙”*

马普龙是与南方巨兽龙差不多大小的大型兽脚类恐龙。它们被发现的化石大小不一，所以学者们推测它们可能群居生活。它是在 1997 ~ 2001 年阿根廷和加拿大共同进行的发掘工程中被发现的。

●鲨齿龙科 ●约 12.5 米 ●肉食性 ●白垩纪晚期 ●阿根廷

* 马普龙的学名为 *Mapusaurus*，其中 Mapu 在南美洲的马普切人的语言里意为“大地的”。

群体行动的马普龙

迄今为止，古生物学家极少在同一地区发现 2 具以上大型肉食性恐龙的化石，所以一开始推断马普龙也是单独行动的恐龙。然而，后来却在同一地区发现了 7 具以上的马普龙化石，大小从 6 米至 13 米不等。所以，学者们推断马普龙是群居动物。也许在它们的群体中，父母和孩子会共同捕猎。

马普龙的全身骨骼，前面一具是幼龙的化石

凹凸不平的面部上方

南方巨兽龙

“巨大的南方恐龙”

南方巨兽龙是南美最大型的兽脚类恐龙。它全身（包括头骨和下颌）有大约 70% 的骨骼化石被发现。它的头骨细长，长度约 1.6 米。鼻子上方和眼睛上方的骨头凹凸不平。

●鲨齿龙科 ●约 13 米 ●肉食性 ●白垩纪晚期 ●阿根廷

三叠纪 侏罗纪 白垩纪

南方巨兽龙的头骨

昆卡猎龙的腕骨突起，有一种说法认为这是腕部长有羽毛导致的，而另一种说法是这是它们的腕部肌肉较多而导致的，后者更加有说服力。

异特龙类 ③

新猎龙

“新的猎龙”

新猎龙是在欧洲为人熟知的肉食性恐龙。70% 左右的新猎龙骨骼化石被发现。它尾巴中间和脚趾等处的化石上还残留着受伤和骨折的痕迹。

●新猎龙科 ●约 7.5 米 ●肉食性 ●白垩纪早期 ●英国

南方猎龙

“在南方（澳大利亚）发现的猎龙”

南方猎龙是异特龙群体中的中型种类。它被发现的化石包括部分下颌、前肢和部分后肢的骨骼。一般认为，南方猎龙是与福井盗龙相接近的恐龙种类。

●新猎龙科 ●约 6 米 ●肉食性 ●白垩纪早期 ●澳大利亚

气腔龙

“骨头有空腔的恐龙”

气腔龙是异特龙类中一直生存到最后的恐龙。它的部分骨头有可供空气进入的空腔，由此得名。这种骨头结构与鸟类相似。

●新猎龙科 ●约 11.5 米 ●肉食性 ●白垩纪晚期 ●阿根廷

福井盗龙被发现于日本福井县胜山市，这正是形成于白垩纪早期的地层“北谷层”的所在位置。北谷层主要分布于日本福井县、石川县、富山县、岐阜县和长野县、新潟县的一部分地区。北谷层属于侏罗纪晚期至白垩纪早期形成的地层“手取群”之一。除了福井盗龙，在北谷层还发现了福井巨龙（➔ P102）和福井龙（➔ P140）以及鳄、龟、鱼、哺乳动物等生物的大量化石。在手取群发现的生物化石种类与在中国辽宁省（➔ P56）发现的非常相似，这说明当时的日本与亚洲大陆是相连的。

■现在的陆地分布

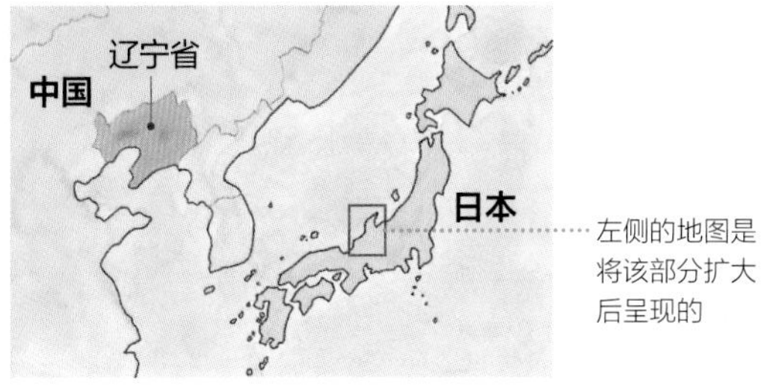

■白垩纪早期的大陆分布

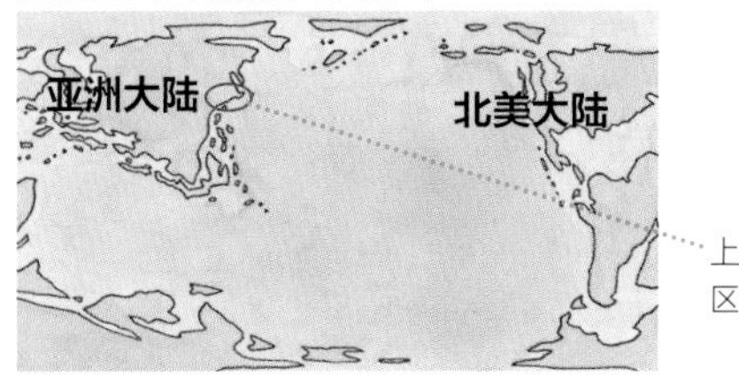

新种类的恐龙不断被发现

2008 年，学者在日本手取群北谷层发现了新种类的恐龙化石，这具化石于 2015 年 1 月被命名为高志龙，意思是“高志（高志又称越国，是日本福井县等周边地区的古称）的恐龙”。它被认为属于鸭嘴龙类（➔ P142），也是日本第六个被命名的新种恐龙。如今，在炎热的夏天里，专家们仍在北谷层继续进行着发掘调查（➔ P140），相信未来会有更多新的恐龙化石被发现。

高志龙上颌部分的化石

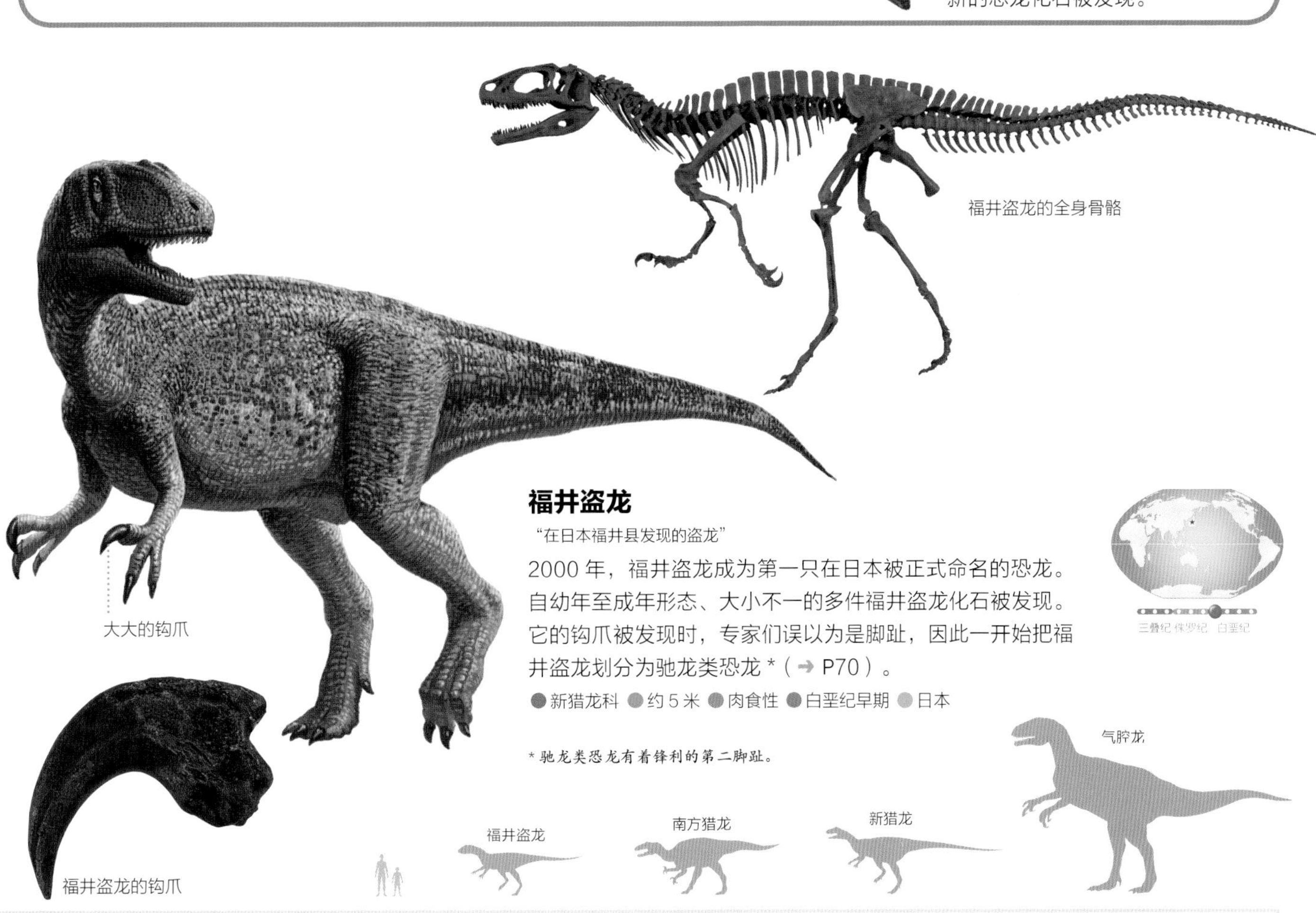

福井盗龙的全身骨骼

大大的钩爪

福井盗龙的钩爪

福井盗龙

“在日本福井县发现的盗龙”

2000 年，福井盗龙成为第一只在日本被正式命名的恐龙。自幼年至成年形态、大小不一的多件福井盗龙化石被发现。它的钩爪被发现时，专家们误以为是脚趾，因此一开始把福井盗龙划分为驰龙类恐龙 *（➔ P70）。

● 新猎龙科 ● 约 5 米 ● 肉食性 ● 白垩纪早期 ● 日本

* 驰龙类恐龙有着锋利的第二脚趾。

福井盗龙由日本福井县立恐龙博物馆的东洋一博士和加拿大的菲利普·柯里博士共同研究并命名。

在日本发现的恐龙化石

美国和中国都是非常知名的恐龙化石产区。在日本自北向南的许多地方，人们也发现了很多恐龙化石。

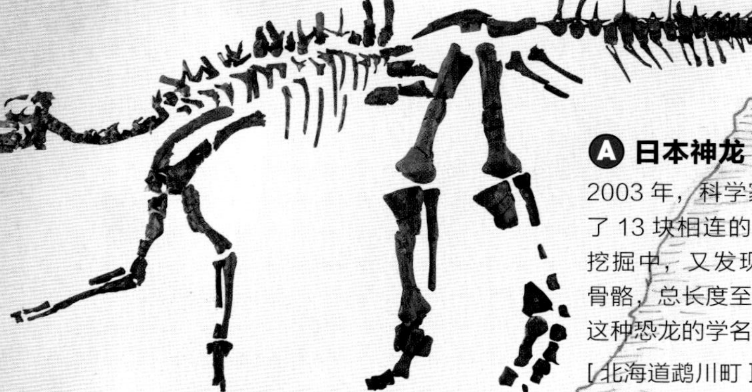

A 日本神龙（➔ P45）的全身骨骼

2003 年，科学家们在从前是海洋的地层中发现了 13 块相连的尾骨。在 2013 年至 2014 年的挖掘中，又发现了其超过全身 50% 的骨骼，总长度至少为 8 米。2019 年，这种恐龙的学名被确定下来了。

[北海道鹉川町]

D 窃蛋龙类的钩爪

1998 年，被发现于与白峰龙（➔ P135）同样的地层。长 23 毫米，厚 3 毫米，极其小型。人们只发现了 1 块它的趾部化石，根部的形状特点与窃蛋龙一样。

[石川县白山市]

C 甲龙类的足迹

2000 年，在日本富山县手取群（➔ P45）被发现。这是在日本初次发现甲龙类的足迹化石。此外，在这个地区还发现了 500 个以上兽脚类和蜥脚类等恐龙的足迹化石。

[富山县富山市]

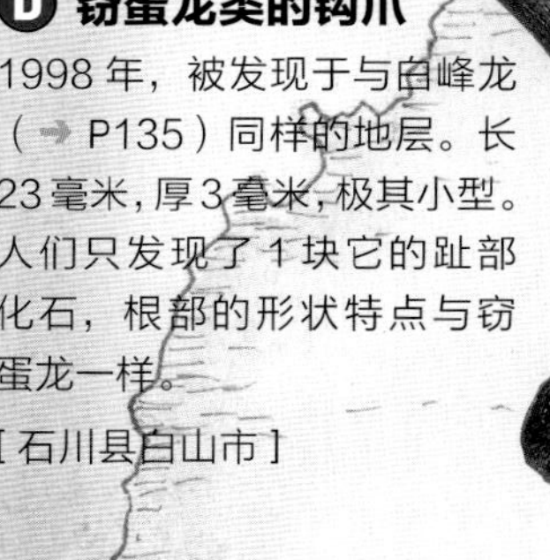

E 福井猎龙（➔ P57）的全身骨骼

在 2007 年进行的日本手取群北谷层（➔ P45）发掘调查（➔ P140）中，发现了它 65% 的全身骨骼。之后，经过进一步研究，专家在 2016 年确定了它的学名。

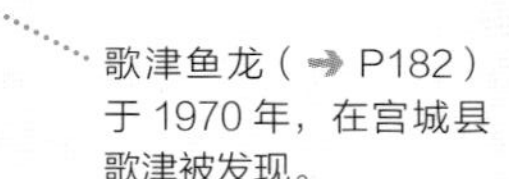

B 蜥脚类的手臂的骨头（肱骨）

1978 年，人们发现了日本的第一块恐龙化石。这块化石被发现于茂师地区，因此有了茂师龙这个外号。由此开始，后来学者们在日本各地发现了更多的恐龙化石。

[岩手县岩泉町]

F 棘龙类的牙齿

1994 年，在流经日本神流町的间物泽河边发现了这个化石。大多数棘龙类化石都是在非洲和欧洲发现的，因此这个发现非常罕见。

[群马县神流町]

G 巨龙形类的部分骨骼

1996 年，它的大腿骨（股骨）被发现，在之后的调查中，还发现了手臂骨头（肱骨）及尾骨等。通过骨头长度，可判断它的体长达 16 米以上。因其被发现的城市名，它有了鸟羽龙的外号。

[三重县鸟羽市]

H 丹波巨龙（➔ P103）的部分骨骼

2006 年，在流经日本丹波市的篠山河附近发现了蜥脚类骨头。随后经过多次发掘，发现了约 1.5 米的肋骨、接连的尾骨及一部分头骨等大量化石。因其被发现的城市名，而有丹波龙这个外号，并于 2014 年被正式确定名称为丹波巨龙。

[兵库县丹波市]

I 兽脚类的牙齿

1979 年，在日本首次发现了肉食性恐龙的牙齿，发现它的是一名小学一年级的男生。随后，在该区域发现了众多兽脚类的牙齿。最初发现的化石因其被发现的地层名，有了御船龙这个外号。

[熊本县御船町]

■——日本龙是在日本被发现的吗?

日本龙（➔ P149）于 1934 年在萨哈林岛（库页岛）被发现。该发现比岩手县的茂师龙还要早 44 年。当时，萨哈林岛北纬 50° 以南是日本的领土，作为第一个在日本被发现的恐龙化石，日本龙成为一大热门话题。

❶ 日本龙（➔ P149）❷ 镰刀龙类的钩爪 ❸ 结节龙类的一部分头骨等 ❹ 可能属于暴龙类的尾椎 ❺ 暴龙类的牙齿 ❻ 泰坦龙形类的牙齿 ❼ 鸭嘴龙类的颈椎 ❽ 可能属于暴龙类的胫骨 ❾ 似鸟龙类的脊椎 ❿ 兽脚类的足迹 ⓫ 禽龙类的牙齿 ⓬ 伶盗龙类的牙齿 ⓭ 兽脚类的牙齿 ⓮ 白峰龙（➔ P135）⓯ 兽脚类的牙齿（加贺龙➔ P135）⓰ 泰坦龙形类的牙齿 ⓱ 福井巨龙（➔ P102）⓲ 福井盗龙（➔ P45）⓳ 福井龙（➔ P140）⓴ 可能属于禽龙类的牙齿 ㉑ 古角龙类的上颌与牙齿 ㉒ 可能属于甲龙类的牙齿 ㉓ 可能属于暴龙类的牙齿 ㉔ 赖氏龙类的脊椎与牙齿 ㉕ 兽脚类的牙齿 ㉖ 鸭嘴龙类的脊椎 ㉗ 禽龙类的牙齿 ㉘ 泰坦龙形类的牙齿 ㉙ 兽脚类的足迹 ㉚ 可能属于兽脚类的牙齿 ㉛ 角龙类的牙齿 ㉜ 鸟臀类的疑似牙齿部位 ㉝ 镰刀龙类的头骨的一部分与牙齿 ㉞ 甲龙类的牙齿 ㉟ 鸭嘴龙类的股骨 ㊱ 暴龙科的牙齿 ㊲ 可能属于暴龙类的牙齿 ㊳ 禽龙类的牙齿 ㊴ 蜥脚类的牙齿 ㊵ 可能属于禽龙类的牙齿 ㊶ 角龙类的牙齿 ㊷ 兽脚类的牙齿

暴龙类 ①

本页开始介绍的所有兽脚类恐龙都属于虚骨龙类恐龙，它们是由长有原始羽毛的共同祖先演化而来的。其中，霸王龙被认为是最接近祖先的一种。自侏罗纪中期至白垩纪晚期，暴龙类恐龙中存在着多种群体。原始的暴龙类体形较小，而特化的种类则体形极大且健壮，前肢极短。

霸王龙

“暴君恐龙”

霸王龙是生存于北美洲的最大型的肉食性恐龙。与身体的大小相比，它的头部极大，长着带有牛排刀刃似的锯齿的厚牙齿（➔ P53），甚至能够咬碎猎物的骨头。由于霸王龙的眼睛位于头部前端，两眼的视野有部分重叠，所以它们观察到的物体是立体的。它们的嗅觉也十分灵敏，可以通过气味发现远处的猎物。

● 暴龙科 ● 约 12.5 米 ● 肉食性 ● 白垩纪晚期 ● 加拿大、美国

三叠纪 侏罗纪 白垩纪

前肢小，只有两指

埃德蒙顿龙（➔ P146）

来看一看它的骨骼吧!

头部

霸王龙眼后有一个孔洞，呈B字形。这里附着的强壮的肌肉能起到带动颌部的作用。它的咬合力比当今生存的任何动物都强。

耻骨

霸王龙的耻骨呈锤子的形状。科学家认为，它们蹲下时，耻骨平坦的部分着地，就能像椅子一样起到支撑体重的作用。

后肢

霸王龙脚背的三根骨头紧密贴合在一起，正中间的骨头被夹在左右两块之间，就像要被压扁一样。它的这些骨头紧紧贴合，因此非常结实，可以支撑沉重的身体。

脚背的骨头

霸王龙　南方巨兽龙

牙齿

前齿的横断面呈D字形

在目前发现的霸王龙牙齿化石中，最大的自根部起可以达到30厘米以上。霸王龙上颌前齿的横断面呈D字形。

霸王龙也有羽毛吗?

在暴龙类恐龙中，帝龙（➔ P50）的化石上残留着羽毛的痕迹，由此有科学家推断霸王龙也可能长有羽毛。然而，2017年发表的一篇论文表明霸王龙皮肤上覆盖着的是小石状的鳞片，而不是短短的羽毛。所以即使霸王龙有羽毛，可能也只是生长在脊背等身体的一部分上，而不是覆盖全身。

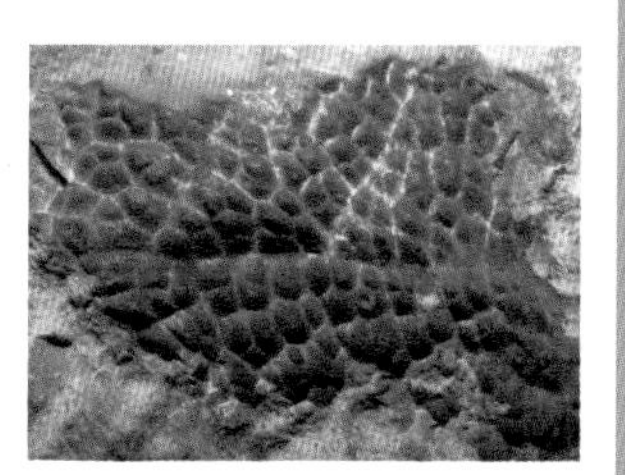

被认为是霸王龙的鳞片的化石

长着羽毛的霸王龙复原图

由于被发现的长有羽毛的恐龙多为小型种类，所以有学说认为霸王龙只在幼年时期长有羽毛。

暴龙类 ②

原角鼻龙

“原始的角鼻龙”

原角鼻龙的学名为 *Proceratosaurus*，Pro 表示“以前”之意。顾名思义，它曾被认为是角鼻龙（➜ P32）的祖先。原角鼻龙属于暴龙类中最古老、最原始的恐龙。

●原角鼻龙科 ●约 3 米 ●肉食性 ●侏罗纪中期 ●英国

头冠

三叠纪 侏罗纪 白垩纪

冠龙

“戴头冠的龙”

在早期暴龙类恐龙中，冠龙被发现的全身骨骼化石是最完整的。它的头顶上有一个极其明显的头冠。由于它与帝龙相似，所以人们认为冠龙也拥有原始的羽毛。

●原角鼻龙科 ●约 3 米 ●肉食性 ●侏罗纪晚期 ●中国

头冠

3 根长长的手指

三叠纪 侏罗纪 白垩纪

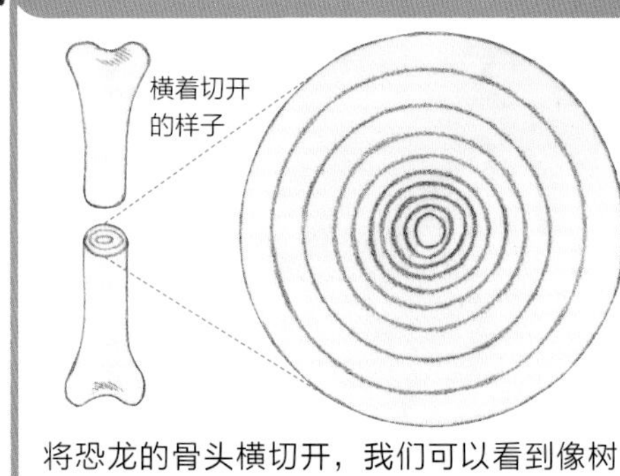

将恐龙的骨头横切开，我们可以看到像树木年轮一样的线条，这就是“生长线”。生长线每年增加一圈，将它数清楚，我们就可以知道恐龙的年龄了。

然而，多数骨头随着成长，中间会变空。所以我们需要多块骨头来判断恐龙的年龄。不过，最近学者发现恐龙的肋骨和腓骨（膝盖下面的一块骨头）的中间不会变空。这样，即使只有一根骨头，我们也能知道恐龙的年龄了。

帝龙

“皇帝之龙”

通过发现的帝龙化石，人们首次知道了早期的暴龙类恐龙长有原始羽毛。在暴龙类恐龙已被发现的化石中，帝龙是骨骼化石几乎完整的恐龙之一。

●未定 ●约 1.5 米 ●肉食性 ●白垩纪早期 ●中国

原始的羽毛

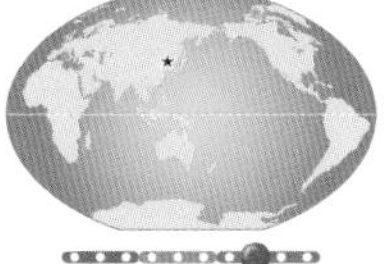

三叠纪 侏罗纪 白垩纪

盗暴龙

“盗匪帝王”

盗暴龙几乎全身的骨骼化石都已被发现。但由于是被盗掘的化石，所以它的具体产地和生存时代还不明确。如今，有科学家们认为盗暴龙生活在白垩纪早期，但也有学说认为它是生活在白垩纪晚期的特暴龙（➜ P53）的幼年形态。

●未定 ●约 3 米 ●肉食性 ●白垩纪早期？ ●中国？蒙古？

虐龙

“在页岩丘陵（该化石发现地点，位于美国新墨西哥州）肆虐的恐龙”

虐龙的分类被认为最接近于暴龙科。它的牙齿数量极多。成年的霸王龙有 54 颗牙齿，而虐龙竟有多达 64 颗。它眼睛上方的骨头上有孔洞，利于减轻头骨的重量。

●未定 ●约 9 米 ●肉食性 ●白垩纪早期 ●美国

雄关龙

“在雄关（中国甘肃地名）发现的恐龙”

雄关龙被认为是接近于暴龙科祖先的恐龙。它的体形大小介于原始的暴龙类恐龙（如帝龙）和暴龙科恐龙之间。它的吻部较长，类似于分支龙（➔ P52）。

●未定 ●约 4 米 ●肉食性

●白垩纪早期 ●中国

羽暴龙

“带羽毛的暴龙”

古生物学家发现了 3 具几乎完整的羽暴龙骨骼化石。它与特化的暴龙类恐龙有相似之处，但前肢还保留着原始的特征——有 3 根手指。在目前已发现的带有羽毛的恐龙化石中，羽暴龙的体形是最大的。

●未定 ●约 9 米 ●肉食性 ●白垩纪早期 ●中国

羽暴龙的尾部化石，骨头周围保留着长达 15 ~ 20 厘米的羽毛痕迹

羽暴龙化石被发现于中国辽宁省。在白垩纪早期左右，这个地区的平均气温约为 10℃，非常凉爽。羽暴龙长有发达的羽毛或许和这样的气候条件有关。

暴龙类③

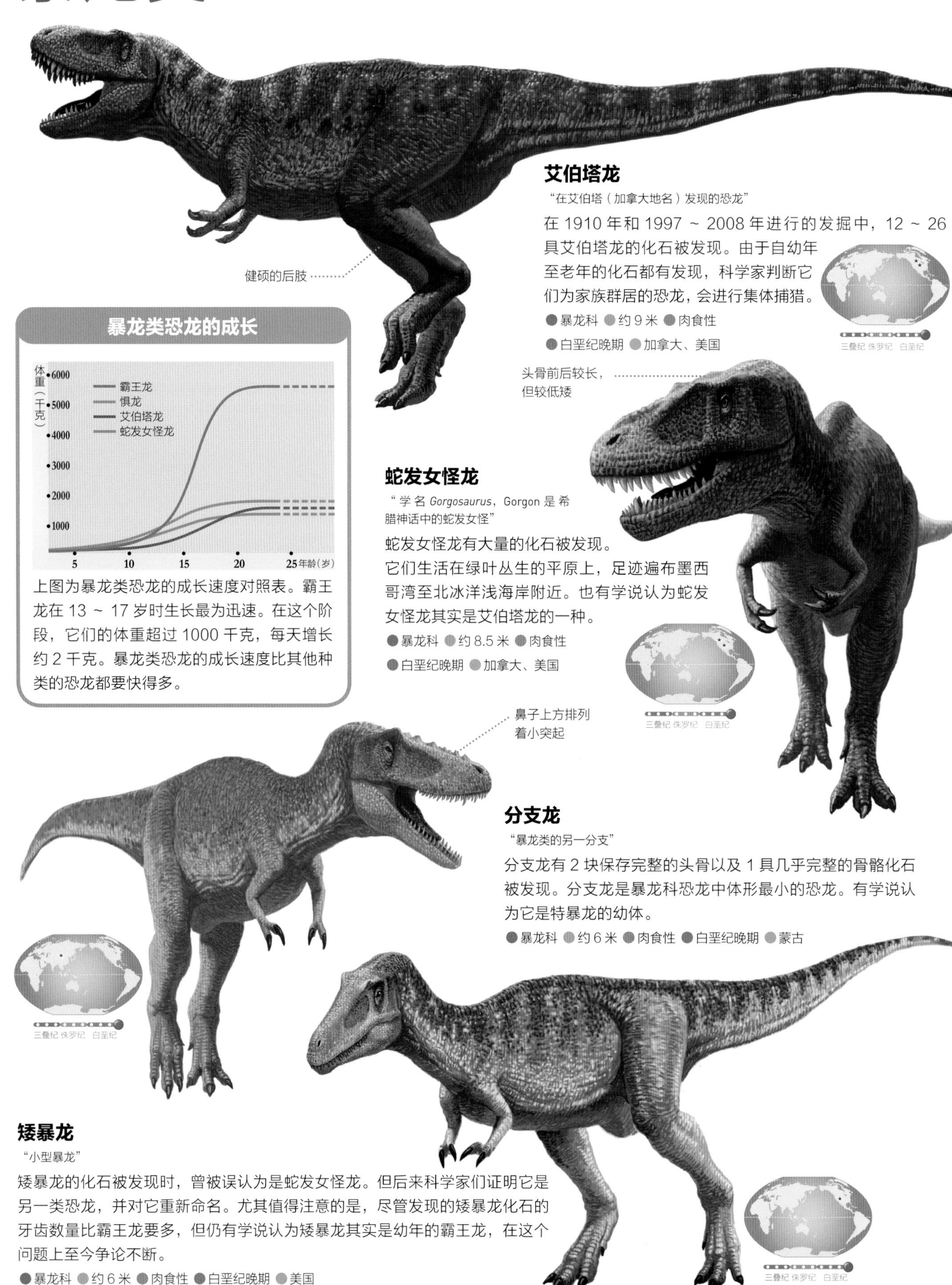

艾伯塔龙

“在艾伯塔（加拿大地名）发现的恐龙”

在 1910 年和 1997 ~ 2008 年进行的发掘中，12 ~ 26 具艾伯塔龙的化石被发现。由于自幼年至老年的化石都有发现，科学家判断它们为家族群居的恐龙，会进行集体捕猎。

●暴龙科 ●约 9 米 ●肉食性 ●白垩纪晚期 ●加拿大、美国

暴龙类恐龙的成长

上图为暴龙类恐龙的成长速度对照表。霸王龙在 13 ~ 17 岁时生长最为迅速。在这个阶段，它们的体重超过 1000 千克，每天增长约 2 千克。暴龙类恐龙的成长速度比其他种类的恐龙都要快得多。

蛇发女怪龙

“学名 *Gorgosaurus*，Gorgon 是希腊神话中的蛇发女怪”

蛇发女怪龙有大量的化石被发现。它们生活在绿叶丛生的平原上，足迹遍布墨西哥湾至北冰洋浅海岸附近。也有学说认为蛇发女怪龙其实是艾伯塔龙的一种。

●暴龙科 ●约 8.5 米 ●肉食性 ●白垩纪晚期 ●加拿大、美国

分支龙

“暴龙类的另一分支”

分支龙有 2 块保存完整的头骨以及 1 具几乎完整的骨骼化石被发现。分支龙是暴龙科恐龙中体形最小的恐龙。有学说认为它是特暴龙的幼体。

●暴龙科 ●约 6 米 ●肉食性 ●白垩纪晚期 ●蒙古

矮暴龙

“小型暴龙”

矮暴龙的化石被发现时，曾被误认为是蛇发女怪龙。但后来科学家们证明它是另一类恐龙，并对它重新命名。尤其值得注意的是，尽管发现的矮暴龙化石的牙齿数量比霸王龙要多，但仍有学说认为矮暴龙其实是幼年的霸王龙，在这个问题上至今争论不断。

●暴龙科 ●约 6 米 ●肉食性 ●白垩纪晚期 ●美国

观察一下兽脚类恐龙的牙齿

以暴龙类为首，多数兽脚类恐龙都是肉食性动物。它们牙齿锋利，多数牙齿边缘带有细细的锯齿，类似于牛排刀的刀刃。这种锋利的牙齿有利于咬伤猎物，并在它们倒下后将其死死咬住、撕下肉来。

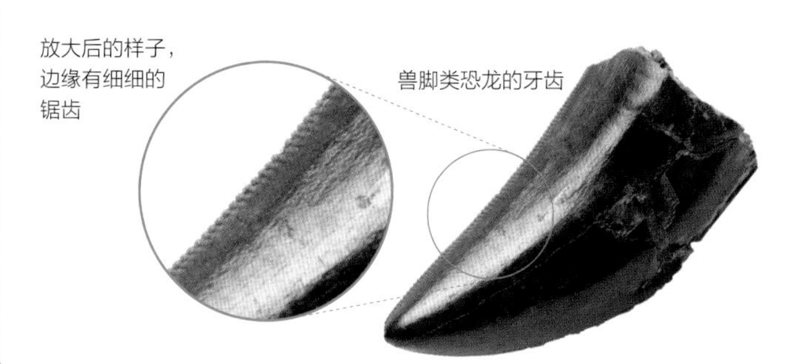

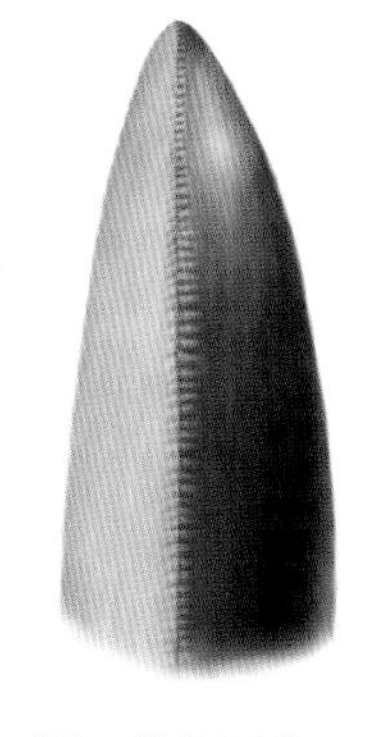

●霸王龙的牙齿

大且厚是其主要特征。由于咬合力强，人们认为霸王龙能够用牙把猎物连骨头全部咬碎。

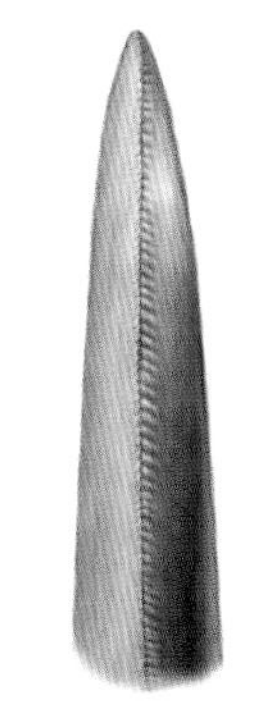

●鲨齿龙的牙齿

大而尖、平而薄是其主要特征，类似于现在鲨鱼的牙齿。

惧龙

"令人畏惧的恐龙"

惧龙与霸王龙非常相似，但体形比它小 20% 左右，生存年代也稍早一些。它的特点是上颌骨的表面凹凸不平，而且眼睛上方的骨头向侧面突起。

●暴龙科 ●约 9 米 ●肉食性 ●白垩纪晚期 ●加拿大、美国

特暴龙

"令人害怕的暴龙"

特暴龙是亚洲最大型的兽脚类恐龙。也有学说认为它与霸王龙是同一种恐龙，但特暴龙的头骨宽度比霸王龙窄，前肢也更小。

●暴龙科 ●约 10 米 ●肉食性 ●白垩纪晚期 ●蒙古、中国

暴龙科恐龙的特征是体形巨大，但前肢却极小。人们对它们前肢的用途还不太清楚。

美颌龙类 ①

在虚骨龙类恐龙（由长有原始羽毛的共同祖先演化而来）中，美颌龙类呈现出一些比暴龙类演化得更为完全的特点。美颌龙类中有很多小型的种类，而且都是肉食性的。它们生存于侏罗纪晚期至白垩纪早期。

美颌龙

“拥有美丽颌部的恐龙”

19 世纪 50 年代，最早的美颌龙化石在德国被发现，这是人们第一次发现小型恐龙的骨骼化石。在它的腹部，还发现了被认为是它的食物的小型蜥蜴的骨头。美颌龙的后侧牙齿边缘有细细的锯齿，但它的前牙则没有。

●美颌龙科 ●约 1.3 米 ●肉食性 ●侏罗纪晚期 ●法国、德国

三叠纪 侏罗纪 白垩纪

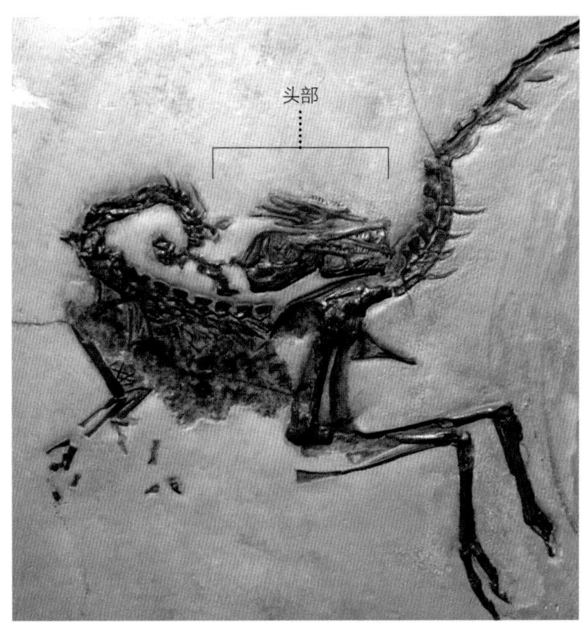

美颌龙的全身化石

侏罗猎龙

“侏罗（在侏罗山脉或侏罗纪发现）的猎龙”

侏罗猎龙有一具几乎完整的幼年身体骨骼化石被发现。科学家在化石上发现了鳞片和形状简单的羽毛的痕迹。

●未定 ● 80 厘米以上 ●肉食性 ●侏罗纪晚期 ●德国

三叠纪 侏罗纪 白垩纪

幼年侏罗猎龙的样子

 ●科名 ●全长 ●食性 ●生存时代 ●化石被发现的地区

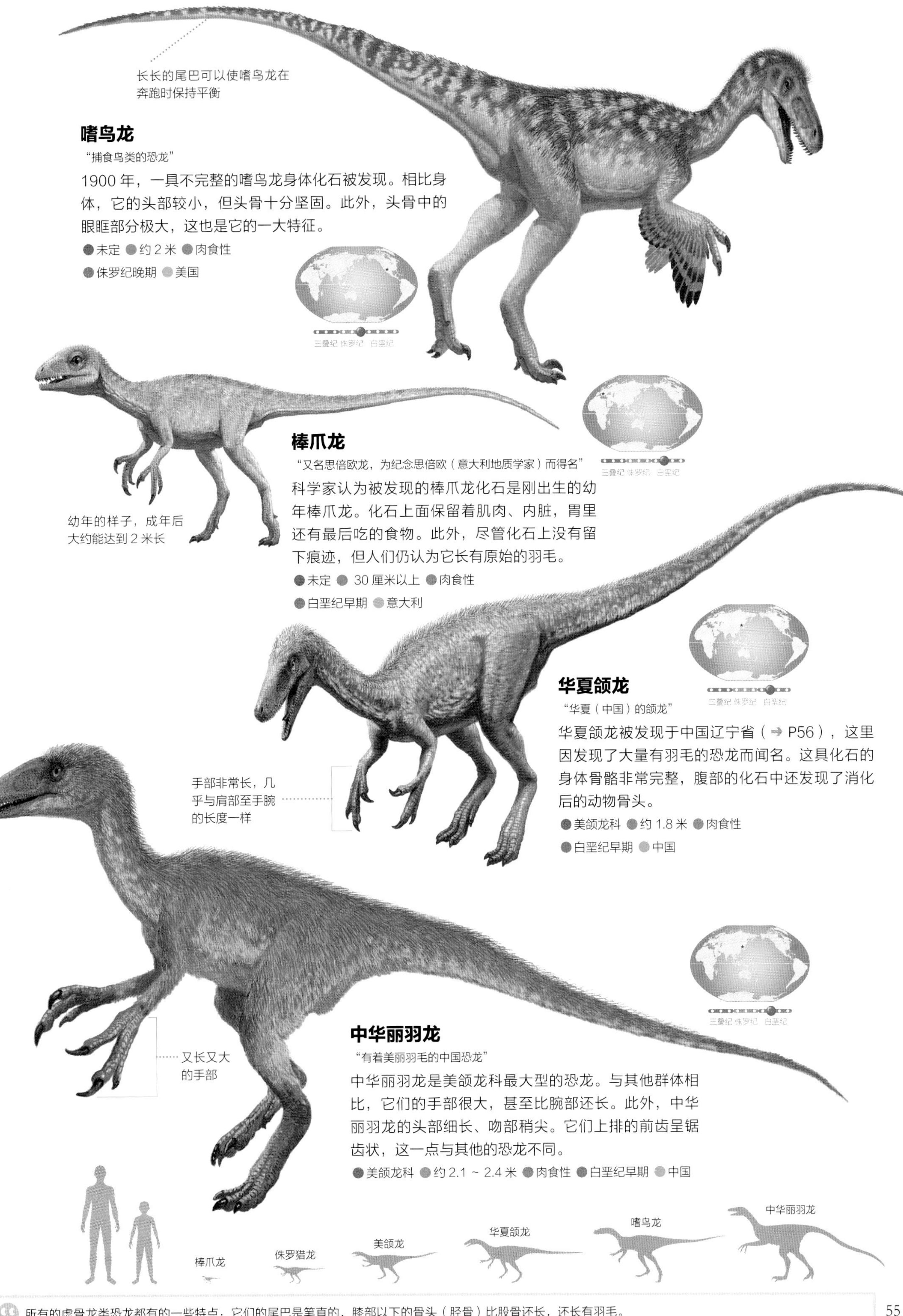

嗜鸟龙

“捕食鸟类的恐龙”

1900 年，一具不完整的嗜鸟龙身体化石被发现。相比身体，它的头部较小，但头骨十分坚固。此外，头骨中的眼眶部分极大，这也是它的一大特征。

●未定 ●约 2 米 ●肉食性
●侏罗纪晚期 ●美国

棒爪龙

“又名思倍欧龙，为纪念思倍欧（意大利地质学家）而得名”

科学家认为被发现的棒爪龙化石是刚出生的幼年棒爪龙。化石上面保留着肌肉、内脏，胃里还有最后吃的食物。此外，尽管化石上没有留下痕迹，但人们仍认为它长有原始的羽毛。

●未定 ● 30 厘米以上 ●肉食性
●白垩纪早期 ●意大利

华夏颌龙

“华夏（中国）的颌龙”

华夏颌龙被发现于中国辽宁省（➜ P56），这里因发现了大量有羽毛的恐龙而闻名。这具化石的身体骨骼非常完整，腹部的化石中还发现了消化后的动物骨头。

●美颌龙科 ●约 1.8 米 ●肉食性
●白垩纪早期 ●中国

中华丽羽龙

“有着美丽羽毛的中国恐龙”

中华丽羽龙是美颌龙科最大型的恐龙。与其他群体相比，它们的手部很大，甚至比腕部还长。此外，中华丽羽龙的头部细长、吻部稍尖。它们上排的前齿呈锯齿状，这一点与其他的恐龙不同。

●美颌龙科 ●约 2.1 ~ 2.4 米 ●肉食性 ●白垩纪早期 ●中国

所有的虚骨龙类恐龙都有的一些特点：它们的尾巴是笔直的，膝部以下的骨头（胫骨）比股骨还长，还长有羽毛。

美颌龙类②

中华龙鸟

“有羽毛的中国恐龙”

中华龙鸟是世界上最早被发现的有羽毛的恐龙。1996年科学家对它正式命名，由于当时认为有羽毛的生物只能是鸟类，所以它的中文名为中华龙鸟，意为像中国龙的鸟。

●美颌龙科 ●约 1.3 米 ●肉食性 ●白垩纪早期 ●中国

世界化石产地 中国·辽宁省

位于中国东北部的辽宁省，拥有白垩纪早期形成的地层“热河*群”。这个地层是当时火山喷发而形成的。在火山灰中，人们发现了许多动植物的化石。由于火山灰粒非常细小，生物的细微特征得以清晰地保留在化石上。在这个地层中，人们不仅发现了世界上第一块保留着羽毛痕迹的恐龙化石，还发现了角龙、翼龙、鸟类、哺乳动物和昆虫等生物的化石。

蜻蜓类昆虫的化石

辽宁省的发掘现场

*热河是中国旧行政区划的省份名，位于今河北省、内蒙古自治区、辽宁省交界处，已于1955年撤销。

虚骨龙

“中空的尾巴”

虚骨龙在130多年前就被命名了。它的尾椎骨是中空的，由此得名。130多年间，多具骨骼化石被发现，但经过研究，科学家发现只有最初发现的一具属于虚骨龙。

●虚骨龙科 ●约 2 米 ●肉食性 ●侏罗纪晚期 ●美国

长臂猎龙

“有着长长的腿的猎龙”

长臂猎龙被发现的化石包括大部分身体的骨头、头部和部分颌部。科学家们在命名时参考的那块化石属于还未成年的长臂猎龙。还有学说认为长臂猎龙属于最原始的暴龙类恐龙（➔ P48）。

●虚骨龙科 ●约 3.3 米 ●肉食性 ●侏罗纪晚期 ●美国

有羽毛恐龙的发现

1996 年中华龙鸟的发现极大地改变了恐龙研究的历史。在那之前，人们一直认为恐龙的身体是被鳞片所覆盖着的，而当时却首次发现了保留着羽毛痕迹的化石。

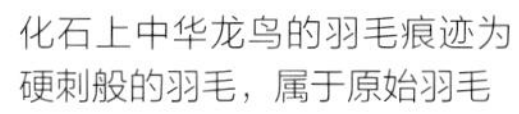

化石上中华龙鸟的羽毛痕迹为硬刺般的羽毛，属于原始羽毛

羽毛的演化

●原始的羽毛

鳞片般的毛根向上突起，里面是中空的。

●绒毛状的羽毛（绒羽）

羽轴部分中空，羽毛前端呈现分枝一样的形态。

●树枝状的羽毛

从一根羽轴上向左右方向长出树枝一样的羽毛。

●左右对称的羽毛

从羽枝上长出更细小的分枝。羽轴左右的形状一样。

●用来飞翔的羽毛（飞羽）

羽轴左右的形状不同，这样的结构适合飞翔。

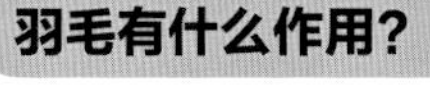

羽毛有什么作用？

●保持体温？

羽毛可以像羽绒服一样帮动物保持体温。

●给蛋保温？

有翅膀的动物会将翅膀覆盖在蛋上，这样既可以保持蛋的温度，也能保护蛋免受敌人伤害。

●求爱？威吓敌人？

羽毛或许可以用来吸引雌性以及威吓敌人。

●在空中飞翔？

人们认为演化后的羽毛可以帮助动物在空中飞翔。

福井猎龙的全身骨骼

福井猎龙

"在日本福井县发现的猎龙"

在日本发现的恐龙化石中，福井猎龙的骨架是最完整的。它的演化程度在兽脚类恐龙中属于中等水平。但是福井猎龙头部和下颌的骨骼，具有与演化得更完全的恐龙（驰龙类等）相似的特征。

●未定 ●约 2.5 米 ●肉食性 ●白垩纪早期 ●日本

三叠纪 侏罗纪 白垩纪

虽然目前只在部分恐龙化石上发现了羽毛的痕迹，但也有研究者认为所有的恐龙都有羽毛。通过今后的研究，人们或许会得到确切的答案。

似鸟龙类

似鸟龙类恐龙的颈部较长，由于姿态类似于鸵鸟，也被称为“鸵鸟恐龙”。它们主要以植物为食。在演化的过程中，似鸟龙类的牙齿渐渐消失了，只留下了喙。它们生存于白垩纪早期至晚期，主要分布在亚洲。在白垩纪晚期时，它们也曾向北美洲扩张。

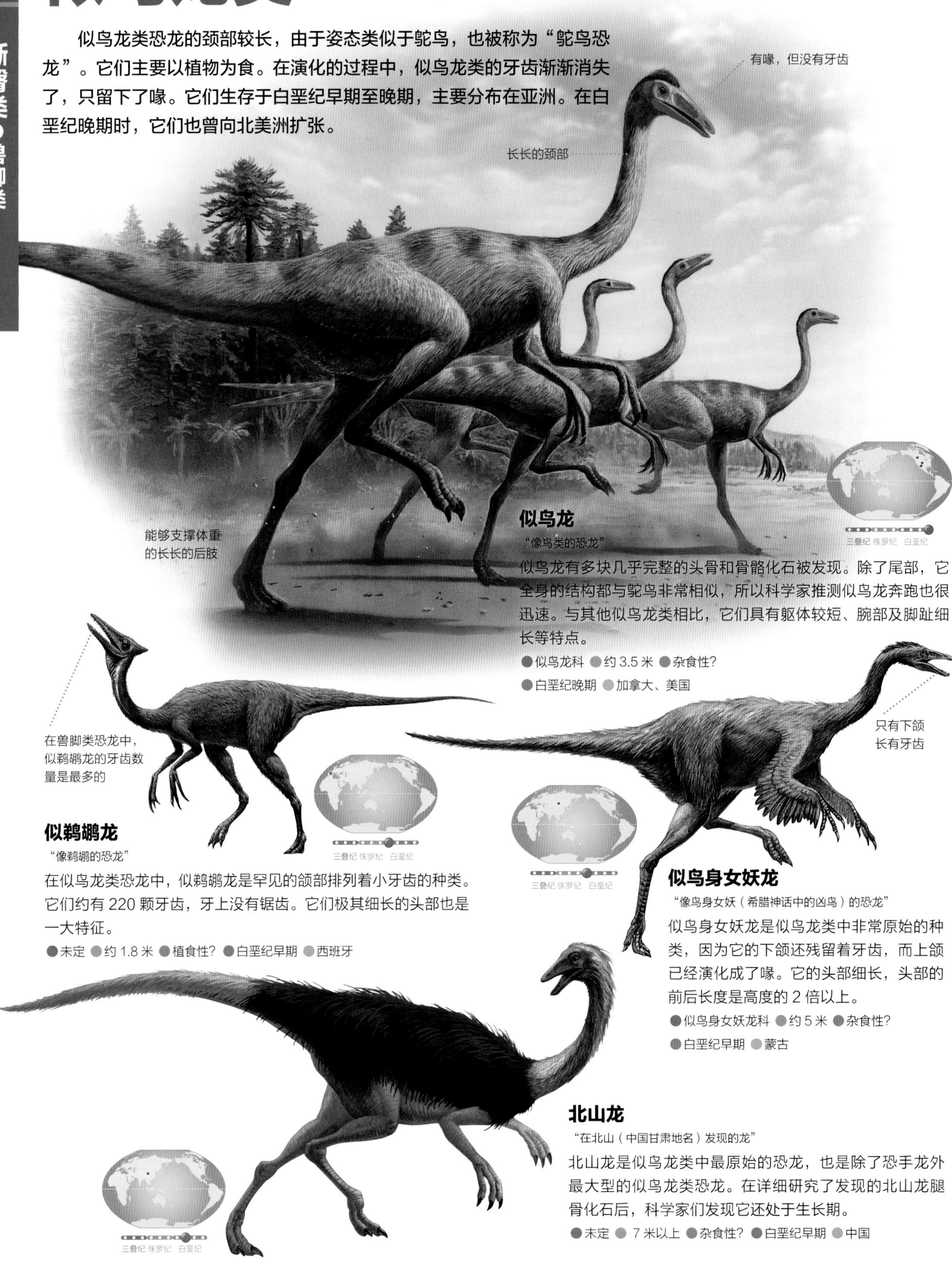

似鸟龙

“像鸟类的恐龙”

似鸟龙有多块几乎完整的头骨和骨骼化石被发现。除了尾部，它全身的结构都与鸵鸟非常相似，所以科学家推测似鸟龙奔跑也很迅速。与其他似鸟龙类相比，它们具有躯体较短、腕部及脚趾细长等特点。

●似鸟龙科 ●约 3.5 米 ●杂食性?
●白垩纪晚期 ●加拿大、美国

似鹈鹕龙

“像鹈鹕的恐龙”

在似鸟龙类恐龙中，似鹈鹕龙是罕见的颌部排列着小牙齿的种类。它们约有 220 颗牙齿，牙上没有锯齿。它们极其细长的头部也是一大特征。

●未定 ●约 1.8 米 ●植食性? ●白垩纪早期 ●西班牙

似鸟身女妖龙

“像鸟身女妖（希腊神话中的凶鸟）的恐龙”

似鸟身女妖龙是似鸟龙类中非常原始的种类，因为它的下颌还残留着牙齿，而上颌已经演化成了喙。它的头部细长，头部的前后长度是高度的 2 倍以上。

●似鸟身女妖龙科 ●约 5 米 ●杂食性?
●白垩纪早期 ●蒙古

北山龙

“在北山（中国甘肃地名）发现的龙”

北山龙是似鸟龙类中最原始的恐龙，也是除了恐手龙外最大型的似鸟龙类恐龙。在详细研究了发现的北山龙腿骨化石后，科学家们发现它还处于生长期。

●未定 ● 7 米以上 ●杂食性? ●白垩纪早期 ●中国

恐手龙

"拥有恐怖手部的恐龙"

恐手龙是似鸟龙类中体形最大的恐龙。过去，它只有长度约 2.5 米的腕部和肩部骨头的化石被发现。因此，恐手龙对人们来说一直是种神秘的恐龙。但最近发现了 2 具恐手龙的全身骨骼化石，学者们得以对它整体的形态进行了研究。

●恐手龙科 ●约 11 米 ●杂食性 ●白垩纪晚期 ●蒙古

中国似鸟龙

"在中国发现的像鸟的恐龙"

中国似鸟龙的化石在中日共同进行的发掘调查中被发现。这具化石首次证明了兽脚类恐龙也拥有胃石（胃石的作用参见 P191）。大量幼年到成年形态的中国似鸟龙化石被集中发现，因此，科学家推测它们是群居动物。●似鸟龙科 ●约 2.5 米 ●植食性 ●白垩纪晚期 ●中国

古似鸟龙

"原始的似鸟龙（像鸟类的恐龙）"

安德鲁斯（美国自然历史博物馆的研究者）率领的中亚考察队于 1923 年发现了大量恐龙化石，古似鸟龙化石就是其中之一。起初，古似鸟龙被认为是似鸟龙的一种。

●似鸟龙科 ●约 3.5 米 ●植食性 ●白垩纪晚期 ●中国

似鸵龙

"像鸵鸟的恐龙"

在似鸟龙类恐龙中，似鸵龙是最先被发现几乎完整的全身骨骼化石的恐龙。化石证明了这种恐龙与鸵鸟非常类似。

●似鸟龙科 ●约 5 米 ●植食性 ●白垩纪晚期 ●加拿大、美国

似鸡龙

"像鸡的恐龙"

科学家发现了似鸡龙自幼年至成年的全身骨骼化石，并进行了深入研究。似鸡龙有着健壮的腰部骨骼、长长的后肢，膝部以下的肢体也很长。这些外形特征都说明了它们可以迅速奔跑。

●似鸟龙科 ●约 6 米 ●植食性 ●白垩纪晚期 ●蒙古

似鸡龙的头骨

似鸟龙类恐龙奔跑迅速，速度特别快的群体时速可达 50 ~ 80 千米，几乎和汽车一样。

镰刀龙类

与身体的大小相比，镰刀龙类的头部小、颈部长。除了一部分原始的种类外，它们前肢的手指都拥有大大的钩爪。这样的钩爪可以把植物的树枝拢到一处，也可以摘下枝叶。它们主要生活在白垩纪早期至晚期。

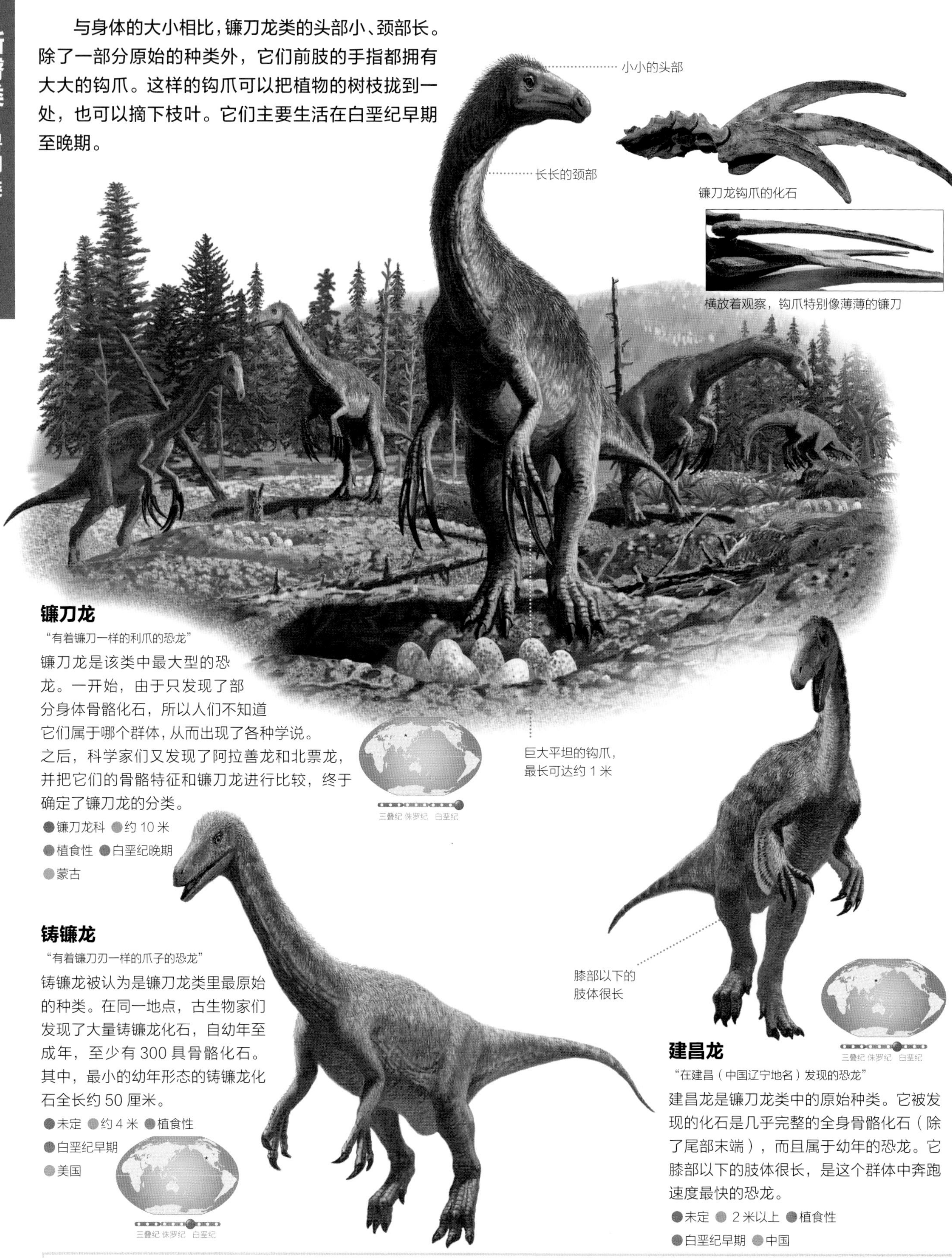

镰刀龙钩爪的化石

横放着观察，钩爪特别像薄薄的镰刀

镰刀龙

"有着镰刀一样的利爪的恐龙"

镰刀龙是该类中最大型的恐龙。一开始，由于只发现了部分身体骨骼化石，所以人们不知道它们属于哪个群体，从而出现了各种学说。之后，科学家们又发现了阿拉善龙和北票龙，并把它们的骨骼特征和镰刀龙进行比较，终于确定了镰刀龙的分类。

●镰刀龙科 ●约 10 米
●植食性 ●白垩纪晚期
●蒙古

铸镰龙

"有着镰刀刃一样的爪子的恐龙"

铸镰龙被认为是镰刀龙类里最原始的种类。在同一地点，古生物家们发现了大量铸镰龙化石，自幼年至成年，至少有 300 具骨骼化石。其中，最小的幼年形态的铸镰龙化石全长约 50 厘米。

●未定 ●约 4 米 ●植食性
●白垩纪早期
●美国

建昌龙

"在建昌（中国辽宁地名）发现的恐龙"

建昌龙是镰刀龙类中的原始种类。它被发现的化石是几乎完整的全身骨骼化石（除了尾部末端），而且属于幼年的恐龙。它膝部以下的肢体很长，是这个群体中奔跑速度最快的恐龙。

●未定 ● 2 米以上 ●植食性
●白垩纪早期 ●中国

阿拉善龙

“在阿拉善（中国内蒙古地名）沙漠发现的恐龙”

阿拉善龙是原始的镰刀龙类中最早被发现的种类。通过阿拉善龙，人们了解到镰刀龙类恐龙与其他有羽毛兽脚类恐龙踏上了不同的演化之路。它的化石在中国和加拿大共同进行的发掘调查中被发现。

● 阿拉善龙科 ● 约 3.8 米 ● 植食性 ● 白垩纪早期 ● 中国

北票龙

“在北票（中国辽宁地名）发现的恐龙”

北票龙化石是镰刀龙类中最早被发现羽毛化石的，同时它几乎完整的头骨化石也被发现了。因为北票龙尾巴末端的骨头排列得特别紧密，所以尾巴显得比较短。

● 未定 ● 约 2 米 ● 植食性 ● 白垩纪早期 ● 中国

死神龙

“伊尔勒格（蒙古神话中的死神）的恐龙”

古生物学家们发现了死神龙保存得极好的头骨化石，这非常利于弥补他们对这种恐龙研究的空白。根据最新的 CT 扫描结果，人们发现死神龙的嗅觉和听觉十分灵敏。

● 镰刀龙科 ● 约 3.5 米 ● 植食性 ● 白垩纪晚期 ● 蒙古、中国

慢龙

“行动缓慢的恐龙”

继镰刀龙之后，慢龙是首个腕部以上的身体化石被发现的恐龙。它的外形有很多特征：巨大的身体、长长的头部、前肢大大的钩爪、宽壮的腰部、健硕的后肢和短短的尾巴等。

● 镰刀龙科 ● 约 7 米 ● 植食性 ● 白垩纪晚期 ● 蒙古、中国

南雄龙

“在南雄（中国广州地名）发现的恐龙”

最初，南雄龙被认为是小型的蜥脚类恐龙，只是外形稍有不同。在后来的一段时间内，它的群体划分都不明确。而如今，科学家们认为它属于比较原始的镰刀龙类恐龙。

● 镰刀龙科
● 约 4.5 米
● 植食性
● 白垩纪晚期
● 中国

古生物学家在戈壁沙漠（➔ P66）发现了大量镰刀龙类恐龙的巢穴遗迹，由此推测它们会通过集体行动的方式来保护恐龙蛋。

阿瓦拉慈龙类

阿瓦拉慈龙类恐龙有着非常奇怪的短手臂。它们的前肢有根指头很大，其余手指却小到几乎看不见。它们被认为会挖掘蚂蚁窝和树木，以里面的昆虫为食。除了其中一个种类 * 外，其他的阿瓦拉慈龙类恐龙都生活在白垩纪晚期，居住在南美洲、北美洲、欧洲和亚洲。

* 校注：2018 年，学者们又发现了两种生活在白垩纪早期的该类恐龙：半爪龙和西域爪龙。

阿瓦拉慈龙

"为纪念阿瓦拉慈（历史学家名）而得名"

阿瓦拉慈龙是这类恐龙中最先被发现的。目前，只有一具阿瓦拉慈龙的化石被发现，而且只有部分骨骼。它是这个群体中除了简手龙外最原始的恐龙之一。

●阿瓦拉慈龙科 ●约 1.4 米？ ●肉食性（昆虫）
●白垩纪晚期 ●阿根廷

巴塔哥尼亚爪龙

"在巴塔哥尼亚（阿根廷地名）发现的有爪子的恐龙"

通过对巴塔哥尼亚爪龙的研究，科学家发现阿根廷地区的恐龙种类和蒙古、中国地区的（如单爪龙等）关系紧密。巴塔哥尼亚爪龙的头骨化石至今还没有被发现。

简手龙

"手部结构简单的恐龙"

简手龙是阿瓦拉慈龙类中最原始、最大型的恐龙。与阿瓦拉慈龙类中较特化的恐龙不同，它的前肢还残留着 3 根手指*，能够用来抓住东西。和多数兽脚类恐龙一样，简手龙的前肢只有三根手指，它也是因此而得名。

●未定 ●约 2 米 ●杂食性?
●侏罗纪晚期 ●中国

有 3 根手指

三叠纪 侏罗纪 白垩纪

有 1 根手指

巴塔哥尼亚爪龙的前肢化石

●阿瓦拉慈龙科
●约 1.7 米
●肉食性（昆虫）
●白垩纪晚期
●阿根廷

* 原始的恐龙和一般四足动物（如人类、青蛙、鳄鱼等陆生脊椎动物）一样都有 5 根手指。随着演化，有些恐龙类群的手指数量越来越少。因此在这些类群中，指爪越少的代表演化程度越高。

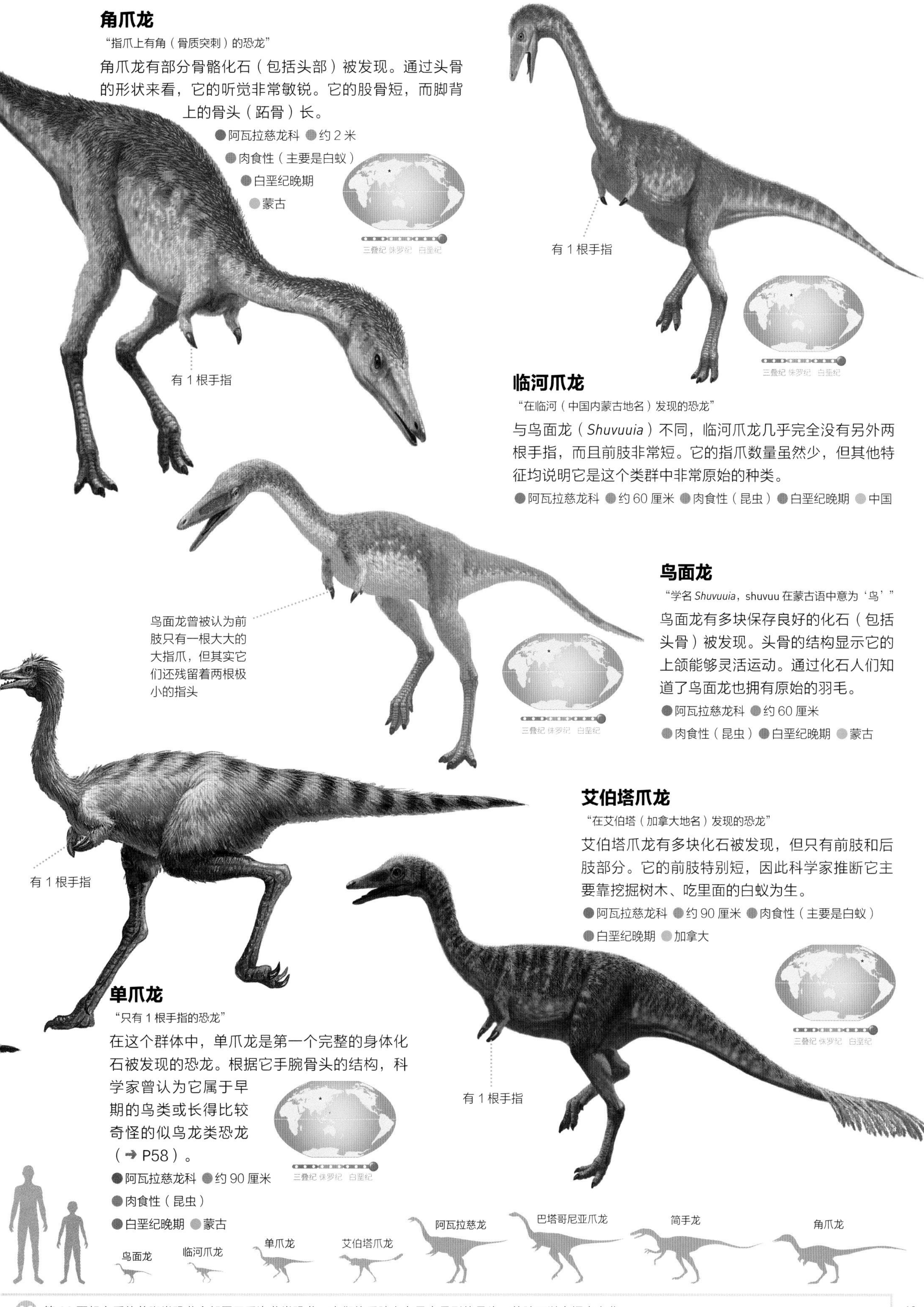

角爪龙

"指爪上有角（骨质突刺）的恐龙"

角爪龙有部分骨骼化石（包括头部）被发现。通过头骨的形状来看，它的听觉非常敏锐。它的股骨短，而脚背上的骨头（跖骨）长。

● 阿瓦拉慈龙科 ● 约 2 米
● 肉食性（主要是白蚁）
● 白垩纪晚期
● 蒙古

临河爪龙

"在临河（中国内蒙古地名）发现的恐龙"

与鸟面龙（*Shuvuuia*）不同，临河爪龙几乎完全没有另外两根手指，而且前肢非常短。它的指爪数量虽然少，但其他特征均说明它是这个类群中非常原始的种类。

● 阿瓦拉慈龙科 ● 约 60 厘米 ● 肉食性（昆虫）● 白垩纪晚期 ● 中国

鸟面龙

"学名 *Shuvuuia*，shuvuu 在蒙古语中意为'鸟'"

鸟面龙有多块保存良好的化石（包括头骨）被发现。头骨的结构显示它的上颌能够灵活运动。通过化石人们知道了鸟面龙也拥有原始的羽毛。

● 阿瓦拉慈龙科 ● 约 60 厘米
● 肉食性（昆虫）● 白垩纪晚期 ● 蒙古

艾伯塔爪龙

"在艾伯塔（加拿大地名）发现的恐龙"

艾伯塔爪龙有多块化石被发现，但只有前肢和后肢部分。它的前肢特别短，因此科学家推断它主要靠挖掘树木、吃里面的白蚁为生。

● 阿瓦拉慈龙科 ● 约 90 厘米 ● 肉食性（主要是白蚁）
● 白垩纪晚期 ● 加拿大

单爪龙

"只有 1 根手指的恐龙"

在这个群体中，单爪龙是第一个完整的身体化石被发现的恐龙。根据它手腕骨头的结构，科学家曾认为它属于早期的鸟类或长得比较奇怪的似鸟龙类恐龙（➔ P58）。

● 阿瓦拉慈龙科 ● 约 90 厘米
● 肉食性（昆虫）
● 白垩纪晚期 ● 蒙古

第 62 页起之后的兽脚类恐龙全部属于手盗龙类恐龙。它们的手腕上有呈半月形的骨头，前肢可以大幅度弯曲。

窃蛋龙类①

窃蛋龙类是特化的兽脚类恐龙，它们至少在腕部和尾部长有大片羽毛。这个类群还有把自己的蛋放在巢内保持温度并孵化的习性。窃蛋龙类的头部形状很有特点，它们的吻部极短，类群内多数恐龙的颌部没有牙齿。窃蛋龙类恐龙生存于白垩纪早期至晚期。

窃蛋龙

“偷蛋的贼”

窃蛋龙身体骨骼的化石被发现于一个巢穴中，骨骼呈重叠状，下面还有一堆蛋。原本科学家认为巢穴和蛋都是原角龙（➔ P158）的，所以将发现的新恐龙命名为“偷蛋的贼”。但后来人们才知道这些蛋都是窃蛋龙自己的，它们会将蛋放在巢穴内保持温度并孵化。

●窃蛋龙科 ●约 1.5 米 ●杂食性? ●白垩纪晚期 ●蒙古

三叠纪 侏罗纪 白垩纪

尾羽龙

“尾巴上有羽毛的恐龙”

在中国东北发现的有羽毛的恐龙中，尾羽龙是出土化石最多的。它在很多方面与鸟类非常相似。它的腕部长着像鸟儿一样的大大的翅膀。

●尾羽龙科 ●约 90 厘米

●杂食性（主要是植物）?

●白垩纪早期 ●中国

三叠纪 侏罗纪 白垩纪

长长的前齿

切齿龙

“门齿拥有切割功能的恐龙”

切齿龙是最原始的窃蛋龙类恐龙，颌部长有牙齿。尽管切齿龙只有头骨化石被发现，但通过它拥有的特征来看，这个类群和镰刀龙类恐龙有很近的亲缘关系。

●未定 ●约 90 厘米？ ●杂食性（主要是植物）

●白垩纪早期 ●中国

三叠纪 侏罗纪 白垩纪

 ●科名 ●全长 ●食性 ●生存时代 ●化石被发现的地区

拟鸟龙的头骨

窃螺龙的全身化石

可汗龙

“这种恐龙被发现于蒙古，可汗是蒙古统治者的尊称”

可汗龙几乎完整的骨骼化石（包括头骨）被发现。最初科学家认为这具化石是河源龙（➔ P66），但由于后来发现了手骨结构上的不同，所以将它作为新种恐龙并命名。

● 窃蛋龙科 ● 约 1.5 米 ● 杂食性 ● 白垩纪晚期 ● 蒙古

拟鸟龙 “像鸟类的恐龙”

拟鸟龙的外形具有许多特征：小小的头、长长的脖颈、短短的尾巴和长长的后肢。目前有大量拟鸟龙的化石被发现，甚至包括它的羽毛化石。科学家通过化石上残留的足迹推测它们是群体行动的恐龙。

● 拟鸟龙科 ● 约 1.5 米 ● 杂食性? ● 白垩纪晚期 ● 蒙古、中国

窃螺龙 “偷海螺的贼”

窃螺龙没有头冠。在发现这个恐龙化石的地层中，还有小型的双壳贝类。因此人们推测窃螺龙是以贝类为食的，这也是它名字的由来。● 窃蛋龙科 ● 约 1.5 米 ● 杂食性 ● 白垩纪晚期 ● 蒙古

纤手龙

“拥有细长手部的恐龙”

纤手龙是最早在北美洲被发掘的窃蛋龙类恐龙。它的颌部没有牙齿，而是演化成了喙。它拥有长长的手腕和细长的指爪。有一种学说认为纤手龙会利用指爪捕捉身体柔软的小型动物，然后将它们吃掉。● 近颌龙科 ● 约 2 米? ● 杂食性 ● 白垩纪晚期 ● 加拿大

窃蛋龙的命名者是美国古生物学家奥斯本，他还命名了艾伯塔龙（➔ P52）和鹦鹉嘴龙（➔ P156）等。

窃蛋龙类 ②

覆盖着恐龙蛋的葬火龙化石

耐梅盖特母龙

“在耐梅盖特组发现的恐龙母亲”

在中国、日本和蒙古三国共同进行的考察中，古生物学家发现了耐梅盖特母龙的化石，并依据这块化石对这种恐龙进行了命名。其后，又有更多成年耐梅盖特母龙和它们蛋巢的化石被发现。

●窃蛋龙科 ●约 1.5 米 ●杂食性 ●白垩纪晚期 ●蒙古

三叠纪 侏罗纪 白垩纪

葬火龙

“佛教中火葬柴堆的主人”*

葬火龙几乎完整的头骨和骨骼化石被发现。这块恐龙头骨化石曾被认为属于窃蛋龙（➜ P64），但后来科学家发现它是与窃蛋龙不同的恐龙种类。此外，还有正在巢穴内孵蛋的葬火龙的化石被发现。

●窃蛋龙科 ●约 2.7 米 ●杂食性（主要是肉）●白垩纪晚期 ●蒙古

* 葬火龙学名 *Citipati*，在梵文中意为“尸陀林主”，他们是藏传佛教中的护法神，形象为两具骷髅。所以学者用这个名字来命名骨骼保存完好的葬火龙。

三叠纪 侏罗纪 白垩纪

河源龙 “在河源（中国广东地名）发现的恐龙”

人们除了发现了河源龙包含头骨的接近完整全身骨骼外，还发现了大量它们的恐龙蛋。由于其他的窃蛋龙类都只在蒙古一带被发现，因此河源龙提供了窃蛋龙类也能栖息在非常南方的地带的重要证据。

●窃蛋龙科 ●约 1.5 米 ●杂食性 ●白垩纪晚期 ●中国（广东省）、蒙古

三叠纪 侏罗纪 白垩纪

巨盗龙

“巨大的盗龙”

巨盗龙是体形极其巨大的恐龙。它从下颌、躯干，到尾椎、前后肢等部位的化石都被人们发现了。在中国和蒙古，专家们还发现了排列着恐龙蛋的巢穴，它们形状细长且巨大，可能属于巨盗龙。

●窃蛋龙科 ●约 8.5 米 ●杂食性? ●白垩纪晚期 ●中国

世界化石产地 蒙古 · 戈壁沙漠

这里是恐龙研究者们一生至少要来参观考察一次的地方。在这里被发现的宝贵的化石有在孵蛋的葬火龙、战斗中的伶盗龙和原角龙（➜ P73）以及鹦鹉嘴龙的幼崽群体（➜ P156）等。

广阔的沙漠中分布着侏罗纪晚期至白垩纪晚期的地层，其中可能埋藏着众多宝贵的化石。

奇翼龙类

奇翼龙类生存于侏罗纪中期至晚期的中国，目前人们还难以确定这类恐龙究竟是窃蛋龙类的近亲还是原始鸟类的近亲。这类恐龙的体形很小，脚上的拇指是朝向后方的，因此可能可以长时间生活在树上。奇翼龙类的前肢有用来支撑翼膜的骨头，人们推测它们可以像鼯鼠一样滑翔。

奇翼龙

“有翅膀的恐龙”

奇翼龙加上种名（比属名更细的分类）后的学名是“*Yi qi*”，意思为“奇异的翅翼”，这是世界上最短的学名。除了前肢的翼膜结构，它们的全身都有羽毛包覆的痕迹。它们前肢的翅膀由翼膜组成，并通过 1 根延长的手腕骨头及修长的手指来支撑。

三叠纪 侏罗纪 白垩纪

●擅攀鸟龙科 ●约 35 厘米 ●杂食性（主要以昆虫为食）●侏罗纪晚期 ●中国

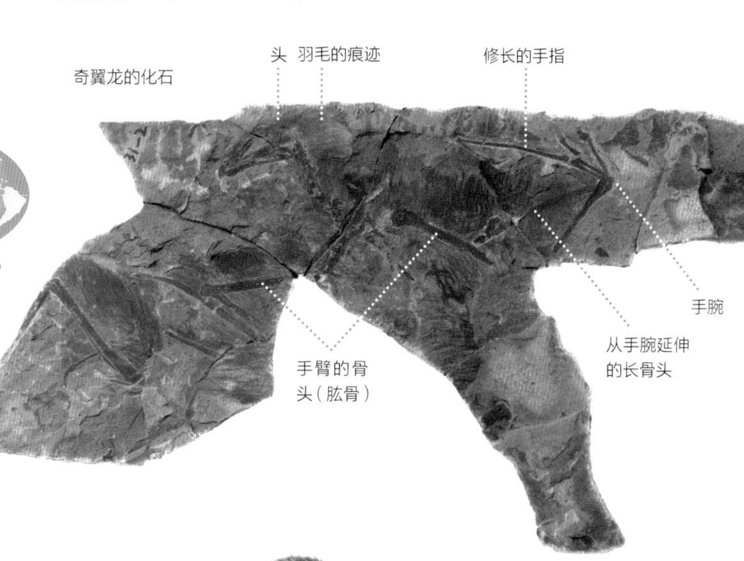

奇翼龙的化石

耀龙

“用来炫耀的羽毛”

耀龙被发现的化石中包含了 1 具被羽毛包覆的全身骨骼。有趣的是，这种恐龙还长有 4 根很长的尾羽，是目前发现的最早的有装饰性羽毛的兽脚类恐龙。无论上下颌，它们的牙齿都只长在最前端的位置。耀龙的前肢和手指都很修长，可能和奇翼龙一样有膜状的翅膀。

●擅攀鸟龙科 ●约 25 厘米

●杂食性（主要以昆虫为食）

●侏罗纪中期～晚期初叶 ●中国

耀龙

奇翼龙

* 校注：一般来说，学名命名后就无法修改，但 Ingenia 已经被一种线虫所用，因此才进行修改。

雌驼龙是在蒙古被发现的恐龙，1981 年它被命名为“*Ingenia*”，并于 2013 年改名 * 为“*Ajancingenia*”。但经研究发现，这种恐龙其实和河源龙是同一属。

伤齿龙类

和驰龙类（➔ P70）一样，伤齿龙类也是最接近鸟类的恐龙类群。它们的眼睛很大，或许能够在夜间以及黑暗的地方活动。就身体和大脑大小的比例来看，伤齿龙类的大脑是恐龙中最发达的。它们生活在侏罗纪晚期至白垩纪最末期。

伤齿龙蛋的化石。被发现时，曾被认为是奔山龙（➔ P137）的蛋

伤齿龙

“拥有具有杀伤力的牙齿的恐龙”

1856 年时，北美洲的恐龙研究才刚起步，人们仅凭借一颗牙齿就对恐龙进行了命名。由于仅有一颗牙齿，人们根本无法将发现的化石和其他近亲做出区分，因此现在将同地层发现的所有接近种类的化石整合起来统称为“伤齿龙”。与身体的大小相比，伤齿龙的脑袋非常巨大，它们被认为是最聪明的恐龙。

●伤齿龙科 ●约 2.4 米 ●杂食性？ ●白垩纪晚期 ●加拿大、美国

三叠纪 侏罗纪 白垩纪

极短的吻部

始中国羽龙

“在中国发现的较原始的羽龙”

2013 年，科学家们宣布发现了始中国羽龙。它是世界上体形最小的恐龙。最初始中国羽龙被认为属于伤齿龙科，但之后又有学说认为它是更原始一些的恐龙。它全身的骨骼化石几乎都被发现了。

●伤齿龙科？ ●约 25 厘米
●肉食性（昆虫？）
●侏罗纪晚期 ●中国

三叠纪 侏罗纪 白垩纪

寐龙

“睡梦中的恐龙”

被发现的寐龙全身化石呈现出和鸟儿睡觉时一样的姿势。科学家们认为，当时由于附近的火山爆发，一瞬间寐龙就被掩埋在了灰烬之中，所以化石显示的应该就是寐龙活着时的姿态。

●伤齿龙科 ●约 70 厘米 ●肉食性
●白垩纪早期 ●中国

三叠纪 侏罗纪 白垩纪

寐龙是在睡眠状态下成为化石的吗？

古生物学家在辽宁省（➜ P56）发现了寐龙的化石。它的脸部埋在胳膊里，缩成一小团。这具化石上并没有寐龙抵御攻击的痕迹，因此它被认为是在休息或睡觉时死亡的，并以当时的姿态成了化石。

寐龙的这个姿态与现代鸟类睡觉的样子非常相似。它将身体缩成一团可能是为了尽量保持体温。

学界通常认为鸟类是由小型的兽脚类恐龙演化形成的，这具寐龙化石的发现更加验证了这个想法。

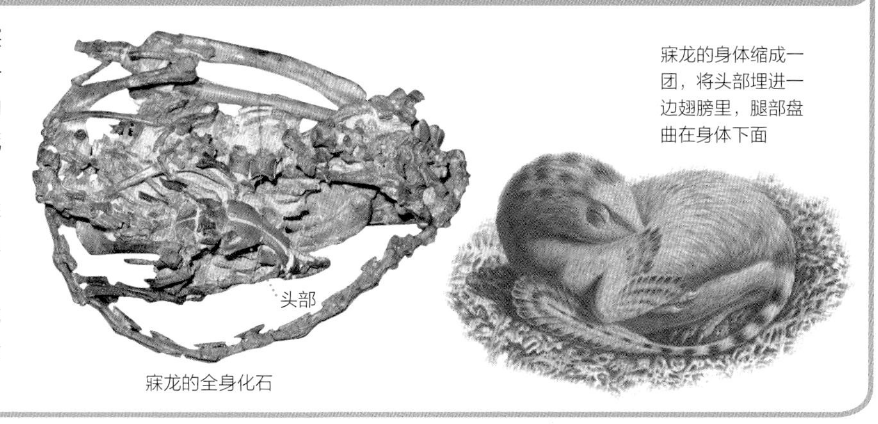

寐龙的全身化石

寐龙的身体缩成一团，将头部埋进一边翅膀里，腿部盘曲在身体下面

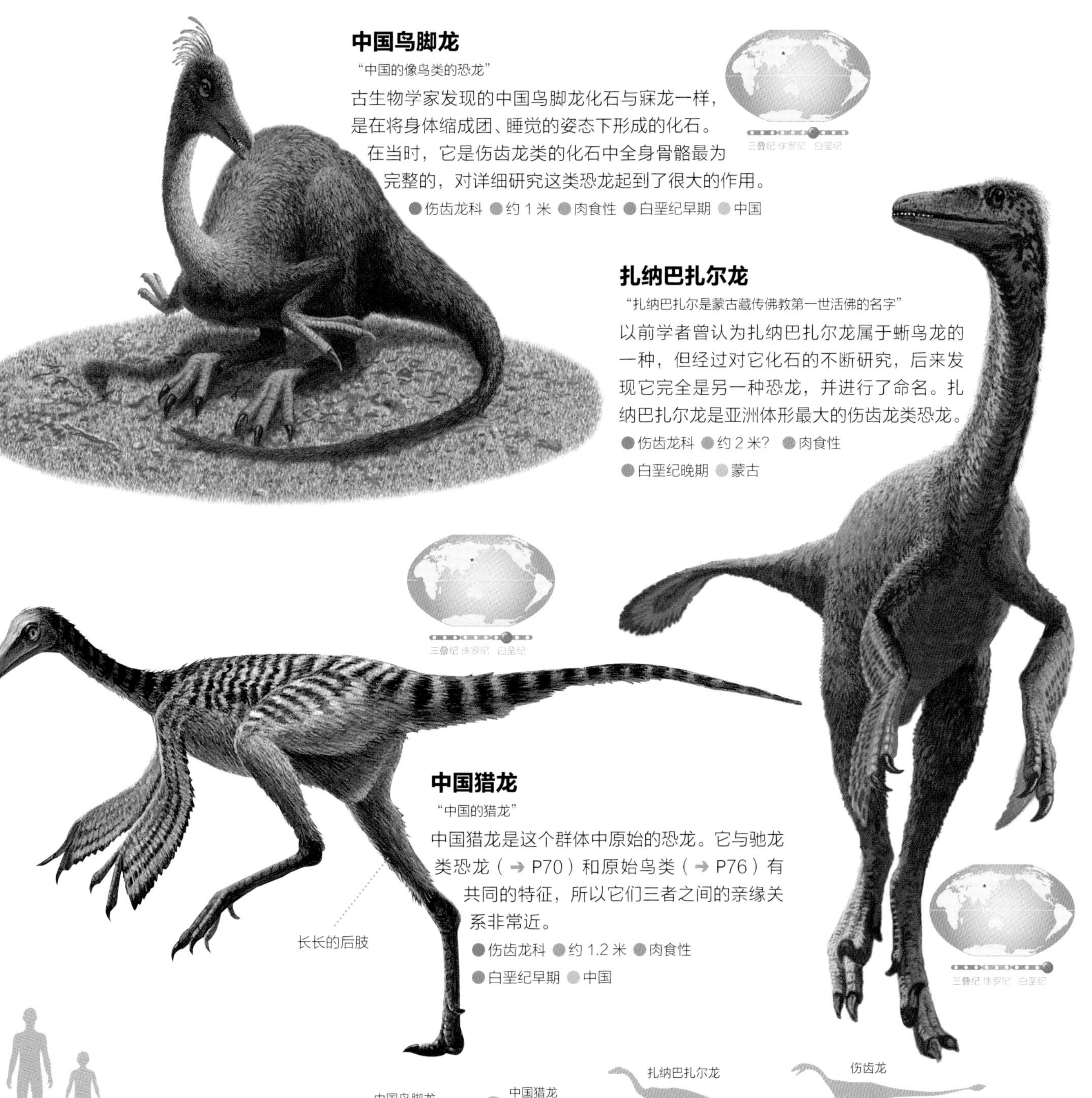

中国鸟脚龙

“中国的像鸟类的恐龙”

古生物学家发现的中国鸟脚龙化石与寐龙一样，是在将身体缩成团、睡觉的姿态下形成的化石。在当时，它是伤齿龙类的化石中全身骨骼最为完整的，对详细研究这类恐龙起到了很大的作用。

●伤齿龙科 ●约 1 米 ●肉食性 ●白垩纪早期 ●中国

扎纳巴扎尔龙

“扎纳巴扎尔是蒙古藏传佛教第一世活佛的名字”

以前学者曾认为扎纳巴扎尔龙属于蜥鸟龙的一种，但经过对它化石的不断研究，后来发现它完全是另一种恐龙，并进行了命名。扎纳巴扎尔龙是亚洲体形最大的伤齿龙类恐龙。

●伤齿龙科 ●约 2 米？ ●肉食性 ●白垩纪晚期 ●蒙古

中国猎龙

“中国的猎龙”

中国猎龙是这个群体中原始的恐龙。它与驰龙类恐龙（➜ P70）和原始鸟类（➜ P76）有共同的特征，所以它们三者之间的亲缘关系非常近。

●伤齿龙科 ●约 1.2 米 ●肉食性 ●白垩纪早期 ●中国

驰龙类与伤齿龙类恐龙都属于恐爪龙类，它们后肢食指的钩爪可以缩回。

驰龙类 ①

驰龙类恐龙是最接近鸟类的恐龙群体。它们的腕部和手部特别长，后肢上有长长的羽毛，而且后肢的食指上有大大的钩爪。驰龙类恐龙的尾巴很难弯曲。除了南极外，它们几乎曾遍布全世界各地。

驰龙

“奔跑的恐龙”

驰龙最初被发现时，曾被认为是小型的暴龙类恐龙。它的头骨格外坚固，上下颌部都排列着大大的、尖锐的牙齿，后肢的食指上还有着镰刀一样的钩爪。

●驰龙科 ●约 1.8 米
●肉食性
●白垩纪晚期
●加拿大、美国

大黑天神龙

“这种恐龙被发现于蒙古，大黑天是蒙古人信仰的藏传佛教中的护法之一”

大黑天神龙生存的年代较晚，但它却是驰龙类中最原始的恐龙。虽然只有部分骨骼被发现，但通过脚背骨头（跖骨）的结构，我们可以看出大黑天神龙具有更为原始的特征。

●驰龙科 ●约 70 厘米 ●肉食性 ●白垩纪晚期 ●蒙古

天宇盗龙

“存放在山东天宇自然博物馆的盗龙”

天宇盗龙是驰龙类中的原始恐龙。它的前肢短，后肢极长。在不同的大陆上发现的驰龙类恐龙的特征略有不同，这些微小的特征差异成了不同的驰龙类恐龙的分类依据。

●驰龙科 ●约 1.6 米 ●肉食性 ●白垩纪早期 ●中国

半鸟

“一半的鸟，指半鸟和现代鸟类的相似度很高”

半鸟最初被认为是鸟类，但通过肩带和骨盆的形状判断，人们发现它属于与鸟类非常相似的驰龙类。不过即使它是鸟类，由于体形很大，大概也不能飞翔。

● 驰龙科 ● 约 2.3 米 ● 肉食性 ● 白垩纪晚期 ● 阿根廷

胁空鸟龙

“来自空中的、有威胁的鸟”

胁空鸟龙前肢的骨头上有膨大的隆起，这个特征说明它可以振翅飞翔。最初胁空鸟龙的归属群体并不明确，但最近科学家们发现它和半鸟非常接近。*

● 驰龙科 ● 约 70 厘米 ● 肉食性 ● 白垩纪晚期 ● 马达加斯加

* 校注：更新的研究显示胁空鸟龙更应该是一种属于反鸟类的原始鸟类。

鹫龙

“在 La Buitrera（阿根廷的化石产地名，在西班牙语中意为‘秃鹫’）发现的恐龙”

鹫龙是接近于半鸟的恐龙种类，但体形非常小。它被发现的化石保存良好，科学家正在对其进行详细的相关调查。它的颌部排列着许多小小的牙齿。通过牙齿的形状判断，鹫龙应该是以蜥蜴和哺乳动物等小动物为食的。

● 驰龙科
● 约 1.3 米
● 肉食性
● 白垩纪晚期
● 阿根廷

南方盗龙

“南方的盗龙”

南方盗龙是非常大型的恐龙种类。在南半球驰龙类中，除了犹他盗龙（➔ P74）外，它是最大的。虽然在分类上接近半鸟，但南方盗龙的前肢比较短小。

● 驰龙科 ● 约 6 米 ● 肉食性 ● 白垩纪晚期 ● 阿根廷

胁空鸟龙的化石是古生物学家在挖掘大型恐龙的化石时偶然发现的。

驰龙类 ②

小盗龙

“小型的盗龙”

古生物学家发现了 300 具以上小盗龙的全身骨骼化石。小盗龙不仅可以像滑翔机那样滑翔，还可以在空中振翅飞翔。据推测，它身体上的一部分羽毛可以随着光线变化而变色。

●驰龙科 ●约 90 厘米 ●肉食性
●白垩纪早期 ●中国

中国鸟龙

“在中国发现的鸟龙”

中国鸟龙的化石上清晰地残留着全身长有羽毛的痕迹。这些痕迹几乎与同一地层发现的鸟类羽毛化石没有任何差异。它上颌的牙齿长长的，因此有学者认为中国鸟龙会分泌毒液杀死猎物。

●驰龙科 ●约 90 厘米
●肉食性 ●白垩纪早期
●中国

斑比盗龙

“像小鹿斑比（迪士尼动画中的形象）一样大小的盗龙”

斑比盗龙有一具几乎完整的全身骨骼化石被发现。这只斑比盗龙还没有成年，因此科学家用童话故事中小鹿的名字“斑比”来对它命名。成年斑比盗龙只有部分骨骼被发现，专家推测它们的全长约为 1.3 米。

●驰龙科 ●约 1.3 米? ●肉食性
●白垩纪晚期 ●美国

三叠纪 侏罗纪 白垩纪

长长的后肢

蜥鸟盗龙

“像蜥蜴和鸟的恐龙”

和驰龙类的其他恐龙一样，蜥鸟盗龙后肢的食指有着镰刀一样的钩爪。但和它们不同的是，蜥鸟盗龙的后肢更长，身体也更加轻盈。这种恐龙与伶盗龙相似。

●驰龙科 ●约 1.8 米? ●肉食性 ●白垩纪晚期 ●加拿大、美国

观察一下钩爪

去博物馆时，大家可以观察一下恐龙的后肢。兽脚类恐龙的后肢拥有发达的钩爪。其中，驰龙类为了减少钩爪的磨损，在行走或奔跑的时候，会将钩爪缩回；而在捕猎时，会全力向猎物猛扑过去，同时向下伸出钩爪，切开猎物。

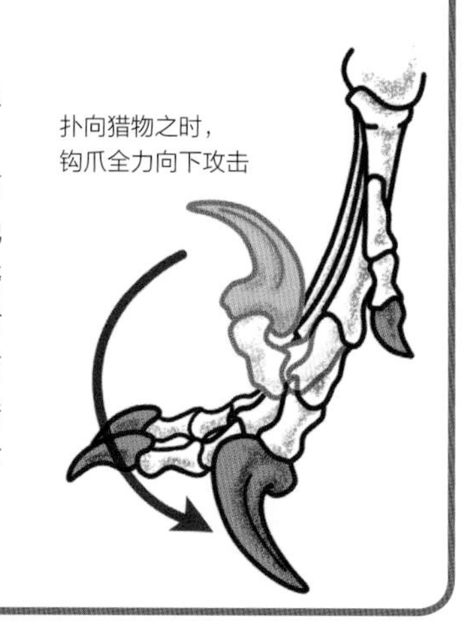

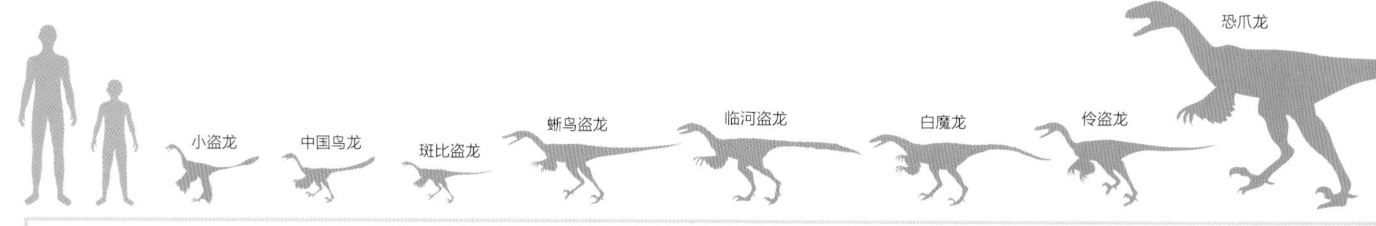

恐爪龙

"拥有恐怖的爪子的恐龙"

驰龙类恐龙中，恐爪龙是最早被发现完整骨骼化石的。通过这个发现，人们了解到了驰龙类的特征。也正是由于恐爪龙的发现，学者们开始争论恐龙到底是温血动物还是冷血动物。

●驰龙科 ●约 4 米 ●肉食性 ●白垩纪早期 ●美国

临河盗龙

"在临河（中国内蒙古地名）发现的盗龙"

临河盗龙被发现的全身骨骼化石几乎保存完整。它与白魔龙和伶盗龙被发现于同一地层，而且与白魔龙非常相似。临河盗龙已经演化到了驰龙类的中间位置。

●驰龙科 ●约 1.8 米
●肉食性 ●白垩纪晚期 ●中国

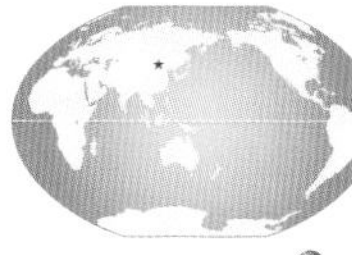

伶盗龙

"敏捷的盗龙"

伶盗龙有大量保存良好的头骨和身体骨骼化石被发现。它因在以恐龙为题材的电影《侏罗纪公园》中出场而为人熟知。此外，一块正在与原角龙（➔ P158）进行作战的伶盗龙化石也非常有名。

●驰龙科 ●约 1.8 米 ●肉食性 ●白垩纪晚期
●中国、蒙古

吻部的结构
非常结实牢固

三叠纪 侏罗纪 白垩纪

白魔龙

"学名在蒙古语中意为'白色的怪兽'"

白魔龙有保存良好的头骨、颈骨和肩骨化石被发现。它与临河盗龙和伶盗龙都非常相似，但由于仍然存在细微的差异，所以白魔龙被认为是其他种类的恐龙。

●驰龙科 ●约 1.8 米？ ●肉食性 ●白垩纪晚期
●蒙古

伶盗龙 VS 原角龙

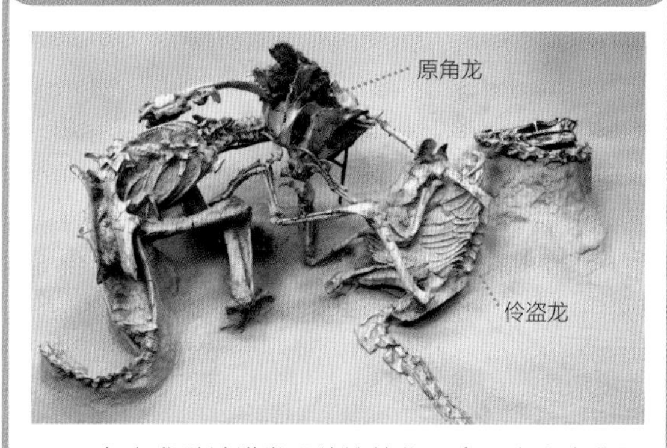

1971 年在戈壁沙漠发现的这块化石令研究者十分震撼。这样的化石是在两只恐龙的战斗过程中形成的。原角龙紧咬伶盗龙的前肢，而伶盗龙后肢的锋利钩爪深深地嵌入原角龙的颈部。这是在世界范围内都非常罕见的恐龙化石。

最近，学者在伶盗龙的腕骨化石上发现了突起，这证明了它长有大片的羽毛。

驰龙类 ③

犹他盗龙

“在犹他州（美国州名）发现的盗龙”

迄今为止，犹他盗龙是驰龙类中发现的体形最大的恐龙种类，但古生物学家只发现了它头骨的一部分、几块腿骨、趾骨和尾骨。虽然没有发现它的羽毛化石，但通常人们认为驰龙类恐龙都长有羽毛。

●驰龙科 ●约 7 米 ●肉食性 ●白垩纪早期 ●美国

三叠纪 侏罗纪 白垩纪

犹他盗龙

趾骨长约 22 厘米

犹他盗龙的全身骨骼

■——恐龙飞翔演化史

当今的鸟类是飞向蓝天的恐龙的后代。最初在地面上行走的恐龙，是如何演化成能够飞翔的鸟类的呢？让我们来看一看。

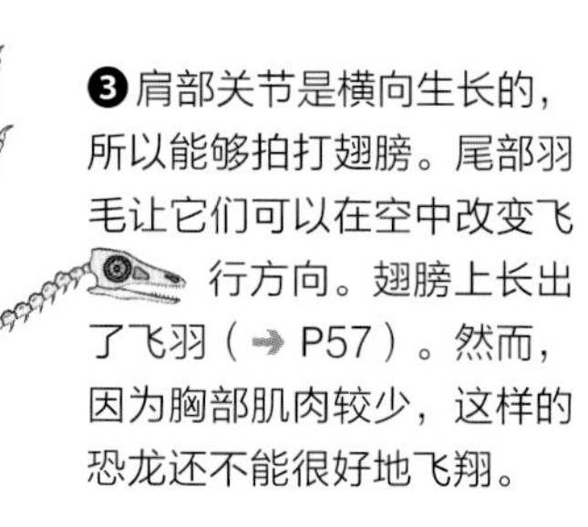

❸ 肩部关节是横向生长的，所以能够拍打翅膀。尾部羽毛让它们可以在空中改变飞行方向。翅膀上长出了飞羽（➔ P57）。然而，因为胸部肌肉较少，这样的恐龙还不能很好地飞翔。

❶ 为了保持体温，长出了羽毛。

❷ 前肢上的羽毛演化成了左右对称的样子（➔ P57），变得像翅膀一样。手腕骨骼发达，前肢可以灵活地弯曲。尾巴上也长出了羽毛。

中华龙鸟（➔ P56）处于该阶段。

窃蛋龙（➔ P64）处于该阶段。

始祖鸟（➔ P77）处于该阶段。

恐龙是什么颜色的？

目前为止，还没有线索能够直接揭示恐龙真正的颜色。只通过残留在化石上的骨头和牙齿，科学家们无法得知恐龙皮肤的颜色。即使难得有皮肤的痕迹残留在化石上，也已经全部变成石头了。

然而，自从古生物学家发现了保存良好的带有羽毛的恐龙化石之后，羽毛成了解恐龙色彩的新线索，相关的研究正在不断进行中。如今，中华龙鸟和近鸟龙等多种恐龙的颜色已经确定了。

●中华龙鸟（➔ P56）

已经确定了尾部的颜色，上面相间排列着棕色和白色的羽毛

●近鸟龙（➔ P76）

除了尾部，几乎全身的羽毛都在化石上保存下来了。它整体呈黑色，头部长有红色羽毛

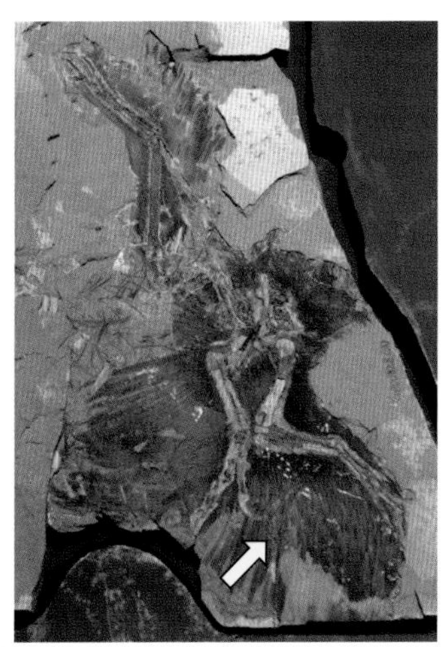

在辽宁省发现的近鸟龙化石。通过研究残留在羽毛化石上的色素，科学家首次确定了近鸟龙的全身颜色

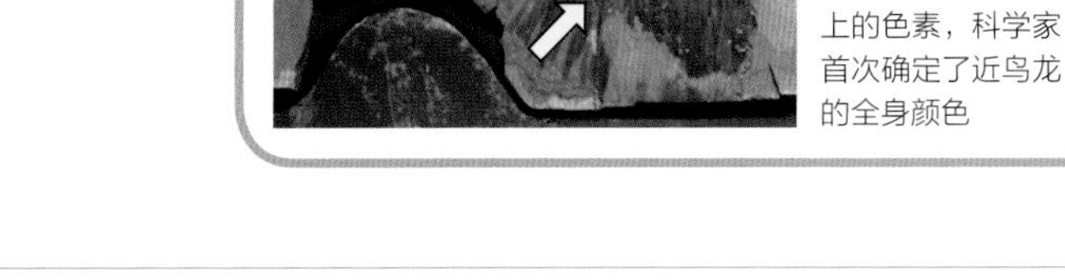

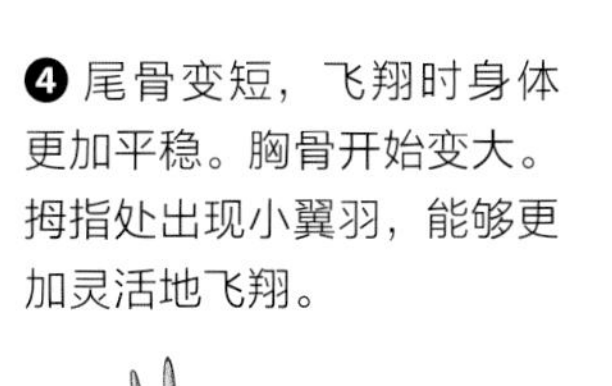

❹ 尾骨变短，飞翔时身体更加平稳。胸骨开始变大。拇指处出现小翼羽，能够更加灵活地飞翔。

中国鸟（➔ P78）处于该阶段。

❺ 尾骨变得更短。胸骨上出现立板一样的突出部分（龙骨突）。长出了很多肌肉，可以有力地拍打翅膀。它们像现代的鸟类一样可以灵活飞翔。

鱼鸟（➔ P79）处于该阶段。

恐龙是怎么起飞的？

当恐龙还没有很好地掌握飞行技巧时，它们是怎么起飞的呢？尽管答案还不明确，但有学说认为它们会爬到树上，从高处来进行滑翔，还有说法认为它们会从地面跳跃起来起飞。

羽毛有三种作用：展示、保温和飞行。最近的研究表明，飞行的作用是最后出现的。

原始鸟类

鸟类是比伤齿龙类（ → P68）和驰龙类（ → P70）恐龙在演化上更进一步的动物。原始鸟类的骨骼结构似乎并不适于展翅飞翔，它们的化石部分在侏罗纪中期的地层被发现，而更多的则在白垩纪早期的中国被发现。

近鸟龙

"接近于鸟类的恐龙"

目前人们已发现几百具近鸟龙的化石。除了对它们的骨骼和羽毛有详尽研究外，人们也运用最新的仪器对近鸟龙的皮肤及肌肉组织进行研究。近鸟龙的后肢也有羽毛，因此全身有四个翅膀。这也是第一种全身羽毛的颜色都被详细研究了的恐龙。研究结果显示，它们的躯体主要呈现灰黑色，头部是红褐色，前后肢的翅膀则是中间白色、末端黑色。

●近鸟龙科 ●约 40 厘米 ●肉食性
●侏罗纪晚期 ●中国

曙光鸟

"黎明的鸟类。它出现的年代非常早，被比喻为该恐龙时代的黎明"

曙光鸟的化石上保存下来的羽毛痕迹很少。人们只在它的身体四周发现了没有羽轴的柔软羽毛。由于和近鸟龙有很近的亲缘关系，因此它们的前后肢应该也都有翅膀。它们和近鸟龙接近的特征包括有坚实的叉骨及前肢等。

●近鸟龙科 ●约 50 厘米
●肉食性
●侏罗纪晚期
●中国

晓廷龙

"为纪念郑晓廷（山东天宇自然博物馆的创建者）而得名"

晓廷龙的体格大小和鸡差不多。它们最初被分类在始祖鸟科，后来才被分类到近鸟龙科。它们的后肢长有带着羽轴的长羽毛。晓廷龙牙齿圆润，这一特点和其他原始的鸟类相近。

●近鸟龙科 ●约 60 厘米 ●杂食性?
●侏罗纪晚期 ●中国

始祖鸟（又称古翼鸟）

“拥有古老的羽翼的恐龙”

过去很长一段时间内，人们都认为始祖鸟是最原始的鸟类，但现在则认为近鸟龙类更加原始。鸟类的胸骨要附着强壮的肌肉才能用力拍打翅膀，然而始祖鸟的胸骨却很脆弱，因此它们应该不擅长飞翔。1861 年，人们仅根据 1 片羽毛就对始祖鸟进行了命名，后来改用了其他标本作为正模标本（作为基准的标本）。

●始祖鸟科 ● 40 ~ 50 厘米
●肉食性 ●侏罗纪晚期
●德国

足羽龙

“脚部长有羽毛的恐龙”

虽然足羽龙化石的形成年代早于始祖鸟，但它却演化得更完全一些。它不仅前肢，就连后肢膝部以下的部分也长有羽毛，形成了翅膀。

●未定 ●约 60 厘米? ●杂食性? ●侏罗纪中期?
●中国

热河鸟

“在热河发现的鸟”

热河鸟是一种原始鸟类，拥有长长的骨尾。直到白垩纪早期，它都是地球上最大的鸟类。热河鸟上下颌部的牙齿极小，数量也很少。

●未定 ●约 75 厘米
●杂食性（植物和鱼）
●白垩纪早期 ●中国

孔子鸟

“最早在中国发现，所以以中国著名思想家孔子命名”

孔子鸟是这个群体中演化得最完全的种类。它的尾骨更少，尾巴更短。在真正的鸟类（没有牙齿，且颌部演化成了喙）中，它是最古老的。孔子鸟的相关化石在辽宁省的化石产地（➔ P56）被发现得最多。

●孔子鸟科
●约 50 厘米
●杂食性
●白垩纪早期 ●中国

福井鸟

“在日本福井县发现的带羽毛的恐龙”

在日本的中生代鸟类中，福井鸟是第一件以首尾相连状态被发现的完整化石。由于它们的骨头很小而且非常脆弱，因此人们并没有将骨骼一一挖掘出来，而是运用计算机断层扫描和 3D 打印技术来进行研究。福井鸟的分类位置介于始祖鸟及热河鸟之间，是非常原始的鸟类。

●未定 ● 20 厘米以上
●杂食性？ ●白垩纪早期 ●日本

古生物学家在日本福井县胜山市发现了大约 1 亿 2000 万年前（处于白垩纪早期）鸟类的蛋壳化石。截至 2020 年，它是世界上最古老的鸟类蛋壳化石。

反鸟类

反鸟类的足部、脚踝骨和肩部至胸部附近的骨头拥有其他鸟类没有的特征。它最早的化石被发现于阿根廷，之后在欧洲和亚洲也有发现。

反鸟

“反鸟类的乌喙骨和肩胛骨的凹凸形状与现代鸟类相反，因此得名”

反鸟是这个群体中体形最大的种类之一。化石被发现时，反鸟被作为生活在白垩纪的新型鸟类代表而备受关注，但之后人们并没有对其进一步仔细研究。通常认为它捕猎一些小动物为食，和现代的鹫一样。

●反鸟科 ●约 1 米（翼展） ●肉食性
●白垩纪晚期？ ●阿根廷

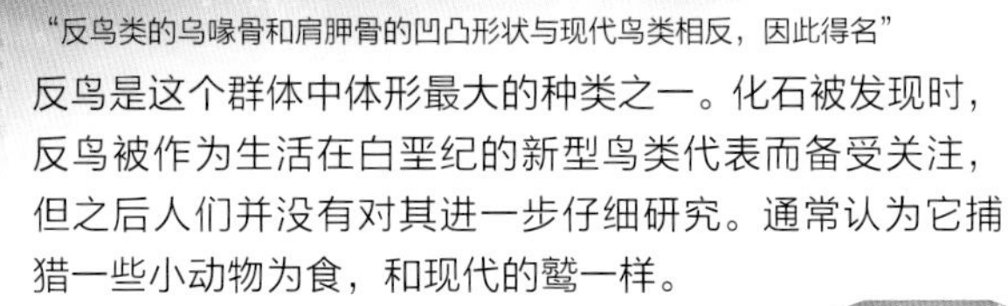

伊比利亚鸟

“生活在中生代的西班牙的鸟”

现代鸟类在肋骨中段有个近乎直角的突出部分，但伊比利亚鸟还没有这样的突起。它的尾骨较短，这一点和现代鸟类是相同的。

●伊比利亚鸟科
●约 20 厘米（翼展）
●肉食性（昆虫）
●白垩纪早期 ●西班牙

中国鸟

“在中国发现的鸟”

反鸟类中，中国鸟是最早被发现几乎完整的骨骼化石的种类。它保留着原始鸟类的特点，比如手指可以活动、腹部长有肋骨等。

●未定 ●约 15 厘米 ●肉食性（昆虫？）●白垩纪早期 ●中国

内乌肯鸟

"在内乌肯（阿根廷地名）发现的鸟"

内乌肯鸟在白垩纪晚期的鸟类中算是体形非常大的。通过翅膀和胸部周围的结构判断，它能够灵活地飞翔。通过腿部的结构判断，它还可以在树枝上停留。

●鸟龙鸟科 ●约 30 厘米?
●杂食性? ●白垩纪晚期
●阿根廷

鱼鸟

"捕食鱼的鸟"

在北美洲发现的鸟类中，鱼鸟是最早被正式命名的种类之一。发现的鱼鸟化石证明了生活在白垩纪的鸟类还保留着牙齿。

●鱼鸟科 ●约 25 厘米
●肉食性（鱼）●白垩纪晚期 ●美国

辽宁鸟

"在辽宁发现的鸟"

在中国发现的鸟类中，辽宁鸟是很早就被正式命名了的种类。被发现的辽宁鸟化石的部分骨骼呈相连接的状态，据推测那是它幼崽的化石。

●辽宁鸟科 ● 10 厘米以上
●肉食性（昆虫？）
●白垩纪早期 ●中国

黄昏鸟

"学名意为'西方的鸟'。西方就是太阳落山的方向，太阳落山正是黄昏之时，因此得名"

黄昏鸟是在水中生活的鸟。它有大量头骨和全身骨骼的化石被发现，学者们正在进行详细研究。它几乎没有翅膀，是依靠强劲的后肢在水中游动的。

●黄昏鸟科 ●约 1.5 米 ●肉食性(鱼)
●白垩纪晚期 ●加拿大、美国

巴塔哥尼亚鸟

"在巴塔哥尼亚（阿根廷地名）发现的鸟"

有些种类的鸟经过演化后变得无法飞翔，巴塔哥尼亚鸟就是其中最古老的一种。通过分析骨骼特征，人们发现巴塔哥尼亚鸟的祖先还是能够飞翔的。

●巴塔哥尼亚鸟科 ●约 50 厘米
●不明 ●白垩纪晚期 ●阿根廷

反鸟类作为不同于任何已知鸟类群体的类别，在 1981 年被正式命名。

什么是蜥脚形类恐龙？

蜥脚形类恐龙是蜥臀类恐龙中头部较小、颈部和尾部极其发达的类群。除了最早期的蜥脚形类恐龙外，它们全部都是植食性的。早期的蜥脚形类恐龙是用双腿行走的小型恐龙。在植物生长茂盛的环境中，它们不断演化，颈部变得更长，躯体变得巨大，所以后来它们需要用四肢来支撑身体的重量。

在迄今为止地球上生存过的生物中，蜥脚形类恐龙是体形最大的动物。

颈部

与躯体一样长，甚至比躯体还长。随着不断的演化，颈部的骨头逐渐变长，数量也不断增加。

牙齿

颌部排列着棒子一样的、细长的牙齿。这样的牙齿可以帮助恐龙从树枝上摘下叶子。有的恐龙种类的牙齿内侧像勺子一样凹陷。

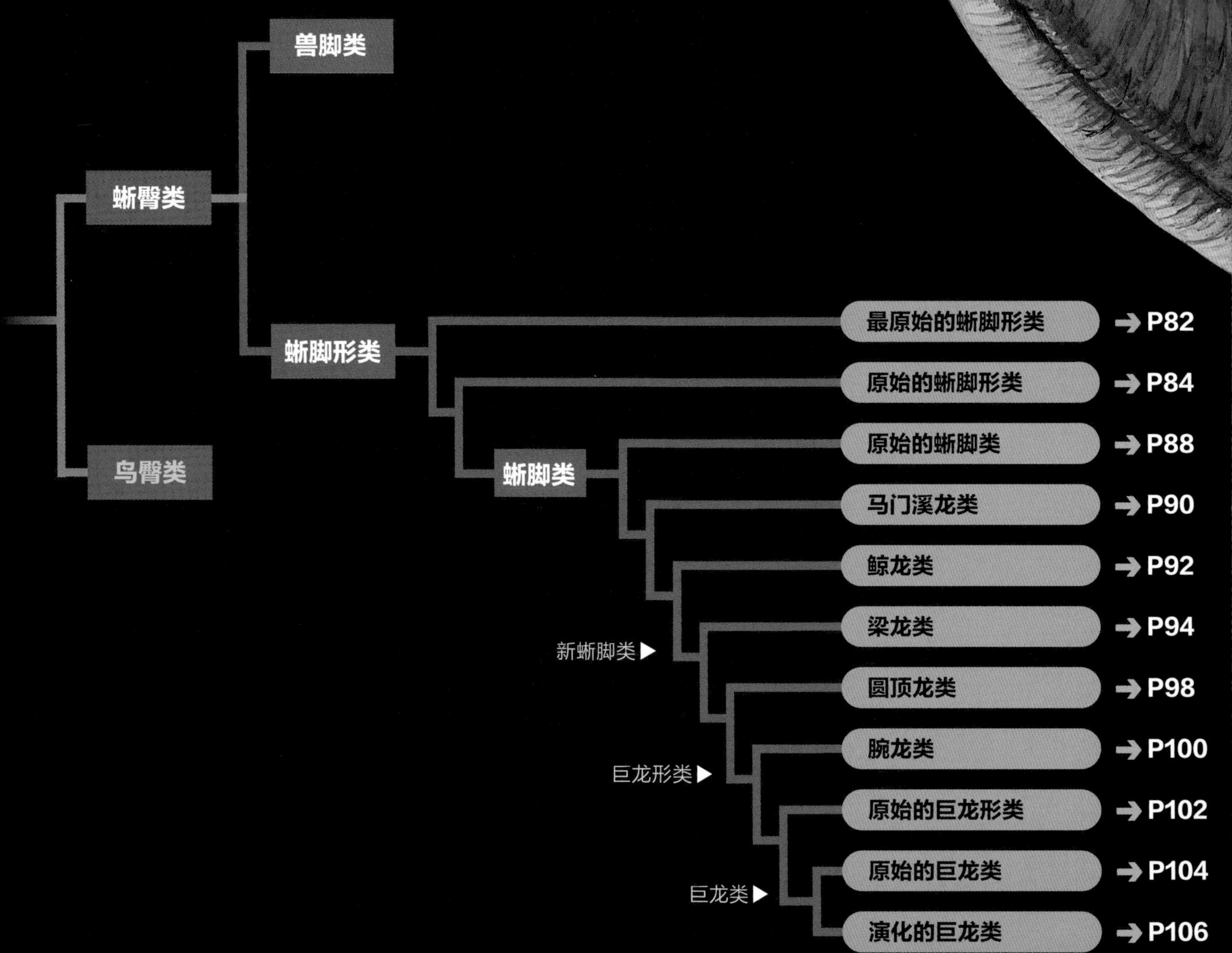

■——蜥脚形类中最大的恐龙与最小的恐龙

阿根廷龙
全长约 36 米

始盗龙
全长约 1 米

■——骨骼形态

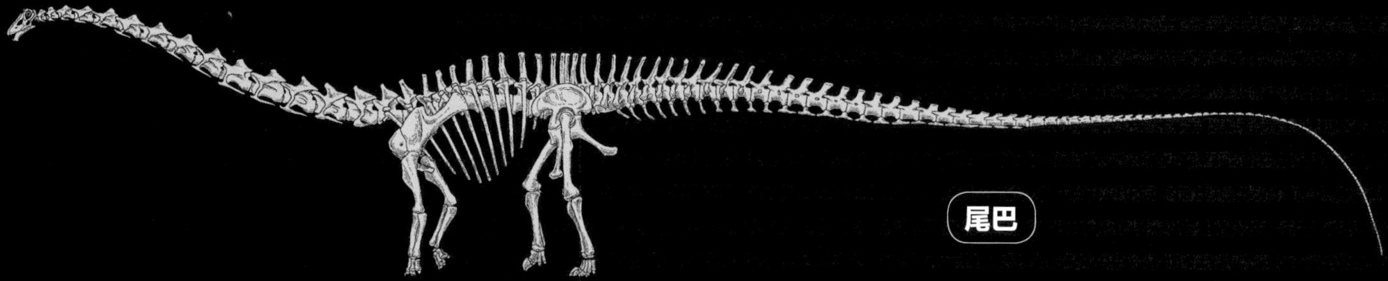

尾巴

有的恐龙种类仅仅尾巴就长达 10 米以上。它们可以将尾巴的前端像鞭子一样弯曲、挥舞，对肉食性恐龙进行威吓。

梁龙（➔ P94）

腿部

为了支撑躯体的重量，它们的趾尖是聚拢的，而不是向外伸展开的。从腿根到趾尖，它们的腿部形成了粗壮的、柱子一样的结构。

最原始的蜥脚形类

这个群体最接近于所有蜥脚形类恐龙的祖先，也具有类似于早期兽脚类恐龙的特征。它们的体形较小，全长约 1 ~ 2 米，用双腿行走。所有演化后期的蜥脚形类恐龙都是植食性的，但这些原始的种类还是杂食性的。它们生活在三叠纪晚期。

滥食龙

“什么都吃的恐龙”

滥食龙是最古老的恐龙之一，它们大约生活在 2 亿 3000 万年前。在这个类群中，滥食龙被发现的骨骼化石是最完整的，它的头骨和始盗龙非常相似。滥食龙是杂食性的恐龙，因为它的牙齿上有细细的锯齿纹，不仅能够吃植物，还能吃掉昆虫或蜥蜴等动物。

●农神龙科 ●约 1.5 米 ●杂食性 ●三叠纪晚期 ●阿根廷

始盗龙

“黎明的掠夺者。它出现的年代非常早，被比喻为该恐龙年代的黎明”

始盗龙曾经被认为是最原始的蜥臀类或原始的兽脚类（➔ P28）恐龙。直到 2011 年，它被认定为是原始的蜥脚形类恐龙。在阿根廷，古生物学家们发现了它的大量化石。学者们通常认为，这就是地球上最早出现的恐龙的形态。

●农神龙科 ●约 1 米 ●杂食性 ●三叠纪晚期 ●阿根廷

三叠纪 侏罗纪 白垩纪

专家正在清理始盗龙的头骨

世界化石产地 阿根廷 · 月亮谷

在阿根廷的西北部坐落着安第斯山脉，它的表面经过风吹日晒，暴露出了三叠纪晚期的地层。崎岖不平的山脉看起来就像月球表面一样，所以这个地区被称为“月亮谷”。因为古生物学学家在这个地区发现了大量始盗龙和埃雷拉龙（➔ P29）等原始恐龙的化石，所以有学说认为恐龙起源于南半球（阿根廷位于南半球的南美洲），但这个推测还没有得到证实。

位于月亮谷的世界遗产伊斯基瓜拉斯托岩层

最古老的恐龙是什么样的？

恐龙中的不同群体特征各异，但最古老的恐龙（也就是所有恐龙的祖先）到底是什么样的呢？虽然还没有发现相关化石，但原始恐龙群体的形态给了学者们一些思考的灵感。经过观察比较，他们发现蜥臀类和鸟臀类恐龙中原始的种类有一些共同之处：它们的身体小而纤细，能用双腿敏捷地行动。最古老的恐龙或许拥有与它们相似的形态。

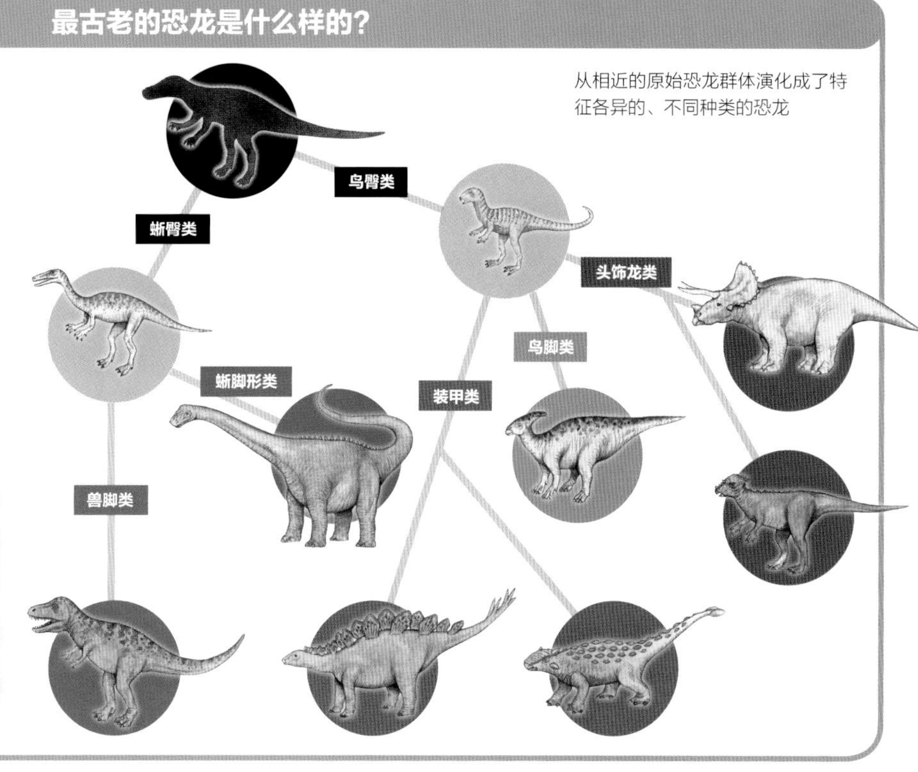

从相近的原始恐龙群体演化成了特征各异的、不同种类的恐龙

瓜巴龙

"在瓜巴（巴西地名）发现的恐龙"

瓜巴龙既有蜥脚形类恐龙的特点，也有兽脚类恐龙的特点，曾经被划分至兽脚类。如今，它被认为属于原始的蜥脚形类恐龙。在1999年于东京举办的恐龙研究发表会上，学者们宣布了这种恐龙的正式名称。

●瓜巴龙科 ●约 2 米 ●杂食性
●三叠纪晚期 ●巴西

农神龙

"在庆祝农神的节日时被发现的恐龙"

与瓜巴龙一样，农神龙的分类经过了多次的变化。古生物学家们已经发现 3 具农神龙身体的部分骨骼化石。它的化石正好是在巴西庆祝农神的节日期间被发现的，由此得名。因为农神龙的骨头纤细，所以学者认为它的体形比较修长。

●农神龙科 ●约 1.5 米
●杂食性 ●三叠纪晚期
●巴西

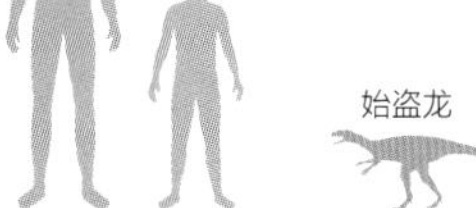

当今被发现的最古老的恐龙也已经分化成了蜥脚形类和兽脚类。而两类恐龙的共同祖先，也就是最古老的恐龙，还没有被人们发现。

原始的蜥脚形类 ①

与最原始的类群相比，原始的蜥脚形类恐龙演化得稍微完全一些，同时这一类恐龙也包括以前被称为原蜥脚类的类群。和身体相比，它们的头部较小。它们还有着长长的颈部和尾部，长着树叶状的牙齿。原始的蜥脚形类恐龙还是用双腿行走的。从三叠纪晚期到侏罗纪早期，它们几乎生活在全世界上的各个地区。在三叠纪的时候，它们的体形演化得巨大起来。

板龙的全身骨骼

用双腿行走

板龙

“宽宽的恐龙”

170 年前，人们刚开始研究恐龙的时候，板龙就已经为人所知了。古生物学家已经发现了超过 100 具板龙化石，对它们的研究是这个类群中最为详细的。其中有些化石被认为属于成年的板龙，但它们的大小也有差异。

●板龙科 ●约 8 米 ●植食性

●三叠纪晚期 ●德国、法国、瑞士、格陵兰岛

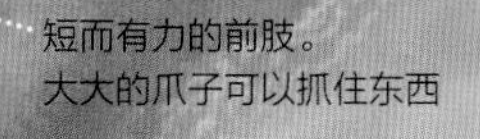

三叠纪 侏罗纪 白垩纪

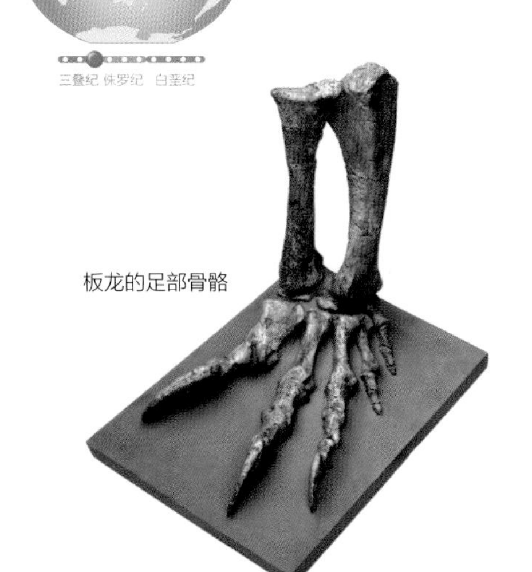

板龙的足部骨骼

恐龙的足迹也会成为化石

恐龙在水边等泥泞的地面上行走时，脚步平稳的话，就会留下清楚的足迹。在留下足迹之处的泥土干裂之前，如果有新的泥土又覆盖上去，或掩盖上火山灰之类的物质，就可以形成清晰的恐龙足迹化石。

板龙类恐龙的足迹（发现于法国）

槽齿龙

"有齿槽的恐龙"

槽齿龙是这个群体中体形最小的恐龙。它也是最原始的恐龙之一。槽齿龙是世界上第五个被正式命名的恐龙种类。但在第二次世界大战期间，它的许多重要化石都丢失了。

● 槽齿龙科 ● 约 2 米 ● 植食性

● 三叠纪晚期 ● 英国

细细坡龙

"在细细坡（中国云南地名）发现的恐龙"

细细坡龙是这个群体中的小型恐龙，但在中国发现的同类恐龙中，它是演化得最完全的。2010 年，它由第一位在中国以恐龙研究成为博士的日本研究者正式命名。

● 板龙科

● 约 4 米

● 植食性

● 侏罗纪早期

● 中国

细细坡龙的头骨

黑水龙

"在黑水流淌的地方发现的恐龙"

黑水龙头骨至身体的骨骼化石都保存得很完好。它与板龙相似，但体形很小。在三叠纪晚期，地球上的陆地是连成一体的，所以即使在欧洲发现类似黑水龙的恐龙也不足为奇。

● 板龙科 ● 约 2.5 米 ● 植食性 ● 三叠纪晚期 ● 巴西

里奥哈龙

"在里奥哈（阿根廷地名）发现的恐龙"

古生物学家们发现了 20 具以上里奥哈龙的化石。它是这个群体里体形最大的恐龙。它的脊骨中空，形成了轻巧的骨骼结构。以前它曾被认为类似于黑丘龙（➔ P86）这样的蜥脚类恐龙（➔ P88 ~ 109）。

● 里奥哈龙科 ● 约 10 米 ● 植食性

● 三叠纪晚期 ● 阿根廷

三叠纪 侏罗纪 白垩纪

原始的蜥脚形类恐龙有时也被称为"原蜥脚类"，但它们并不是蜥脚类恐龙的直接祖先，所以这个叫法不太常用。

原始的蜥脚形类②

大椎龙

"有细长的脊骨的恐龙"

在这个类群中，科学家们对大椎龙的调查的详细程度仅次于板龙。它的还未孵化的恐龙蛋和巢穴都被发现了。以前，学者曾认为它是用四肢行走的，但最近研究表明它是用双腿行走的。

●大椎龙科 ●约 4 米 ●植食性

●侏罗纪早期 ●莱索托、南非、津巴布韦

三叠纪 侏罗纪 白垩纪

粗粗的尾巴

禄丰龙

"在禄丰（中国云南地名）发现的恐龙"

禄丰龙是第一只在中国被正式命名的原始的蜥脚形类恐龙。它有约 30 具化石被发现。2010 年，它的幼年化石被发现，这揭示了禄丰龙的成长过程。

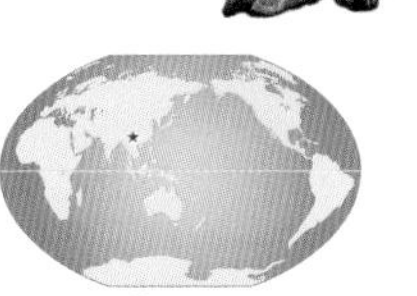

●大椎龙科 ●约 6 米 ●植食性

●侏罗纪早期 ●中国

世界化石产地 中国 · 云南省

位于中国西南部的云南省如今是高原地区，但在三叠纪时，那里还是一片汪洋。三叠纪晚期到侏罗纪早期，海平面下降，学者认为这里形成了湖泊星罗棋布的陆地。这样水源充沛的环境有利于植物的茂盛生长，所以对于植食性生物来说，这里是非常适宜居住的地方。尤其像禄丰龙这样的原始的蜥脚形类恐龙繁盛起来。

此外，人们还发现了兽脚类恐龙中的双嵴龙类、龟鳖类和哺乳动物等生物的化石。

云南省的发掘现场

黑丘龙

"在黑山发现的恐龙"

黑丘龙可能是最接近于蜥脚类的原始蜥脚形类恐龙。它的身体庞大、腿部健壮，因此被认为是用四肢行走的。它在 1924 年就被命名了，但最近学者才对它的头骨进行了详细研究。

●黑丘龙科 ●约 8 米

●植食性 ●三叠纪晚期

●南非

三叠纪 侏罗纪 白垩纪

■——小型化石 · 鼠龙

20 世纪 70 年代，在阿根廷进行的发掘调查中，古生物学家不仅发现了恐龙蛋的化石，还在巢穴里发现了刚出生不久的恐龙幼崽的化石。这块幼崽化石大小约 20 厘米。由于它非常小，所以被命名为鼠龙（像老鼠般大小的恐龙）。后来，古生物学家又发现了它成年形态的化石，才知道鼠龙长大后体形会达到 8 米左右。

这张照片中鼠龙的头骨大小是真实尺寸

全身骨骼的形态

近蜥龙

"近似蜥蜴的恐龙"

近蜥龙是最早在美国被正式命名的原始蜥脚形类恐龙之一。它的体形虽然较小，从骨骼特点来看，它们比起板龙类更加接近蜥脚类恐龙（➔ P88 ~ 109）。

● 近蜥龙科 ● 约 2.4 米 ● 植食性 ● 侏罗纪早期 ● 美国

地爪龙

"学名 *Aardonyx*，在南非语中意为'地球之爪'"

地爪龙保存极其良好的化石被古生物学家们发现。它是用双腿行走的蜥脚形类恐龙中演化得最完全的，对于研究恐龙行走方式的演变（从用双腿到用四肢行走）非常重要。

● 未定 ● 约 6.5 米 ● 植食性 ● 侏罗纪早期 ● 南非

云南龙

"在云南发现的恐龙"

古生物学家们发现了 20 具以上云南龙的骨骼化石。它是这个群体中唯一生存到侏罗纪中期的恐龙。通过新化石的发现，有学说认为它的全长可达 13 米。它的牙齿呈勺子形，而不是树叶形（➔ P105）。

● 云南龙科 ● 约 7 米 ● 植食性 ● 侏罗纪早期 ~ 中期 ● 中国

近蜥龙　大椎龙　禄丰龙　地爪龙　云南龙　黑丘龙

禄丰龙是中国第一只全身骨骼被完整装架起来的恐龙。

原始的蜥脚类

蜥脚类恐龙是体形最大的恐龙类群。它们用四肢行走，短圆的吻部是它们的一大特征。在原始的蜥脚类中，最早期的种类只是前肢的脚趾向外扩展，后来才整个前肢都演化成了柱子的形状。它们生活在三叠纪晚期至侏罗纪中期。

棘刺龙

"有刺的恐龙"

棘刺龙是原始的蜥脚类中被发现的骨骼化石最完整的。有一种有力的学说认为它是这个群体中演化得最完全的种类。它的骨骼特征与侏罗纪中期中国的恐龙群体相似，但与冈瓦纳大陆南部的群体不同。棘刺龙的尾部化石被发现时是弯曲着的，几乎围成了一个圈的形状。

●未定 ●约 13 米 ●植食性
●侏罗纪中期? ●尼日尔

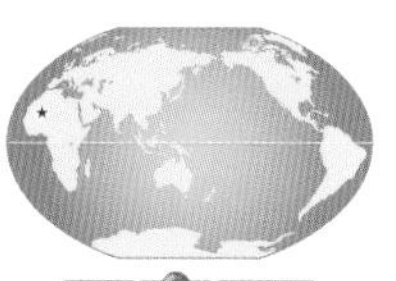

棘刺龙的发掘现场

火山齿龙

"伏尔甘（罗马神话中的火神）的牙齿"*

目前，古生物学家发现了 1 具火山齿龙部分身体骨骼的化石。它还保留有一些原始的蜥脚形类恐龙的特点。在伊森龙（➜ P89）被发现之前，它被认为是最原始的蜥脚类恐龙。火山齿龙当时可能生活在气候干燥的环境中。

●火山齿龙科 ● 6.5 米 ●植食性 ●侏罗纪早期 ●津巴布韦

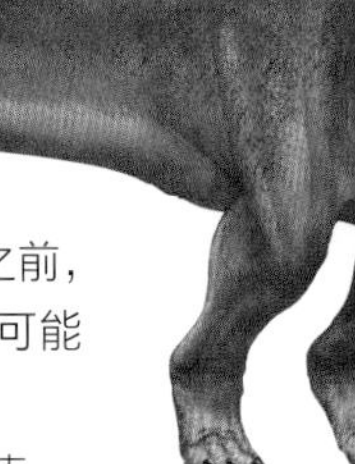

*校注：这种恐龙在火山岩中被找到，因此得名。当时在化石周边找到7颗牙齿。但经过研究后发现这些牙齿其实是肉食兽脚类恐龙捕食时留下的。

 ●科名 ●全长 ●食性 ●生存时代 ●化石被发现的地区

伊森龙

"在伊森（泰国地名）发现的恐龙"

伊森龙是最原始的蜥脚类恐龙之一。古生物学家发现了包括它的脊骨和大腿骨在内的骨骼化石。在三叠纪晚期的蜥脚类恐龙中，它是最早被正式命名的种类。被发现的这具化石属于即将成年的伊森龙。

●未定 ● 6.5 米以上 ●植食性 ●三叠纪晚期 ●泰国

哥打龙

"在哥打层（印度的地层）发现的恐龙"

哥打龙是最原始的蜥脚类恐龙之一。古生物学家发现了至少 12 具它们的化石，但其中没有头骨的化石。演化较完全的蜥脚类恐龙的脊骨中有可供空气进入的空间，但哥打龙还没有演化到这个阶段。

●未定 ●约 9 米 ●植食性 ●侏罗纪早期 ●印度

蜀龙

"在蜀地（四川省的古称）发现的恐龙"

人们发现了 20 具以上身体骨骼完整（包括头骨）的蜀龙化石。因此，在原始的蜥脚类中，它是相关研究最为详细的恐龙之一。

●蜀龙科 ●约 9 米 ●植食性 ●侏罗纪中期 ●中国

巨脚龙

"腿部巨大的恐龙"

在侏罗纪早期的蜥脚类恐龙中，巨脚龙的已知骨头特征等信息算是非常详细的。它的头骨还没有被发现。学者对它应该被归为哪一类群体意见不一。近年来，较多专家认为它属于原始的蜥脚类。

●不明 ●约 18 米 ●植食性 ●侏罗纪早期 ●印度

三叠纪 侏罗纪 白垩纪

火山齿龙 伊森龙 哥打龙 蜀龙 棘刺龙 巨脚龙

马门溪龙类

和原始的蜥脚类恐龙相比，马门溪龙类演化得稍微完全一些，但它们又比梁龙原始。它们的脖子特别长。相比其他蜥脚类恐龙，它们颈部骨头更多，而且头部较小。目前在亚洲发现的马门溪龙类的化石的年代为侏罗纪中期到晚期。其中有一些种类的恐龙体形特别大。

马门溪龙

"在马鸣溪*（中国四川地名）发现的恐龙"

马门溪龙是亚洲已知的体形最大的恐龙之一。它特别长的颈部是一大特点，占到身体全长的一半左右。它的颈骨数量是蜥脚类恐龙中最多的，共有 19 块。

● 马门溪龙科 ● 约 26 米 ● 植食性 ● 侏罗纪晚期 ● 中国

三叠纪 侏罗纪 白垩纪

*校注：因研究人员口音的关系，"马鸣溪"被误记为"马门溪"。

川街龙

"在川街（中国云南地名）发现的恐龙"

川街龙以前曾被认为是原始的蜥脚类（➔ P88）。但根据最近的研究，它被归入马门溪龙类之中。川街龙拥有和马门溪龙相似的特征，但它更加原始。

● 马门溪龙科 ● 约 25 米 ● 植食性 ● 侏罗纪中期 ● 中国

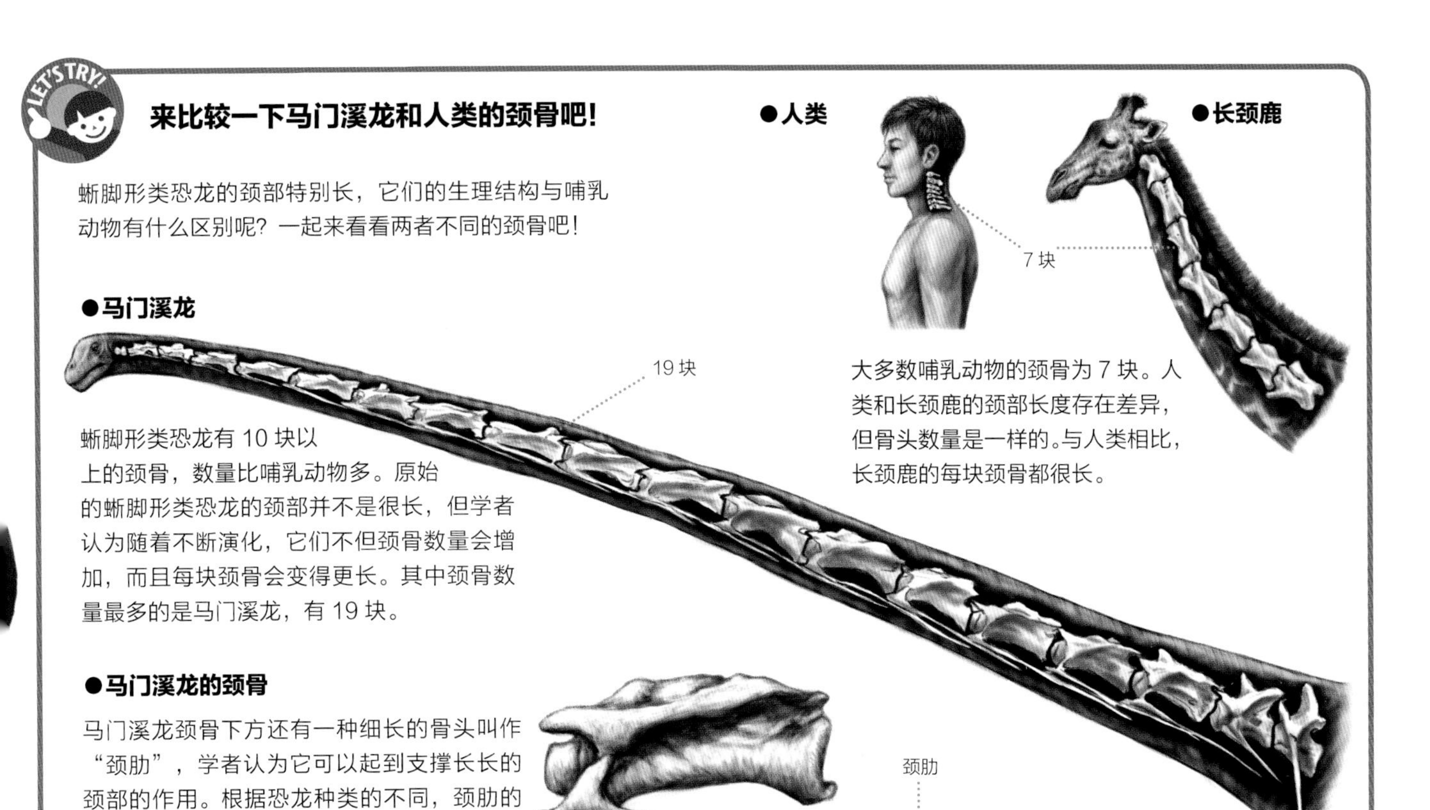

来比较一下马门溪龙和人类的颈骨吧！

蜥脚形类恐龙的颈部特别长，它们的生理结构与哺乳动物有什么区别呢？一起来看看两者不同的颈骨吧！

●马门溪龙

蜥脚形类恐龙有 10 块以上的颈骨，数量比哺乳动物多。原始的蜥脚形类恐龙的颈部并不是很长，但学者认为随着不断演化，它们不但颈骨数量会增加，而且每块颈骨会变得更长。其中颈骨数量最多的是马门溪龙，有 19 块。

大多数哺乳动物的颈骨为 7 块。人类和长颈鹿的颈部长度存在差异，但骨头数量是一样的。与人类相比，长颈鹿的每块颈骨都很长。

●马门溪龙的颈骨

马门溪龙颈骨下方还有一种细长的骨头叫作“颈肋”，学者认为它可以起到支撑长长的颈部的作用。根据恐龙种类的不同，颈肋的形态也不同，有的又细又长，有的则又粗又短。

峨眉龙

“在峨眉山（中国四川地名）发现的恐龙”

峨眉龙在中国恐龙研究的早期阶段就被正式命名了。直到 20 世纪 70 ~ 80 年代，又有大量峨眉龙的化石被发现。其中，最小的化石全长 11 米。

● 马门溪龙科 ● 约 11 ~ 15 米 ● 植食性 ● 侏罗纪中期 ● 中国

元谋龙

“在元谋（中国云南地名）发现的恐龙”

元谋龙只有部分骨骼化石被发现了，它的头骨至今还没有被发现。这种恐龙躯体的脊骨形状比峨眉龙更加复杂。元谋龙和巴塔哥尼亚龙有一些相似之处。

● 马门溪龙科 ● 约 17 米? ● 植食性 ● 侏罗纪中期 ● 中国

峨眉龙名字的来源是峨眉山，它是中国四大佛教名山之一。

鲸龙类

鲸龙类比原始的蜥脚类演化得稍微完全一些。鲸龙类是除了马门溪龙类外，另一类比梁龙更原始的蜥脚类恐龙。它们的脖子比身体稍微短一些。因为躯干部分变得更大了，所以头显得比较小。为了支撑庞大的身体，它们的前脚演化成了柱子一样的形状。鲸龙类生活在侏罗纪中期至白垩纪早期。

鲸龙

"类似鲸鱼的恐龙"

鲸龙是蜥脚类恐龙中最早被正式命名的种类。但最初学者曾经认为它是一种生活在海洋里的、类似鲸鱼的大型鳄鱼。后来，古生物学家发现了鲸龙保存良好的化石。它是在英国被研究得最清楚的蜥脚类恐龙。

●鲸龙科 ●约 14 米 ●植食性 ●侏罗纪中期 ●英国

约巴龙

"这种恐龙被发现于尼日尔，约巴是尼日尔神话中怪物的名字"

古生物学家们发现了几乎完整的约巴龙全身化石。有学说认为它和马门溪龙（➔ P90）接近，但研究者们对它属于哪一个群体意见不一。起初，学者曾经认为它生活在白垩纪早期，但后来发现应该是更古老的时代。

●未定 ●约 24 米 ●植食性 ●侏罗纪中期 ●尼日尔

巴塔哥尼亚龙

"在巴塔哥尼亚（阿根廷地名）发现的恐龙"

古生物学家发现了 12 块以上从幼年到成年形态的巴塔哥尼亚龙化石。在阿根廷发现的恐龙中，它是较早被正式命名的种类。它和兽脚类中的皮亚尼兹基龙（➔ P37）生活在同一时代、同一地区。

●鲸龙科 ●约 15 米 ●植食性 ●侏罗纪中期 ●阿根廷

长长的颈部和尾巴的秘密

蜥脚类恐龙有着长长的颈部和尾巴。它们的颈部和尾巴不会因为重量而下沉，而是保持和腰部处在同一高度。这是因为它们的骨头上方有韧带和肌腱，可以将骨头连接在一起，并且像皮筋一样把颈部和尾部向上牵引。

图里亚龙

"在图里亚（西班牙地名）发现的恐龙"

图里亚龙是在欧洲发现的恐龙中体形最大的。它被发现的化石包括身体骨骼的一部分（包括几乎完整的前肢骨骼）、头骨和牙齿等。它是本页收录的恐龙中演化得最完全的。

●未定 ●约 30 米 ●植食性 ●侏罗纪晚期～白垩纪早期 ●西班牙、葡萄牙

对巴塔哥尼亚龙进行命名的是阿根廷学者波拿巴博士，他还命名了皮亚尼兹基龙（➔ P37）和阿根廷龙（➔ P107）。

梁龙类 ①

从这一页起介绍的蜥脚类恐龙被归为新蜥脚类。它们的外形有一些共同的特征：牙齿只长在颌部的前方、鼻孔长在头顶附近等。其中，梁龙类恐龙的牙齿像铅笔一样，小巧又笔直，嘴巴的前部是长方形的。它们生活在侏罗纪晚期至白垩纪早期。

长长的颈

鞭子一样细长的尾巴

梁龙

“尾部中段每节尾椎有两个横梁一样形状的人字骨（脉弧）”

梁龙是最广为人知的、相关研究最详细的恐龙之一。现在有学者认为地震龙可能就是体形更大的梁龙。在已经发现了几乎完整的骨骼化石的恐龙中，梁龙的身长是最长的。梁龙科的恐龙都有着长长的颈部和鞭子一样细长的尾巴。

●梁龙科 ●约 30 米 ●植食性 ●侏罗纪晚期 ●美国

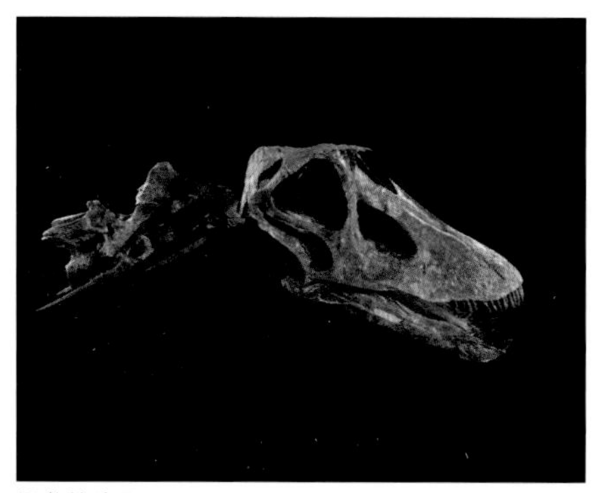

梁龙的头骨

三叠纪 侏罗纪 白垩纪

简棘龙

“脊椎上的突起（神经棘）结构简单的恐龙”

简棘龙是这个群体中最原始的恐龙。以前曾有学说认为它属于鲸龙类（➔ P92）。在北美洲有名的化石产地莫里逊组（➔ P123）发现的蜥脚类恐龙中，它是体形最小的。有些学者认为它的身长只有 15 米。

●简棘龙科 ●约 21 米 ●植食性 ●侏罗纪晚期 ●美国

超龙是侏罗纪时代北美洲地区颈部最长的恐龙

简棘龙 迷惑龙 重龙 梁龙 超龙

 ●科名 ●全长 ●食性 ●生存时代 ●化石被发现的地区

迷惑龙的全身骨骼

迷惑龙

“令人迷惑的恐龙”

迷惑龙是这个群体中身体最健壮的恐龙，颈骨短而粗。雷龙（➜ P171）曾经被认为是迷惑龙的一种。通过分析已经发现的迷惑龙脊骨，学者们认为它的体形可能比想象中更大。

●梁龙科 ●约 26 米 ●植食性 ●侏罗纪晚期 ●美国

重龙

“沉重的恐龙”

重龙和梁龙相似，但它们的区别在于重龙的颈部更长、尾巴更短。重龙的头骨化石还没有被发现。通过分析它的颈部骨骼结构，科学家认为重龙的颈部可以左右转动，但很难抬起头来。

●梁龙科 ●约 26 米 ●植食性 ●侏罗纪晚期 ●美国

LET'S TRY! 为什么恐龙的胃里会有石头呢?

科学家在植食性恐龙的胃里发现了一种石头，将它称作“胃石”。那么，为什么恐龙的胃里会有石头呢?

❶ 石头被恐龙误认为植物而吃进了肚子。
❷ 恐龙太饿了所以吞下了石头。
❸ 恐龙为了促进食物消化所以吞下了石头。

※ 答案参见第 191 页。

超龙

“超级恐龙”

超龙身长超过 30 米，是体形最大的蜥脚类恐龙之一。过去，曾经有学者认为它是老年的重龙。古生物学家在别处发现超龙的背部脊骨化石时，曾认为它属于另一种新型的恐龙，因此将那具脊骨化石命名为“巨超龙”，现在这个名称已经停止使用了。

●梁龙科 ●约 34 米 ●植食性 ●侏罗纪晚期 ●美国

梁龙可以有力地挥动鞭子一样细长的尾巴，以此抵御敌人的进攻。（➜ P150）

梁龙类②

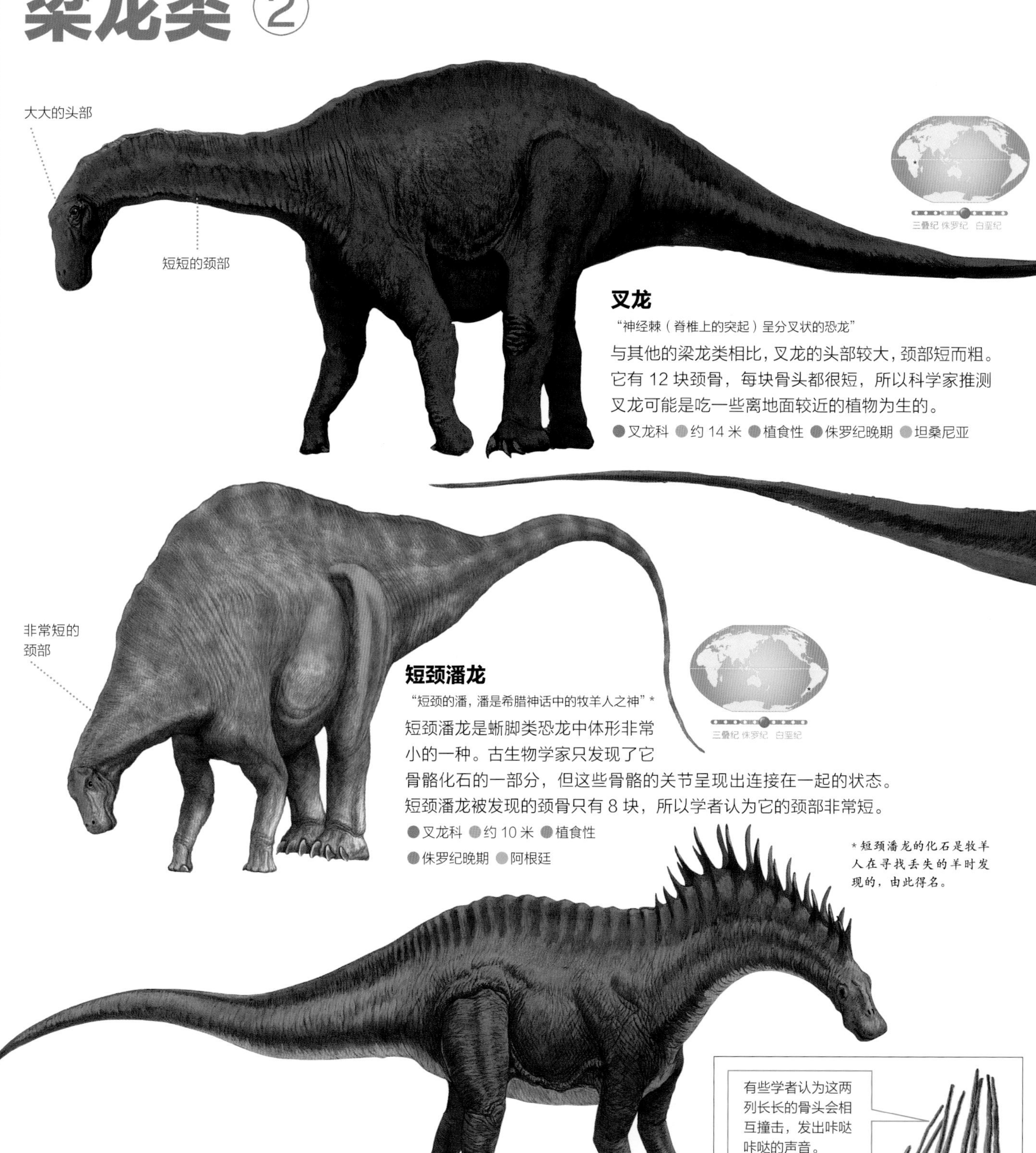

叉龙

“神经棘（脊椎上的突起）呈分叉状的恐龙”

与其他的梁龙类相比，叉龙的头部较大，颈部短而粗。它有 12 块颈骨，每块骨头都很短，所以科学家推测叉龙可能是吃一些离地面较近的植物为生的。

●叉龙科 ●约 14 米 ●植食性 ●侏罗纪晚期 ●坦桑尼亚

短颈潘龙

“短颈的潘，潘是希腊神话中的牧羊人之神”*

短颈潘龙是蜥脚类恐龙中体形非常小的一种。古生物学家只发现了它骨骼化石的一部分，但这些骨骼的关节呈现出连接在一起的状态。短颈潘龙被发现的颈骨只有 8 块，所以学者认为它的颈部非常短。

●叉龙科 ●约 10 米 ●植食性

●侏罗纪晚期 ●阿根廷

*短颈潘龙的化石是牧羊人在寻找丢失的羊时发现的，由此得名。

阿马加龙

“在阿马加（阿根廷河流）发现的恐龙”

在特化的蜥脚类恐龙中，阿马加龙属于小型种类。它颈部至背部的骨头是向上延伸的，分成了两排。有些学者认为其上有皮肤膜覆盖，但现在更多研究认为这些骨头应该是被角质（与指甲相同的材质）所包覆。

●叉龙科 ●约 12 米 ●植食性

●白垩纪早期 ●阿根廷

阿马加龙的头部和颈部骨骼

尼日尔龙

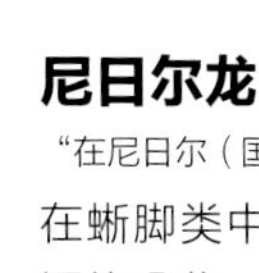

“在尼日尔（国家名）发现的恐龙”

在蜥脚类中，尼日尔龙是一种体形很小、颈部也很短的恐龙。它的嘴巴前部是横着长的，和侧面几乎形成了直角，上下颌密密麻麻地排列着很小的牙齿。它们还长着很多排用来替换的牙齿，紧贴在每颗牙齿的后面。* ●雷巴齐斯龙科

●约 10 米 ●植食性 ●白垩纪早期 ●尼日尔

* 当尼日尔龙正在使用的牙齿磨损之后，后排的牙齿就会替换上来。

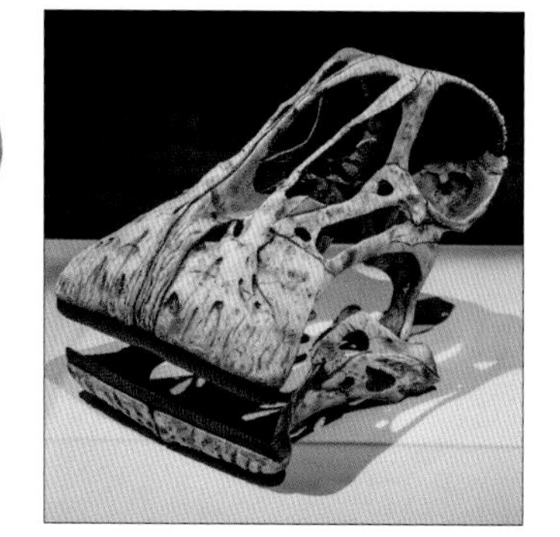

尼日尔龙的头骨

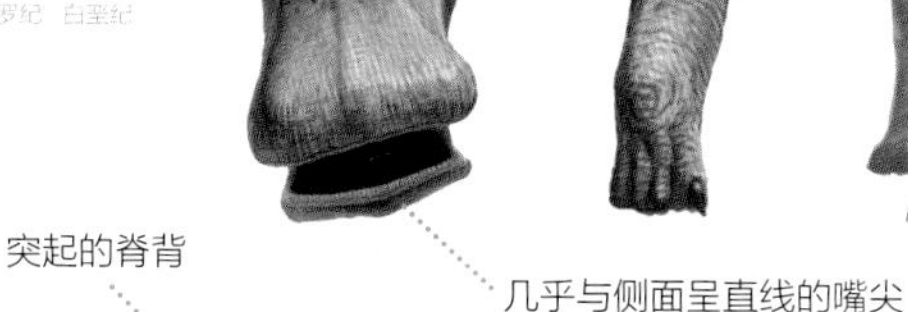

雷巴齐斯龙

“在雷巴齐斯（摩洛哥的人名）的土地上发现的恐龙”

古生物学家只发现了雷巴齐斯龙的部分身体骨骼化石，包括腰部、肩部和腕部等，但研究已经发现它们脊骨上的突起部分很高，最高的部分竟然达到了 1.5 米。

●雷巴齐斯龙科 ●约 20 米 ●植食性

●白垩纪早期 ●摩洛哥

三叠纪 侏罗纪 白垩纪

蜥脚类恐龙长长的脖子的秘密

在蜥脚类恐龙中，梁龙（➔ P94）等恐龙全长超过了 30 米。它们的体形非常大，所以需要吃很多的食物。然而，如果它们需要活动全身、花费大量体力才能吃到足够的植物，那么就要再吃更多的东西来补充进食时花费的体力了。为解决这个问题，它们长长的脖子就派上用场啦！

蜥脚类恐龙的颈部通常和身体保持在同一高度。它们的脖子虽然不像长颈鹿一样是高高地向上抬起的，但它们只要稍微抬起头，就能够吃到其他恐龙吃不到的高处植物。

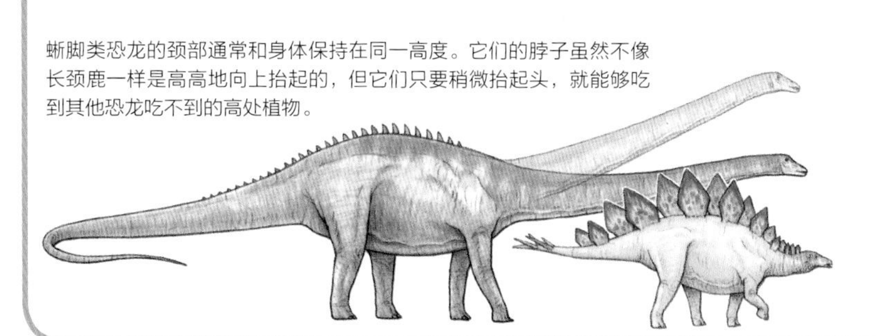

蜥脚类恐龙的脖子可以左右活动，幅度大约是 30 度。

即使它们身体的朝向不变，只要左右摆动长长的脖子，就可以吃到更大的区域里的植物。

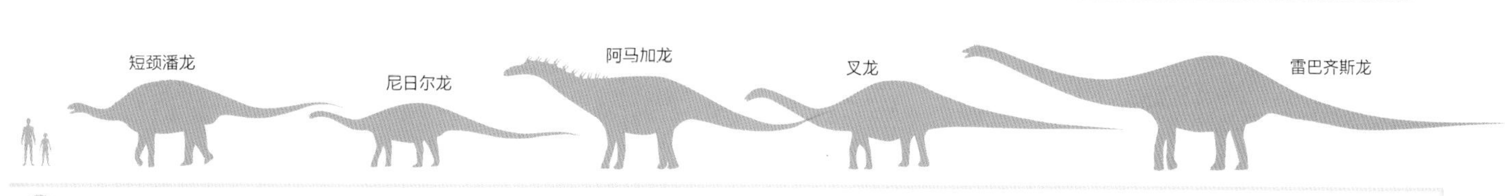

包括用来替换的牙齿在内，尼日尔龙的颌部共有大约 600 颗牙齿。

圆顶龙类

从这一页起介绍的蜥脚类恐龙是比梁龙类（➜ P94）演化得更完全的新蜥脚类。它们长在头骨上的鼻孔比眼眶还大。圆顶龙类在新蜥脚类恐龙中还是比较原始的。作为特化的蜥脚形类恐龙，它们短短的颈部和尾部是显著的特点，主要生活在侏罗纪晚期。

圆顶龙

"脊骨中有空间的恐龙"*

圆顶龙是在北美洲被发现的最多的侏罗纪晚期的恐龙。它的牙齿坚固，牙尖像勺子一样扁平，中间稍微凹陷（➜ P105）。它们以坚硬的树叶为食。圆顶龙的脊骨内有可供空气进入的空间，这也是它名字的来源。

●圆顶龙科 ●约 18 米 ●植食性
●侏罗纪晚期 ●美国

*校注：学名 *Camarasaurus* 源自古希腊文的 Kamara，该词除了"空间"外，也有"拱形圆顶"的意思，因此中文翻译为圆顶龙。

来看看化石从发掘到展示的过程吧

博物馆有时会展示化石的实物。那么在我们亲眼看到化石之前，科学家们都要进行哪些工作呢?

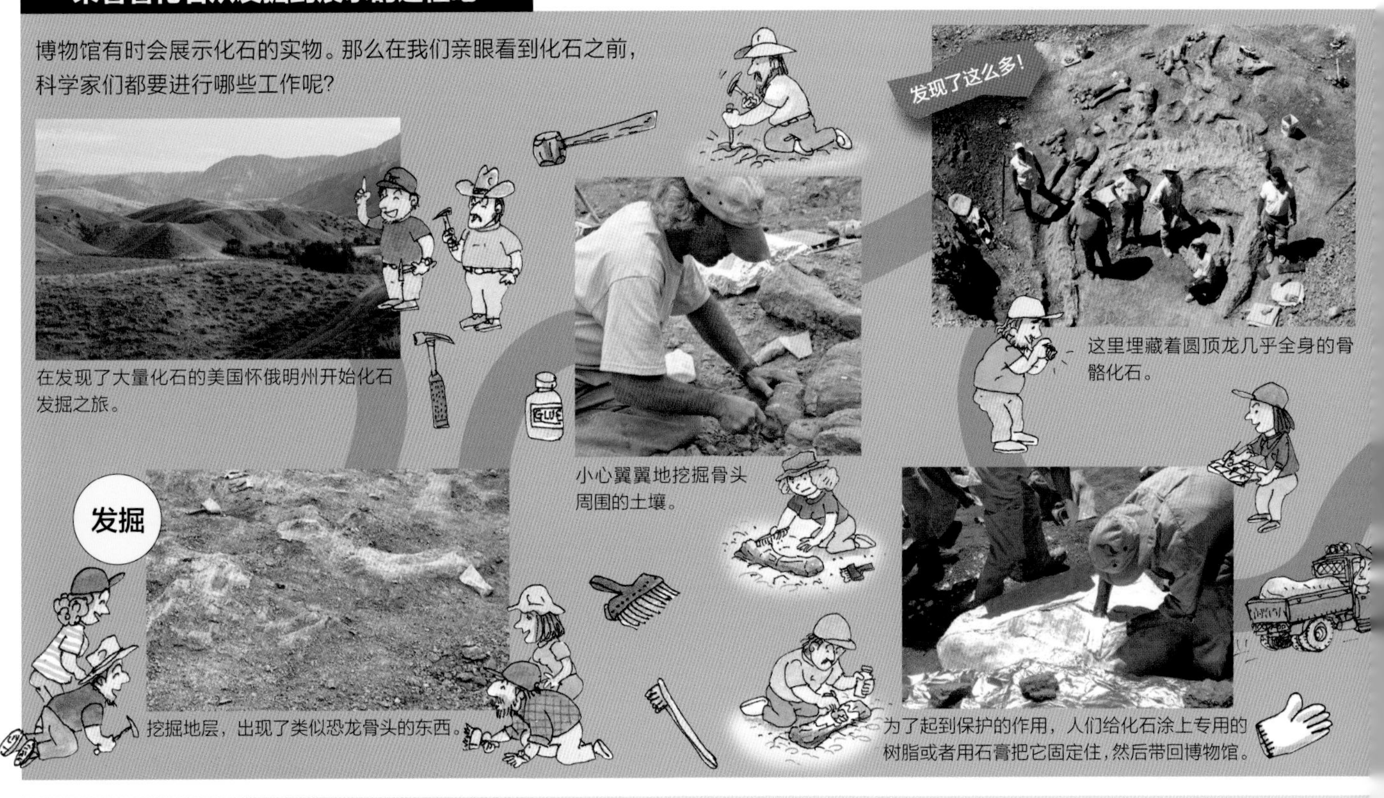

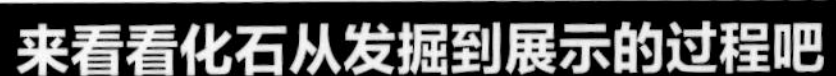

在发现了大量化石的美国怀俄明州开始化石发掘之旅。

挖掘地层，出现了类似恐龙骨头的东西。

小心翼翼地挖掘骨头周围的土壤。

这里埋藏着圆顶龙几乎全身的骨骼化石。

为了起到保护的作用，人们给化石涂上专用的树脂或者用石膏把它固定住，然后带回博物馆。

 ●科名 ●全长 ●食性 ●生存时代 ●化石被发现的地区

巧龙

“美丽的恐龙”

巧龙是小型的蜥脚类恐龙。古生物学家们在同一个地方发现了大量巧龙化石。这批巧龙被认为是被洪水淹没而死亡的。此外，有学说认为这些化石全部属于幼年的巧龙。如果这个学说成立，那么成年巧龙的确切大小就还未知，但可以想象它们的体形应该更加庞大。

●未定 ●约 5 米？ ●植食性 ●侏罗纪晚期 ●中国

欧罗巴龙

“在欧罗巴（欧洲）发现的恐龙”

侏罗纪晚期的德国地区被海洋所覆盖，到处都是小岛。居住在那里的蜥脚类恐龙为了延续后代而演化出较小的体形。欧罗巴龙就是其中的一种。欧罗巴龙从幼年到成年形态的化石都被古生物学家们发现了。

●未定 ●约 6 米 ●植食性 ●侏罗纪晚期 ●德国

化石运到了日本福井县立恐龙博物馆。

由于恐龙化石的实物非常珍贵，所以要按照它们的样子，制作出复制品。

组装正式展出的实物时要非常小心，不能破坏化石。

工作人员使用工具一点点地清理掉骨头周围附着的石头等杂物。

先使用复制品来还原恐龙的身体结构，并练习将它们实际组装出来。

也有学说认为欧罗巴龙属于腕龙类（➔ P100）。

腕龙类

在比圆顶龙（➜ P98）演化得更完全的蜥脚类恐龙中，腕龙类是最原始的群体。它们的前肢比后肢长，还有着长长的脖子。相比其他蜥脚类恐龙，它们能把头伸到更高的地方去，所以可以吃到其他恐龙吃不到的高处的叶子。它们生活在侏罗纪晚期至白垩纪早期。

腕龙

“长臂的恐龙”

腕龙是最有名的蜥脚类恐龙之一。有一具被发现于坦桑尼亚的、保存完好的恐龙骨骼化石被误认为是腕龙，并在全世界的博物馆等场所内进行展示。但在 2009 年，学者们确认了它其实属于另一种恐龙。在美国发现的腕龙相关化石表明，它的身体比较长，尾部也比较粗。

●腕龙科 ●约 26 米 ●植食性 ●侏罗纪晚期 ●美国

在很长一段时间里，被误当成腕龙进行展示的骨骼其实属于另一种恐龙——长颈巨龙

长颈巨龙

“巨大的、有如长颈鹿般的恐龙”

早在 1988 年，长颈巨龙就被正式命名了。但一直以来，很多科学家都认为它是腕龙的一种。直到2009年，长颈巨龙才被确认为一种新的恐龙。和腕龙相比，它的身体较短。

●腕龙科 ●约 26 米 ●植食性 ●侏罗纪晚期 ●坦桑尼亚

波塞东龙

“波塞东（希腊神话里的海神）的恐龙”

目前古生物学家们只发现了 3 块波塞东龙的颈骨，其中 1 块长达 1.4 米。如果把它所有的颈骨都找到、拼在一起的话，波塞东龙的脖子应该比马门溪龙（➜ P90）的还长。

●腕龙科 ●约 30 米 ●植食性 ●白垩纪早期 ●美国

前肢与后肢几乎一样长

帕拉克西龙

“在帕拉克西（美国河流名）发现的恐龙”

与身体的大小相比，帕拉克西龙的颈部算是比较长的，这是它的一大特征。它的前肢和后肢几乎一样长，脊背几乎不向下倾斜。有学者认为它和波塞东龙是同一种恐龙，但它们在体形大小等方面有所不同。

●腕龙科 ●约 18 米 ●植食性 ●白垩纪早期 ●美国

三叠纪 侏罗纪 白垩纪

鼻孔在哪里?

蜥脚类恐龙的头骨顶端有一处孔穴，这是和呼吸有关的身体结构。所以科学家们曾认为，恐龙还活着时，从外表可见的鼻孔应该也位于头顶处。

但是最近的研究表明，与恐龙亲缘关系接近的现代爬行动物和鸟类，它们头骨上的孔穴虽然有些也在头顶附近，但从外表上来看，鼻孔是长在嘴巴附近的。所以学者们现在认为，蜥脚类恐龙的鼻孔也在嘴巴附近。

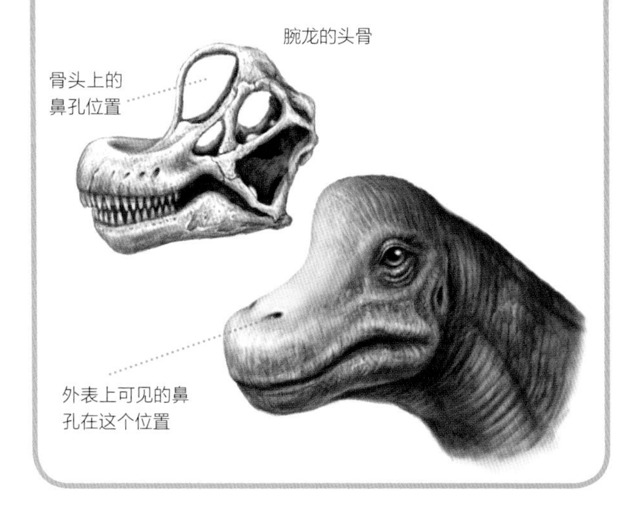

在美国发现的波塞东龙颈骨一开始被误认成了树干的化石。

原始的巨龙形类

巨龙形类恐龙的嘴很宽，头骨上的鼻孔大且位于头顶处。和腕龙类（➔ P100）恐龙一样，这一类恐龙在巨龙形类中属于原始的类群。它们生活在侏罗纪晚期至白垩纪早期。

盘足龙

“学名 *Euhelopus*，意为‘美丽沼泽地带的足’”

盘足龙是中国第一只被正式命名的恐龙。和身体的大小相比，它的颈部显得特别长。有学说认为它接近于马门溪龙和峨眉龙（➔ P90 ~ 91）。还有学者认为它身体的全长可以达到 15 米。

●盘足龙科 ●约 12 米 ●植食性 ●侏罗纪晚期 ●中国

日本的蜥脚类恐龙

如今，在日本被发现的蜥脚类恐龙全部属于巨龙形类。自 20 世纪 90 年代开始，在亚洲（以中国为中心）接连发现了巨龙形类化石，所以关于原始的巨龙形类特征的研究越来越详细。现在发现的一部分化石已经被确定拥有巨龙形类恐龙的特征，例如 1996 年在日本三重县发现的外号为鸟羽龙（➔ P47）的化石、在石川县发现的恐龙牙齿、福井巨龙的部分骨骼、全身一半骨骼完整的丹波巨龙等。这些化石也是白垩纪早期的，因此它们与在中国等地区发现的恐龙种类是一致的。

福井巨龙手臂的骨头

福井巨龙

“在日本福井发现的巨龙”

福井巨龙是日本第一只被正式命名的巨龙形类恐龙。虽然古生物学家只发现了它骨骼的一部分，但已经能看出它的牙齿、颈骨、肘部以上的骨头和手掌的骨头（掌骨）都很有特点。

●未定 ●约 10 米? ●植食性 ●白垩纪早期 ●日本

长生天龙

“学名 *Erketu*，长生天在蒙古语中意为‘创造之神’”

长生天龙被认为是颈部很长的恐龙，但古生物学家还没有发现它躯干的脊骨，所以无法确定它身体和颈部的长度。但通过它后肢骨头的大小，我们可以想象出大致的长度。

●盘足龙科？ ●不明 ●植食性 ●白垩纪早期 ●蒙古

桥湾龙

“在桥湾（中国甘肃地名）发现的龙”

桥湾龙曾被认为是中国最古老的腕龙类（➔ P100），但根据最近的研究，学者们认为它更接近盘足龙。目前它只有几块相连的颈骨和腰骨（骨盆）化石被发现。

●盘足龙科？ ●约 12 米 ●植食性

●白垩纪早期 ●中国

丹波巨龙

“丹波（日本地名）的‘女巨人’”

丹波巨龙是 2007 年至 2009 年期间在日本兵库县丹波市被发掘的一种蜥脚类恐龙。当时给它取了个外号叫丹波龙，直到 2014 年，科学家们确定了它的正式名称为丹波巨龙。它从腰部至尾部的脊骨、腰骨（骨盆）和头骨的一部分等部位的化石被发现了。

●未定 ●约 15 米？ ●植食性

●白垩纪早期 ●日本

星牙龙

“有着星形牙齿横切面的恐龙”

星牙龙目前只有牙齿以及一部分的幼年、成年形态的骨骼被发现。在几乎相同的地区，还曾发现过一种被称为侧空龙的恐龙，但后来它被认为和星牙龙是同一种恐龙。

●未定 ●约 15 米 ●植食性

●白垩纪早期 ●美国

2006 年 8 月，两名男性化石爱好者在流经日本兵库县丹波市的篠山河初次发现了丹波巨龙的化石。

原始的巨龙类

巨龙类恐龙是巨龙形类进一步演化后的类群，也是蜥脚类恐龙中演化得最完全的类群。它们的腰部（骨盆）特别宽，脊骨可以灵活地运动，而且前肢膝部以下的骨头非常健壮。它们生活于侏罗纪晚期至白垩纪晚期。

布万龙

"在布万（泰国地名）发现的恐龙"

在泰国的布万地区，古生物学家们发现了大量曾经在这里生活过的布万龙的化石，它们由此得名。它们颈部、腰部（骨盆）、大腿和尾部等部位的骨头都比较有特点。

●未定 ●约 25 米 ●植食性 ●白垩纪早期 ●泰国

安第斯龙

"在安第斯（南美山脉）发现的恐龙"

古生物学家只发现了安第斯龙的部分骨头化石，如躯体、尾部和腰部（骨盆）的一部分等。在同一地层，他们还发现了巨大的肉食性恐龙南方巨兽龙（➜ P43）的化石。有些学者认为安第斯龙的全长只有 15 米。

●安第斯龙科 ●约 18 米 ●植食性 ●白垩纪晚期 ●阿根廷

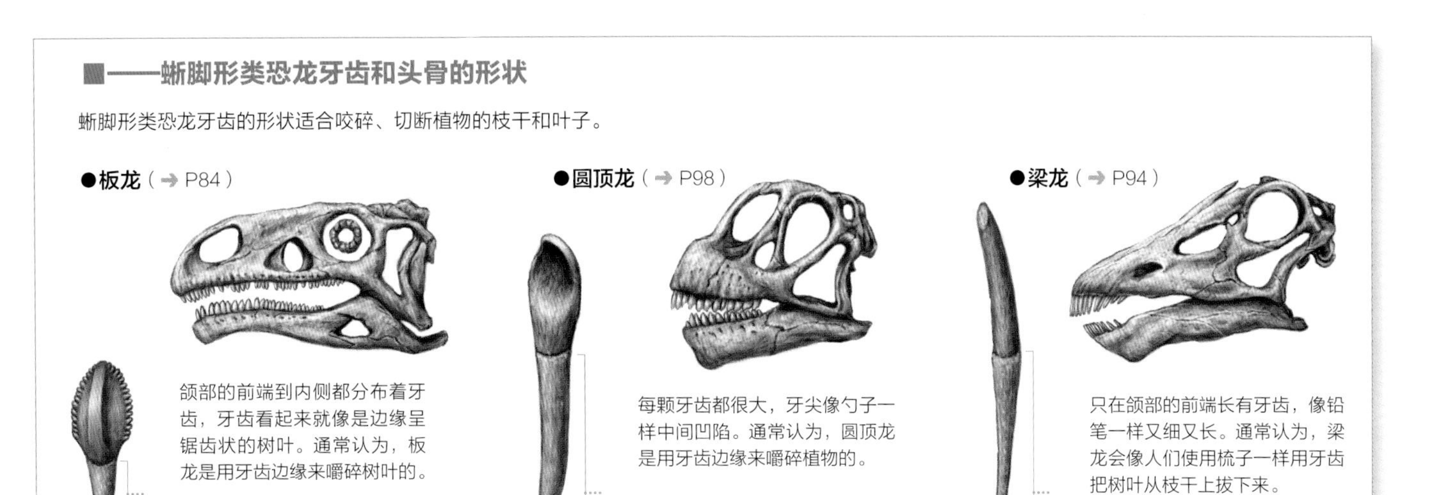

■——蜥脚形类恐龙牙齿和头骨的形状

蜥脚形类恐龙牙齿的形状适合咬碎、切断植物的枝干和叶子。

●板龙（➔ P84）

颌部的前端到内侧都分布着牙齿，牙齿看起来就像是边缘呈锯齿状的树叶。通常认为，板龙是用牙齿边缘来嚼碎树叶的。

长在颌部里面的部分

●圆顶龙（➔ P98）

每颗牙齿都很大，牙尖像勺子一样中间凹陷。通常认为，圆顶龙是用牙齿边缘来嚼碎植物的。

长在颌部里面的部分

●梁龙（➔ P94）

只在颌部的前端长有牙齿，像铅笔一样又细又长。通常认为，梁龙会像人们使用梳子一样用牙齿把树叶从枝干上拔下来。

长在颌部里面的部分

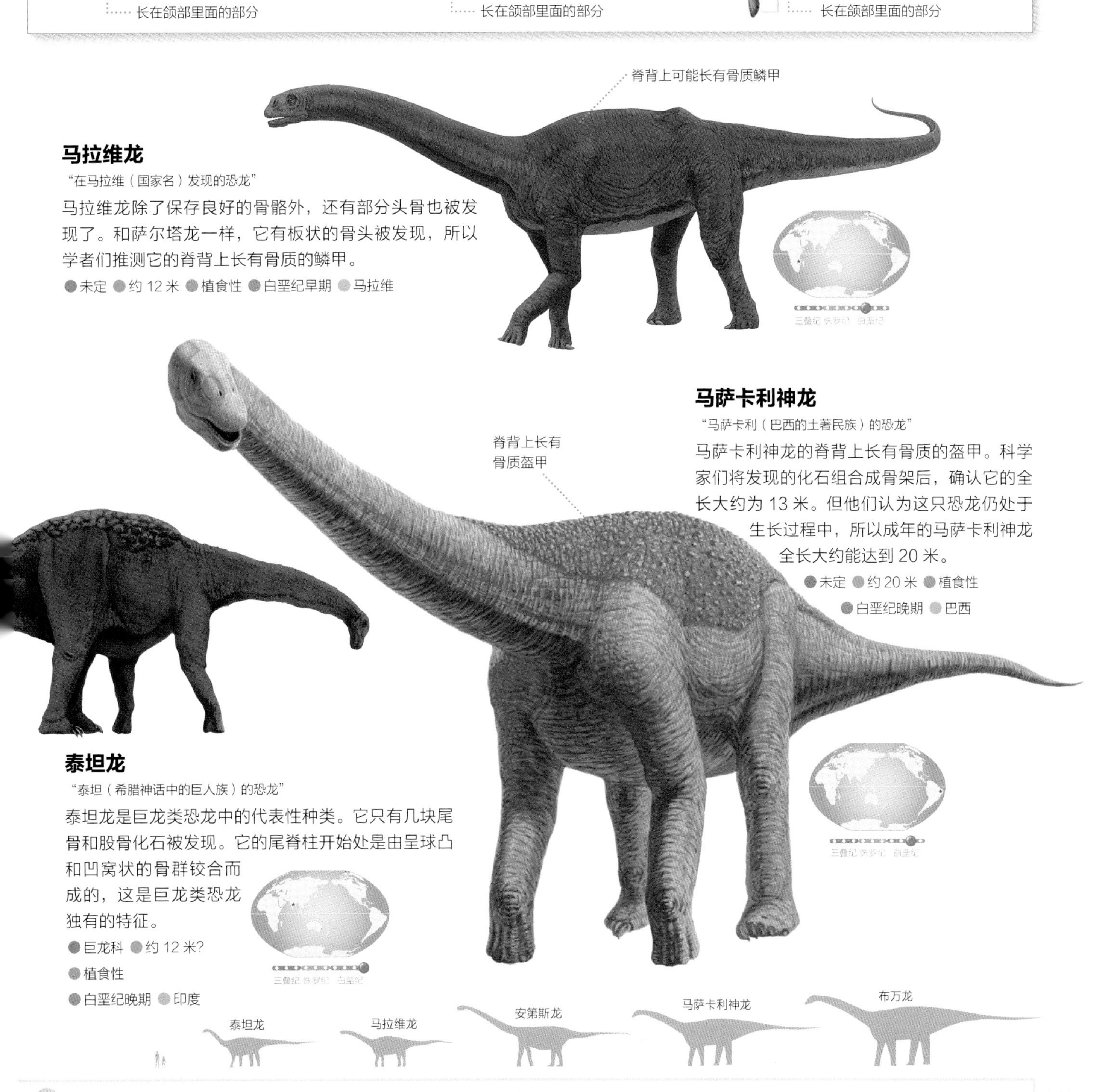

马拉维龙

“在马拉维（国家名）发现的恐龙”

马拉维龙除了保存良好的骨骼外，还有部分头骨也被发现了。和萨尔塔龙一样，它有板状的骨头被发现，所以学者们推测它的脊背上长有骨质的鳞甲。

●未定 ●约 12 米 ●植食性 ●白垩纪早期 ●马拉维

马萨卡利神龙

“马萨卡利（巴西的土著民族）的恐龙”

马萨卡利神龙的脊背上长有骨质的盔甲。科学家们将发现的化石组合成骨架后，确认它的全长大约为 13 米。但他们认为这只恐龙仍处于生长过程中，所以成年的马萨卡利神龙全长大约能达到 20 米。

●未定 ●约 20 米 ●植食性 ●白垩纪晚期 ●巴西

泰坦龙

“泰坦（希腊神话中的巨人族）的恐龙”

泰坦龙是巨龙类恐龙中的代表性种类。它只有几块尾骨和股骨化石被发现。它的尾脊柱开始处是由呈球凸和凹窝状的骨群铰合而成的，这是巨龙类恐龙独有的特征。

●巨龙科 ●约 12 米? ●植食性 ●白垩纪晚期 ●印度

马萨卡利神龙脊背上的骨质盔甲叫作“皮内成骨”，它是在皮肤中形成的薄板一样的骨头。

演化的巨龙类 ①

巨龙类恐龙是蜥脚类恐龙中生存时间最长的类群。同时这个类群里还出现了体长最长的恐龙、体重最重的恐龙等。在白垩纪晚期，其他的蜥脚类恐龙的种类和数量都减少了，但这个类群的恐龙却一直繁盛至白垩纪末期。其中，特化的类群的嘴巴前端长有铅笔状的小小的牙齿。

冈瓦纳巨龙

"生活在冈瓦纳大陆的巨人"

古生物学家发现了冈瓦纳巨龙从躯干到尾部的脊骨和包括 4 条腿骨在内的部分骨骼。它在这个群体中处于中等的演化阶段。1998 年，在东京召开的恐龙学术会议上，学者们正式宣布发现冈瓦纳巨龙，并在 1999 年对它正式命名。

●风神龙科 ●约 7 米? ●植食性 ●白垩纪晚期 ●巴西

潮汐龙

"生活在海岸边的巨人"

潮汐龙重达 60 吨，属于体形非常大的恐龙。通过对出土这种恐龙化石的地层样态，以及和它一同被发现的植物化石进行研究，科学家们发现潮汐龙生活在红树林生态系统*中。

●银龙科 ●约 32 米 ●植食性 ●白垩纪晚期 ●埃及

位于日本冲绳县的红树林，潮汐龙可能就生活在这样的地区

* 红树林生态系统是热带、亚热带海滩以红树林为主的生物群落所形成的独特海陆边缘生态系统。

富塔隆柯龙

“学名 *Futalognkosaurus*，在化石发现点当地的马普切语中意为‘巨大的首领恐龙’”

在超大型的蜥脚类恐龙中，富塔隆柯龙是被发现的全身骨骼化石最多的恐龙。它的完整颈骨有 14 块，其中最大一块高达 1 米左右，腰骨（骨盆）的宽度能达到 3 米。

●风神龙科 ●约 28 米 ●植食性 ●白垩纪晚期 ●阿根廷

博妮塔龙

“在博妮塔（阿根廷地名）发现的恐龙”

古生物学家们发现了保存良好的幼年博妮塔龙头骨化石。它的头型和梁龙（➔ P94）很像，这说明不同的恐龙类群经过演化，有时会出现相似的外形特点。

●风神龙科 ● 7 米以上 ●植食性 ●白垩纪晚期 ●阿根廷

阿根廷龙的脊骨高度达 1.6 米左右。与原始的蜥脚形类恐龙中的始盗龙相比，我们可以看出演化后的恐龙类群的体形变得非常庞大。

身高 1.2 米的小孩

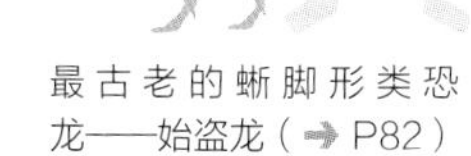

最古老的蜥脚形类恐龙——始盗龙（➔ P82）

阿根廷龙

“在阿根廷发现的恐龙”

阿根廷龙只有 6 块脊骨、肋骨和一部分后肢等部位的化石被发现。通过对它的大小进行分析，学者推测阿根廷龙可能是世界上最大的恐龙。最新研究表明，它的行走速度为每小时 7 ~ 8 千米。

●风神龙科 ●约 36 米? ●植食性 ●白垩纪晚期 ●阿根廷

有学说认为，蜥脚类恐龙等大型恐龙放屁和打嗝时释放出的气体中含有大量甲烷，这可能是引起中生代时全球暖化的原因之一。

演化的巨龙类 ②

阿拉摩龙

“在阿拉摩（美国地名）发现的恐龙”

白垩纪晚期时，曾被海洋隔开的南、北美洲大陆逐渐连接在一起，阿拉摩龙从南美迁徙到了北美。科学家还不能确定成年阿拉摩龙的全长，估计在 30 米左右。

●萨尔塔龙科 ●约 30 米？ ●植食性 ●白垩纪晚期 ●美国

后凹尾龙

“尾巴后部中空的恐龙”

后凹尾龙一开始被认为属于圆顶龙类（➔ P98）。直到 1993 年，学者们确定它其实是演化后的巨龙类恐龙。它的每块尾骨由凹凸咬合的球窝关节相连接。与其他恐龙略微下垂的尾巴不同，后凹尾龙的尾巴稍稍向上倾斜。

●萨尔塔龙科 ●约 14 米 ●植食性 ●白垩纪晚期 ●蒙古

马扎尔龙

“马扎尔人（匈牙利的主体民族）的恐龙”

马扎尔龙是世界上最小的蜥脚类恐龙之一。在白垩纪晚期的欧洲，大量的岛屿四处分散。因此，活动范围被限制在小岛上的蜥脚类恐龙的体形渐渐变小。

●未定 ●约 5.3 米 ●植食性
●白垩纪晚期 ●罗马尼亚

萨尔塔龙

“在萨尔塔（阿根廷州名）发现的恐龙”

作为蜥脚类恐龙，萨尔塔龙属于体形比较小的种类。这种恐龙的发现首次证明了巨龙类恐龙中存在着脊背上长有骨质盔甲的恐龙。和梁龙（➜ P94）相似，它的铅笔形的牙齿（➜ P105）只排列在颌部的前端。

●萨尔塔龙科 ●约 12 米 ●植食性 ●白垩纪晚期 ●阿根廷

掠食龙

“学名 *Rapetosaurus*，Rapeto 是马达加斯加神话中的恶作剧巨人”*

古生物学家们发现了包括头骨在内的、几乎完整的掠食龙骨骼。这具化石在他们对其他现有化石较少的恐龙进行分类时起到了很大的帮助。被发现的完整的掠食龙骨骼化石是幼年形态的，全长约 8 米，除此之外，还有一些成年掠食龙的骨骼化石也被发现了。

●萨尔塔龙科 ●约 15 米 ●植食性 ●白垩纪晚期 ●马达加斯加

* 校注：中文名可能是将 rapeto 误认为 raptor 而翻译成的，raptor 意为“盗龙、小偷”。

纳摩盖吐龙

“在纳摩盖吐（蒙古地层）发现的恐龙”

目前，纳摩盖吐龙只有头骨被发现。在同一地层，古生物学家们发现了后凹尾龙的化石。这具后凹尾龙化石没有头部和颈部，可能和只发现头骨的纳摩盖吐龙是同一恐龙。纳摩盖吐龙的头部既低又长，牙齿仅长在颌部前侧。

●萨尔塔龙科 ●约 12 米? ●植食性 ●白垩纪晚期 ●蒙古

当科学家们发现名称不同的化石其实属于同一种恐龙时，将选用最早的那个名称来对它命名。

比较一下恐龙的大小吧！

本页展示了最大的恐龙、翼龙、恐龙蛋和恐龙粪便的化石，左下角还有最小的恐龙群体和幼崽。我们来比较一下它们的大小吧！

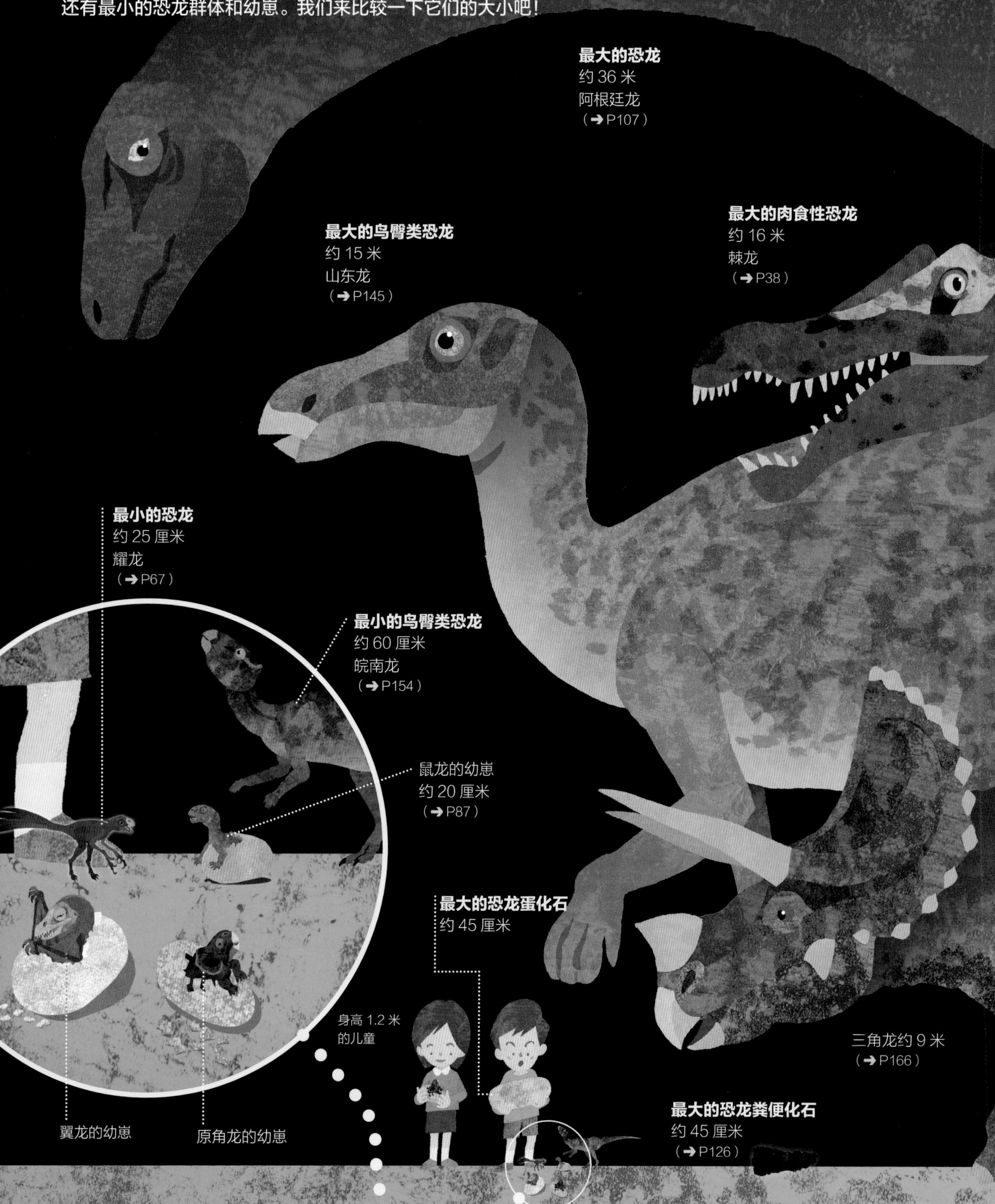

最大的翼龙
约 10 ~ 11 米（翼展长度）
风神翼龙
（➔P179）

鸟臀类恐龙

恐龙在三叠纪中期出现后，逐渐分化出蜥臀类和鸟臀类两大类。鸟臀类恐龙包括脊背上长有用来防御的骨板和盔甲的装甲类恐龙、喙与头冠特化的鸟脚类恐龙，以及头部或面部有装饰物或角的头饰龙类恐龙。

埃德蒙顿龙（➡ P146）群居生活在白垩纪后期的北美洲。

原始的鸟臀类

学界认为，这些恐龙是最接近所有鸟臀类祖先的恐龙。它们用双腿行走，生活在三叠纪晚期至侏罗纪晚期。原始鸟臀类恐龙的手指很长，利用拇指和其他手指的配合，可以抓取食物。根据牙齿的形状，古生物学家推测它们吃一些较硬的植物。

体形小

牙齿

5 根手指

异齿龙

“长有不同类型牙齿的恐龙”

在已发现的原始鸟臀类恐龙化石中，异齿龙的骨骼化石最完整。异齿龙体形娇小，奔跑迅速，前肢有 5 根手指，可以抓取食物，下颌前侧的骨头（前齿骨）呈铲子状，上面长有牙齿。

●异齿龙科 ●约 1 米 ●植食性

●侏罗纪早期 ●南非

三叠纪 侏罗纪 白垩纪

异齿龙的颌部

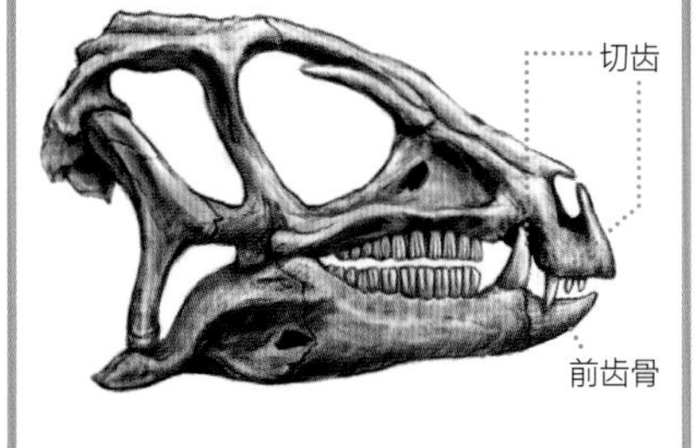

异齿龙类的颌部长有切齿，可以用来咬断植物、反击敌人。此外，异齿龙的下颌前方长有“前齿骨”，这是所有鸟臀类恐龙都有的特征之一。

始奔龙

“比较原始的擅于奔跑的恐龙”

始奔龙是最古老的鸟臀类恐龙之一。始奔龙体形纤细，后腿长，可以轻快敏捷地奔跑。与其他物种相比，它们的手掌偏大。

●未定 ●约 1 米

●以植食为主

●三叠纪晚期

●南非

三叠纪 侏罗纪 白垩纪

皮萨诺龙

“由皮萨诺（古动物学家）发现的恐龙”

皮萨诺龙是最古老的鸟臀类恐龙之一。鸟臀类恐龙经过演化后，耻骨（➔ P19）由朝前变成朝后，但由于皮萨诺龙是最原始的物种，因此它们的耻骨仍朝前。

●皮萨诺龙科 ●约 1 米 ●植食性

●三叠纪晚期 ●阿根廷

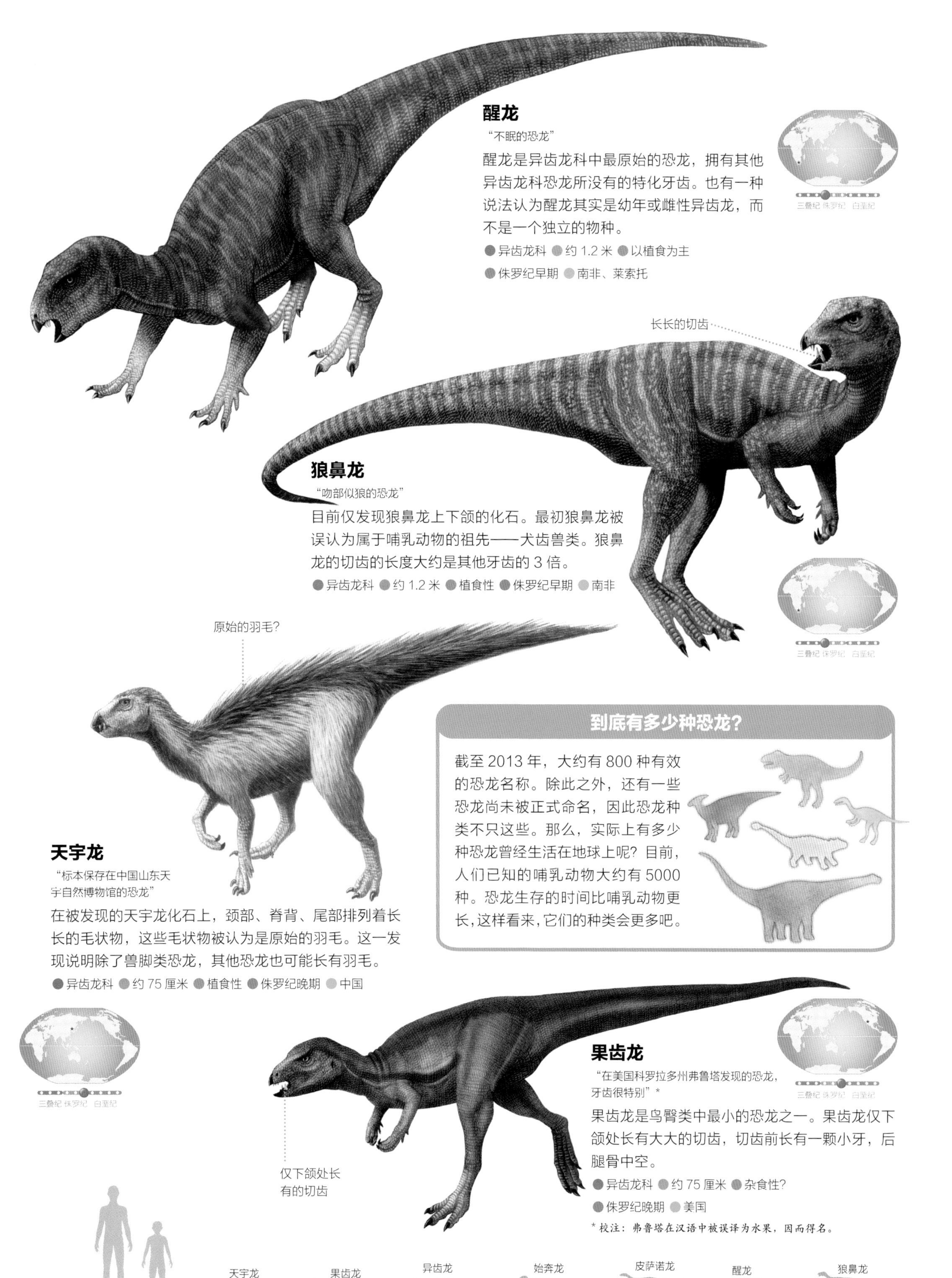

醒龙

“不眠的恐龙”

醒龙是异齿龙科中最原始的恐龙，拥有其他异齿龙科恐龙所没有的特化牙齿。也有一种说法认为醒龙其实是幼年或雌性异齿龙，而不是一个独立的物种。

● 异齿龙科 ● 约 1.2 米 ● 以植食为主
● 侏罗纪早期 ● 南非、莱索托

狼鼻龙

“吻部似狼的恐龙”

目前仅发现狼鼻龙上下颌的化石。最初狼鼻龙被误认为属于哺乳动物的祖先——犬齿兽类。狼鼻龙的切齿的长度大约是其他牙齿的 3 倍。

● 异齿龙科 ● 约 1.2 米 ● 植食性 ● 侏罗纪早期 ● 南非

天宇龙

“标本保存在中国山东天宇自然博物馆的恐龙”

在被发现的天宇龙化石上，颈部、脊背、尾部排列着长长的毛状物，这些毛状物被认为是原始的羽毛。这一发现说明除了兽脚类恐龙，其他恐龙也可能长有羽毛。

● 异齿龙科 ● 约 75 厘米 ● 植食性 ● 侏罗纪晚期 ● 中国

到底有多少种恐龙?

截至 2013 年，大约有 800 种有效的恐龙名称。除此之外，还有一些恐龙尚未被正式命名，因此恐龙种类不只这些。那么，实际上有多少种恐龙曾经生活在地球上呢？目前，人们已知的哺乳动物大约有 5000 种。恐龙生存的时间比哺乳动物更长，这样看来，它们的种类会更多吧。

果齿龙

“在美国科罗拉多州弗鲁塔发现的恐龙，牙齿很特别”*

果齿龙是鸟臀类中最小的恐龙之一。果齿龙仅下颌处长有大大的切齿，切齿前长有一颗小牙，后腿骨中空。

● 异齿龙科 ● 约 75 厘米 ● 杂食性?
● 侏罗纪晚期 ● 美国

* 校注：弗鲁塔在汉语中被误译为水果，因而得名。

P114 ~ 115 介绍的恐龙，也有学说认为它们会使用切齿挖掘植物的根和地下茎作为食物。

什么是装甲类恐龙？

在鸟臀类恐龙中，装甲类恐龙背部的皮肤演化出角质的骨板（皮内成骨），可以形成覆盖在身体上的盔甲，用来抵御肉食性恐龙的攻击，或者向雌性及同伴炫耀。装甲类恐龙是植食性恐龙。早期的装甲类恐龙用双腿行走，演化后用四肢行走，并分化为剑龙和甲龙两个分支。

[剑龙类]

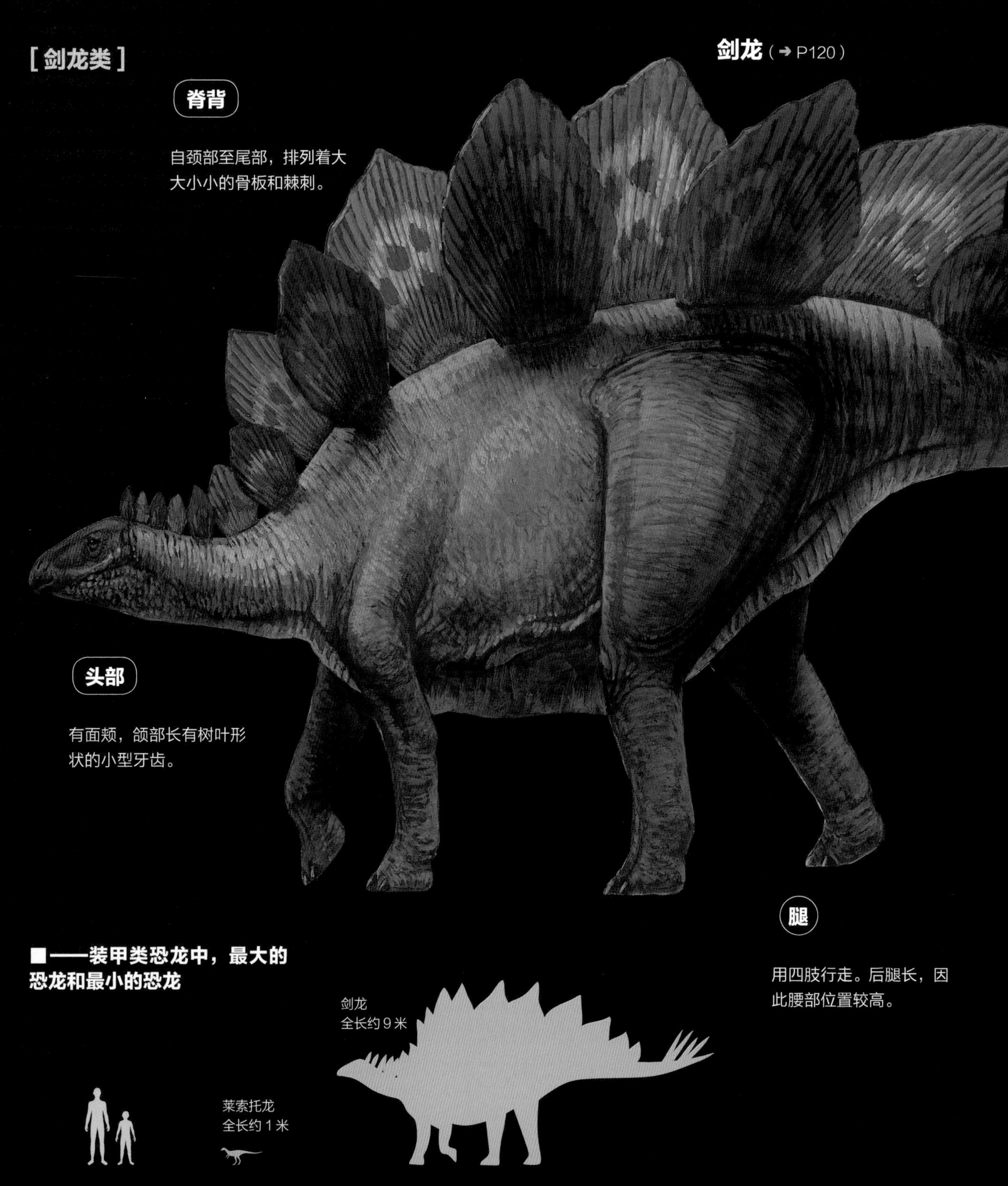

■——装甲类恐龙中，最大的恐龙和最小的恐龙

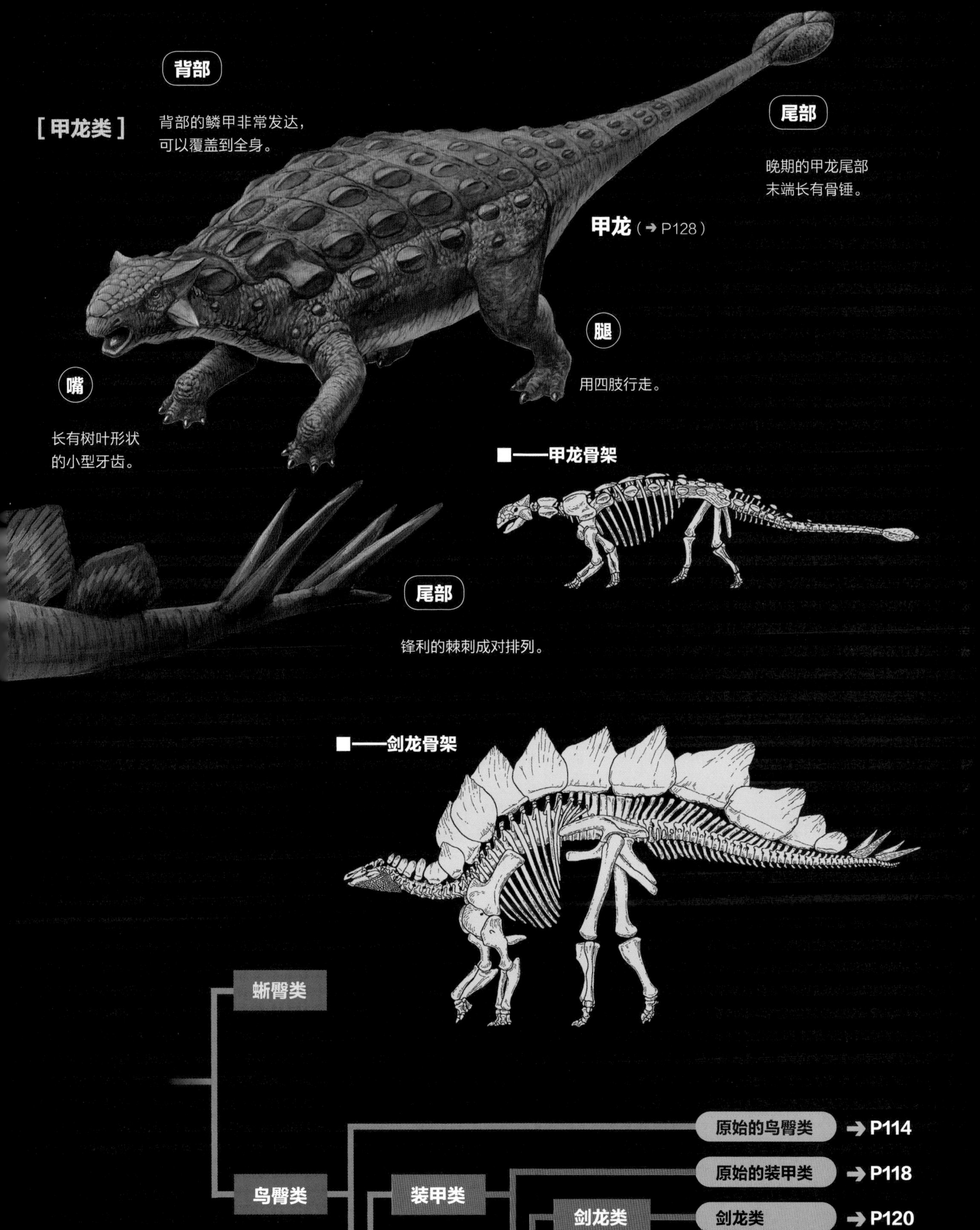
[甲龙类]
背部
背部的鳞甲非常发达，
可以覆盖到全身。
尾部
晚期的甲龙尾部
末端长有骨锤。
甲龙（➔ P128）
腿
用四肢行走。
嘴
长有树叶形状
的小型牙齿。
■——甲龙骨架
尾部
锋利的棘刺成对排列。
■——剑龙骨架
蜥臀类
鸟臀类
装甲类
新鸟臀类
剑龙类
甲龙类
原始的鸟臀类 ➔ P114
原始的装甲类 ➔ P118
剑龙类 ➔ P120
结节龙类 ➔ P124
甲龙类 ➔ P128

原始的装甲类

学界认为，这类恐龙是最接近所有装甲类祖先的恐龙。它们拥有剑龙类和甲龙类分化之前的原始特征，生活在侏罗纪早期。这类恐龙早期体形较小，但为了与大型肉食性恐龙相对抗，体形逐渐变大。

腿龙

“小腿细长的恐龙”

腿龙是原始装甲龙中最为特化的恐龙，体形较其他恐龙更加大型，因此需要用四肢支撑身体，脊背上的每块骨板也很大。在英国已发现的恐龙化石中，腿龙的骨骼化石最为完整。

●腿龙科 ●约 4 米 ●植食性
●侏罗纪早期 ●英国、美国

莱索托龙

“在莱索托（国家名）发现的恐龙”

莱索托龙是最原始的装甲类恐龙，其覆盖在身体上的骨骼还不发达。因此，它们与原始鸟臀类恐龙（➜ P114）非常相似。曾有学者认为，莱索托龙是更原始的种类，在装甲类恐龙演化出来前就存在了。

●莱索托龙科 ●约 1 米 ●植食性
●侏罗纪早期 ●莱索托

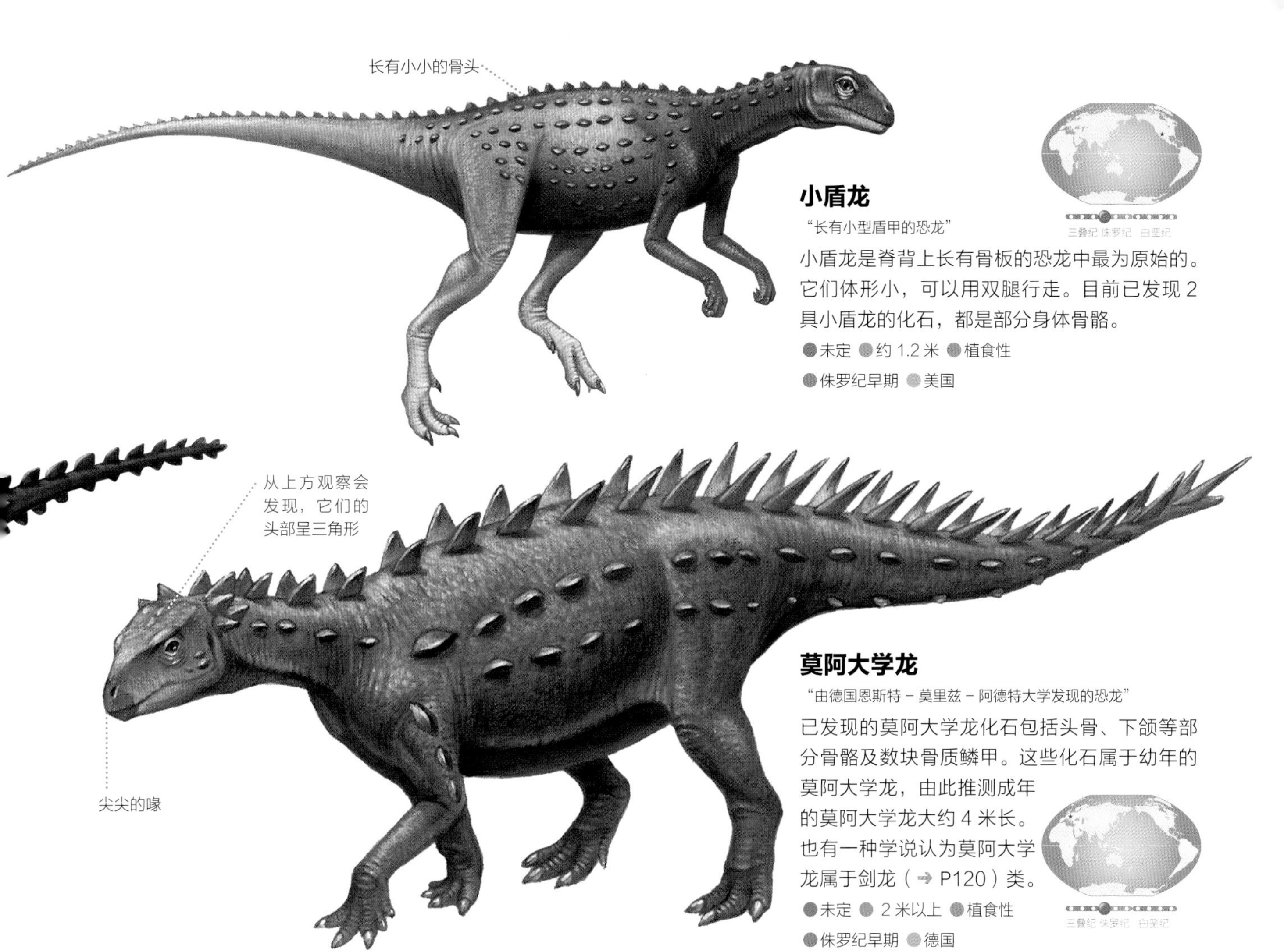

小盾龙

“长有小型盾甲的恐龙”

小盾龙是脊背上长有骨板的恐龙中最为原始的。它们体形小，可以用双腿行走。目前已发现 2 具小盾龙的化石，都是部分身体骨骼。

●未定 ●约 1.2 米 ●植食性
●侏罗纪早期 ●美国

莫阿大学龙

“由德国恩斯特 – 莫里兹 – 阿德特大学发现的恐龙”

已发现的莫阿大学龙化石包括头骨、下颌等部分骨骼及数块骨质鳞甲。这些化石属于幼年的莫阿大学龙，由此推测成年的莫阿大学龙大约 4 米长。也有一种学说认为莫阿大学龙属于剑龙（➔ P120）类。

●未定 ● 2 米以上 ●植食性
●侏罗纪早期 ●德国

测量一下恐龙的体重吧

现在介绍一种计算恐龙体重的简单方法。

●准备的材料

· 恐龙模型
· 可放入模型的水桶或其他容器
· 带有刻度的烧杯
· 绳子

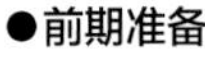

●前期准备

将绳子系在恐龙模型上。

❶ 将恐龙模型放入容器内，把绳子放在外面，向容器内注入水。

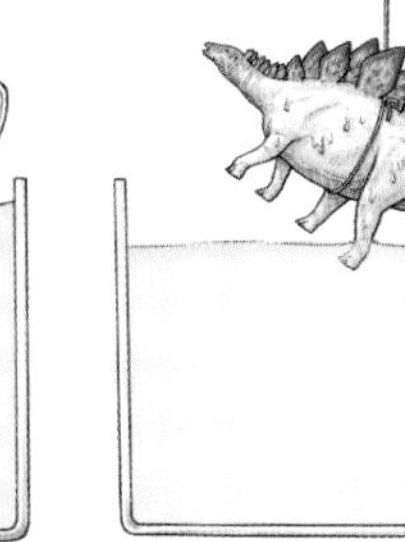

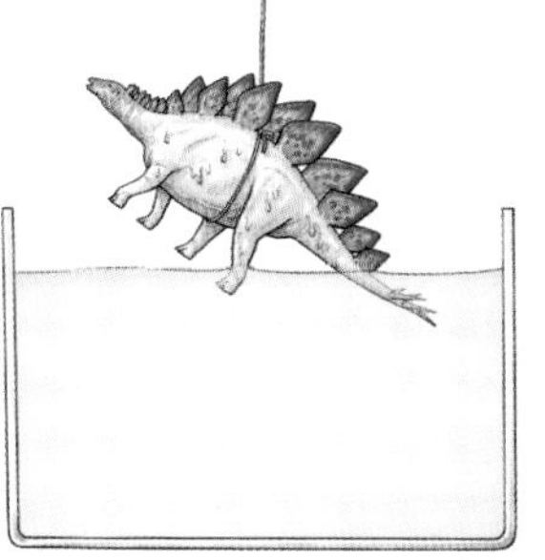

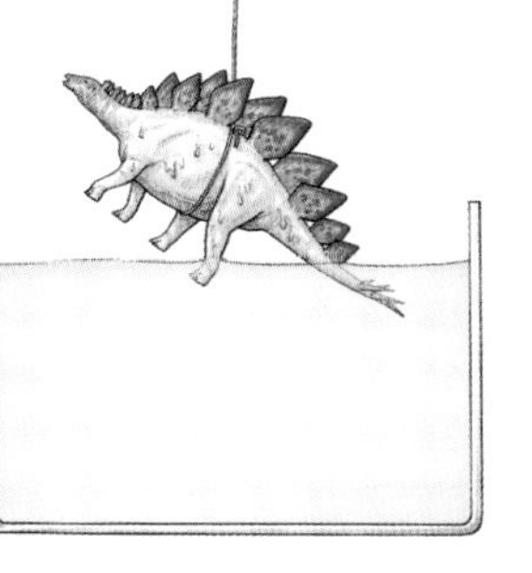

❷ 当容器内的水注满时，拉起绳子，将恐龙模型取出。

❸ 用带有刻度的烧杯或其他工具，再次将容器内的水注满，此时需要记住注入了多少毫升的水。

❹ 假定步骤❸中加入的水量为 20 毫升，模型的缩小比例为 1：50，那么 20×50×50×50=2500000（毫升）。把 1 毫升算作 1 克，那么换算成千克就是 2500 千克，也就是这个恐龙的体重为 2.5 吨。

恐龙实际的体积在长、宽、高上都是模型的 50 倍，因此恐龙的实际体重也要用 50（长）×50（宽）×50（高）来计算。

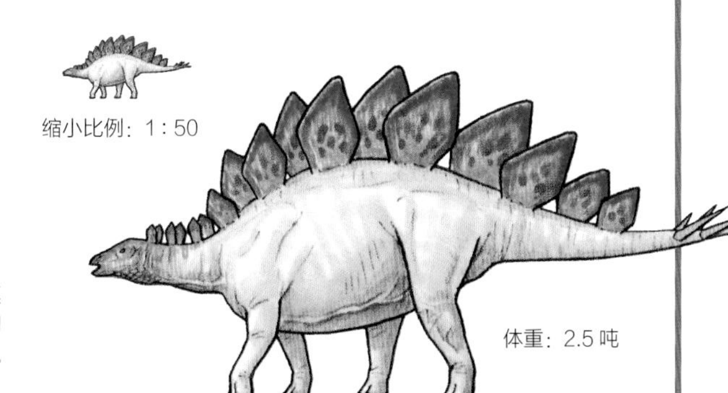

莫阿大学龙以德国恩斯特 - 莫里兹 - 阿德特大学（又称格赖夫斯瓦尔德大学）的缩写为名。

剑龙类①

剑龙类脊背上长有两排骨板或棘刺，尾部末端有两对大棘刺。这类恐龙的特征在于，与身体相比头部非常小、前腿短、腰部位置极高。它们生活在侏罗纪中期至白垩纪早期。

剑龙

"脊背上长有巨大骨板的恐龙"

剑龙是剑龙类中最为特化的恐龙。剑龙脊背上的骨板布满输送血液的血管，因此这些骨板可能会变为红色，起到惊吓敌人、向同伴炫耀或是调节体温的作用。

●剑龙科 ●约9米 ●植食性 ●侏罗纪晚期 ●美国、葡萄牙

剑龙的头骨

脊背上的骨板之谜

通常认为，剑龙类恐龙脊背上的骨板有多种作用。

●调节体温

骨板表面的大量纹路正是血管的流通之处。太阳当头时，骨板可以汇集热量；有风吹过时，骨板可以降低体温。

剑龙的骨板化石

●惊吓敌人

骨板可以在视觉上增大恐龙体形。此外，为了让敌人惧怕，它们还可以将骨板颜色变为红色。

●辨别同伴

根据骨板形状的差异和大小等，它们可以辨别同伴，吸引异性。

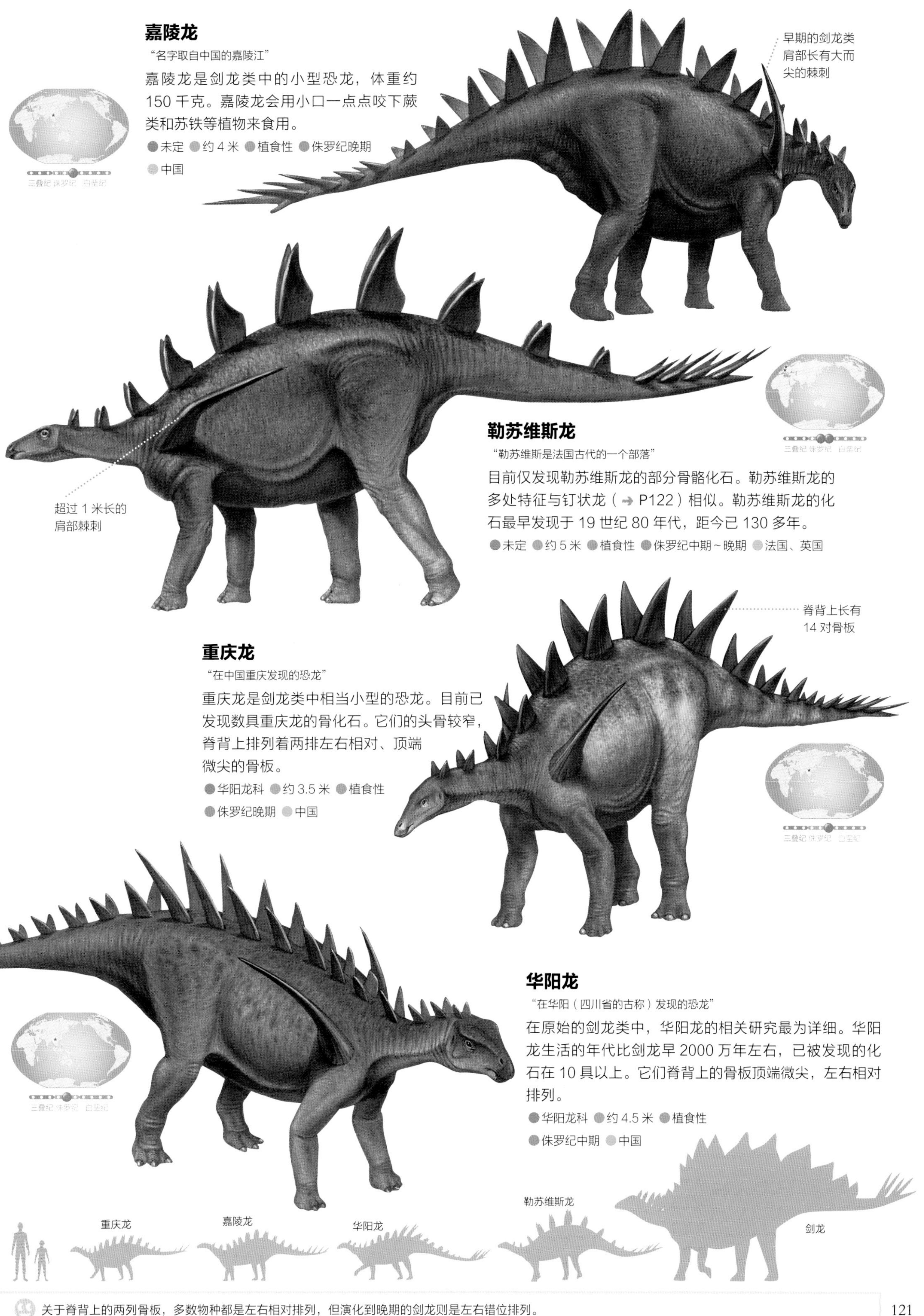

嘉陵龙

“名字取自中国的嘉陵江”

嘉陵龙是剑龙类中的小型恐龙，体重约 150 千克。嘉陵龙会用小口一点点咬下蕨类和苏铁等植物来食用。

●未定 ●约 4 米 ●植食性 ●侏罗纪晚期 ●中国

勒苏维斯龙

“勒苏维斯是法国古代的一个部落”

目前仅发现勒苏维斯龙的部分骨骼化石。勒苏维斯龙的多处特征与钉状龙（➜ P122）相似。勒苏维斯龙的化石最早发现于 19 世纪 80 年代，距今已 130 多年。

●未定 ●约 5 米 ●植食性 ●侏罗纪中期 ~ 晚期 ●法国、英国

重庆龙

“在中国重庆发现的恐龙”

重庆龙是剑龙类中相当小型的恐龙。目前已发现数具重庆龙的骨化石。它们的头骨较窄，脊背上排列着两排左右相对、顶端微尖的骨板。

●华阳龙科 ●约 3.5 米 ●植食性 ●侏罗纪晚期 ●中国

华阳龙

“在华阳（四川省的古称）发现的恐龙”

在原始的剑龙类中，华阳龙的相关研究最为详细。华阳龙生活的年代比剑龙早 2000 万年左右，已被发现的化石在 10 具以上。它们脊背上的骨板顶端微尖，左右相对排列。

●华阳龙科 ●约 4.5 米 ●植食性 ●侏罗纪中期 ●中国

关于脊背上的两列骨板，多数物种都是左右相对排列，但演化到晚期的剑龙则是左右错位排列。

剑龙类②

钉状龙

“长有尖刺的恐龙”

钉状龙是剑龙科中最原始的恐龙。钉状龙被发现的化石在30具以上，但在第二次世界大战的轰炸中几乎全部消失。钉状龙的脊背以中间为界，前部成对长有骨板，后部成对长有尖而长的棘刺。

●剑龙科 ●约5米 ●植食性 ●侏罗纪晚期 ●坦桑尼亚

沱江龙

“在中国四川省沱江地区发现的恐龙”

在中国的剑龙类中，沱江龙体形最大，相关研究也较为详细。沱江龙的脊背上长有微尖的骨板，分两列成对排列，位于腰部的骨板最高。

●剑龙科 ●约7米 ●植食性 ●侏罗纪晚期 ●中国

米拉加亚龙

“在葡萄牙奥波多市附近的米拉加亚堂区发现的恐龙”

米拉加亚龙的显著特征是拥有长长的颈部。它们有17节颈椎，比大部分蜥脚类恐龙（12～15节）都多。目前已发现米拉加亚龙几乎完整的前半身骨骼化石，以及幼年米拉加亚龙的部分骨骼化石。●剑龙科 ●约6米 ●植食性 ●侏罗纪晚期 ●葡萄牙

锐龙

“尾巴上长有大量棘刺的恐龙”

锐龙是相当大型的恐龙。它们的前腿比较长。锐龙在形态上非常接近于剑龙，但两者脊背骨板的排列方式不同，锐龙脊背的骨板成对排列。

●剑龙科 ●约8米 ●植食性 ●侏罗纪晚期 ●英国、法国、葡萄牙

骨板较低

西龙

"在美国西部发现的恐龙"

目前已发现众多西龙的骨骼化石，包括几乎完整的头骨。与剑龙相比，西龙属于比较小型的恐龙，但二者脊背骨板的排列方式相同，都是左右交错排列。此外，还发现了西龙因生病或受伤而变形的骨头化石。

●剑龙科 ●约 5 米 ●植食性 ●侏罗纪晚期 ●美国

三叠纪 侏罗纪 白垩纪

世界化石产地 美国 · 莫里逊组

莫里逊组以北美的科罗拉多州为中心，跨越 12 个州，是一片非常广阔的地层。侏罗纪晚期，以剑龙、异特龙（→ P40）、圆顶龙（→ P98）等知名恐龙为首，众多恐龙曾生活在这片土地上。此外，根据这里的土壤差异，能够了解周围环境的历史变化，这也是该地层的特征之一。莫里逊组有助于了解恐龙的生活环境，对于恐龙研究非常有帮助。

莫里逊组地貌

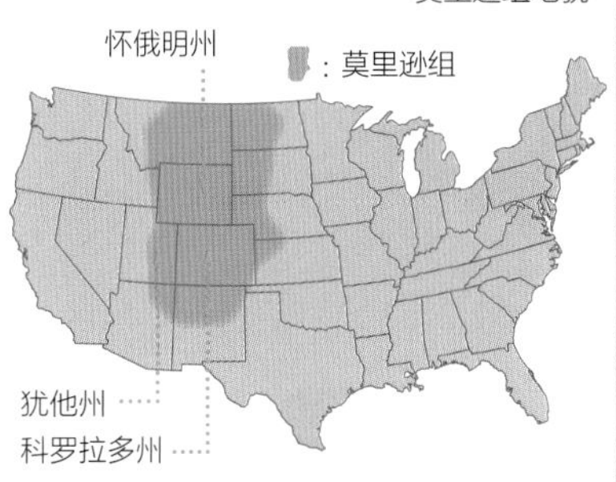

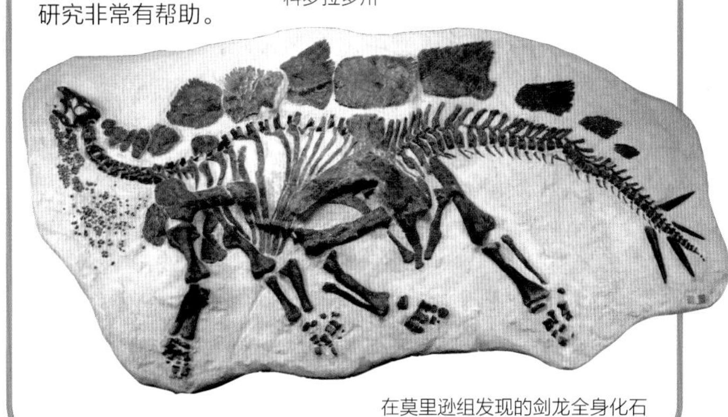

在莫里逊组发现的剑龙全身化石

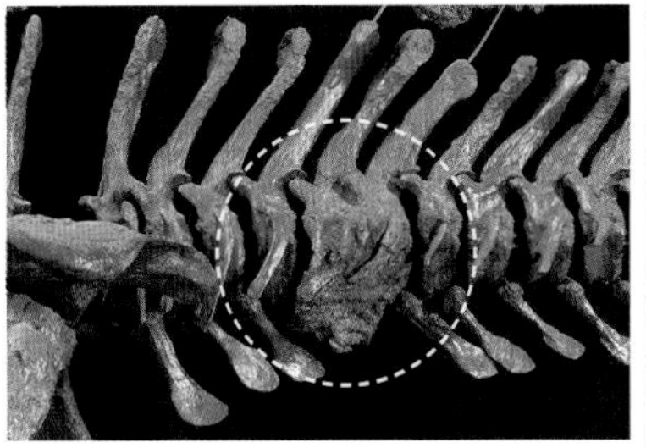

尾骨紧密相连，被认为是病后愈合留下的痕迹

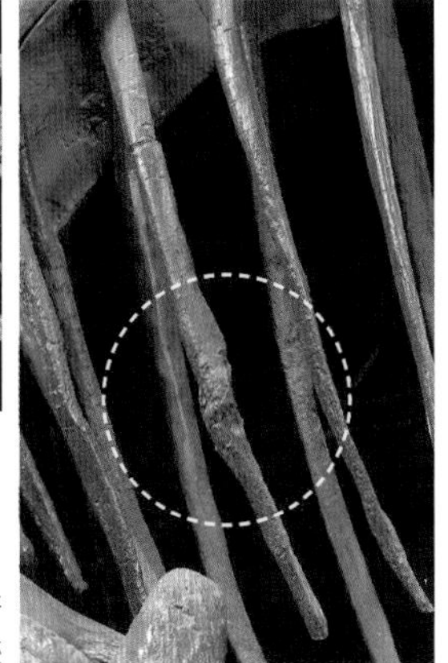

肋骨有鼓起，被认为是骨折后骨头生长愈合留下的痕迹

脊背骨板高度较低，前后呈长方形

乌尔禾龙

"在中国新疆乌尔禾地区发现的恐龙"

目前仅发现乌尔禾龙的部分骨骼化石。已发现的乌尔禾龙脊背上的骨板化石呈长方形，但也有学说认为这种形状是由于化石折断形成的，实际上它们脊背上的骨板可能像剑龙那样尖锐。在剑龙类中，乌尔禾龙生活的时代最晚。

●剑龙科 ●约 6 米 ●植食性 ●白垩纪早期 ●中国

三叠纪 侏罗纪 白垩纪

钉状龙 西龙 米拉加亚龙 乌尔禾龙 沱江龙 锐龙

也有一种学说认为西龙和乌尔禾龙其实都属于剑龙。

结节龙类 ①

在装甲类恐龙中，甲龙类皮肤上演化出的骨头非常发达，像盔甲一样覆盖着头部、颈部、脊背。它们的躯体横向很宽，形成非常厚实的体形。其中，结节龙科恐龙的尾部末端没有骨锤，它们生活在侏罗纪晚期至白垩纪晚期。

结节龙

“身体上覆满瘤状物的恐龙”

在甲龙类中，结节龙的化石是在恐龙研究的初期就被发现的，但仅发现了部分骨骼化石。结节龙的尾部没有骨锤，因此在被肉食性恐龙袭击时，它们会趴下，用脊背的盔甲保护身体。

●结节龙科 ●约 6 米 ●植食性

●白垩纪晚期 ●美国

头部较窄，嘴尖较细

每块骨板都很大

怪嘴龙

“类似于欧洲传说中的怪物滴水嘴兽的恐龙”

目前已发现众多保存良好的怪嘴龙化石。怪嘴龙覆盖脊背的每块骨头都比结节龙大很多，它们自颈部向尾部成列分布。

●结节龙科 ●约 3 米 ●植食性

●侏罗纪晚期 ●美国

三叠纪 侏罗纪 白垩纪

迈摩尔甲龙

“在美国迈摩尔采石场发现的甲龙”

在侏罗纪晚期的甲龙类恐龙中，迈摩尔甲龙是在北美洲最早被命名的。目前已发现迈摩尔甲龙包括头骨在内的部分骨骼化石。过去关于迈摩尔甲龙所属的科类众说纷纭，但现在已确定它们属于结节龙科。

●结节龙科 ●约 3 米

●植食性 ●侏罗纪晚期

●美国

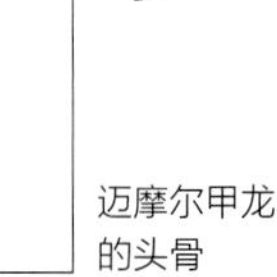

迈摩尔甲龙的头骨

■——恐龙的奔跑速度是多少？

即使未发现某只恐龙的全身骨骼，通过其足迹和化石，对步幅和足迹长度进行计算，也能知道该恐龙的腿长和腰高。如果知道这两个要素，那么便可以计算出留下该足迹时的大概速度。研究者不同，具体的计算方法也会有差异，但所有研究者都认为奔跑速度最快的恐龙是似鸟龙类（➜ P58）。澳大利亚的瑟伯博士认为，似鸡龙（➜ P59）的奔跑速度为时速 58 千米，大约是人类马拉松选手的 3 倍。目前还不清楚甲龙准确的奔跑速度，只知道它们的时速大约为 10 千米，不是很快。

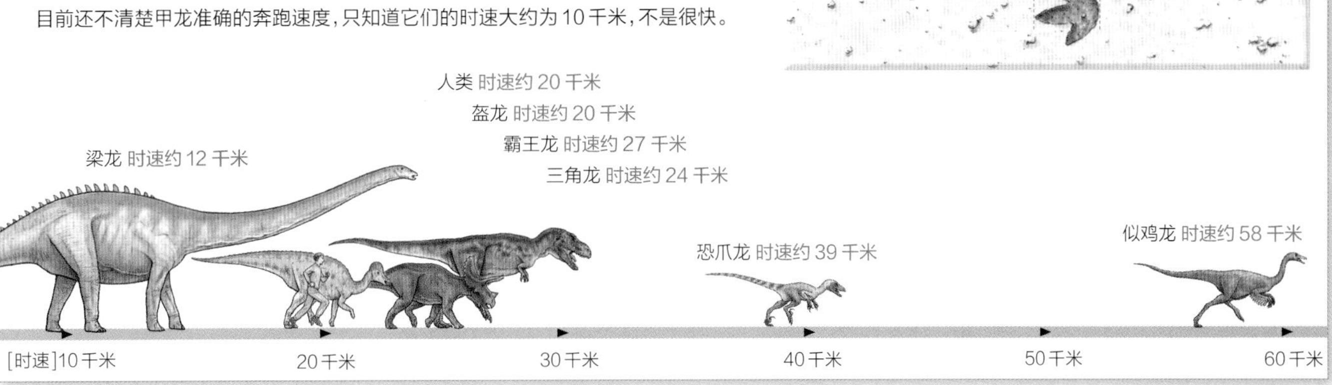

林龙

"在森林中发现的恐龙"

"恐龙"这一生物类群的名称最初由英国研究者欧文于 1842 年命名。林龙是那时被发表的三类恐龙之一。林龙的骨化石是第一具以完整连接的骨架状态被发现的恐龙化石。

●结节龙科 ●约 5 米 ●植食性 ●白垩纪早期 ●英国

加斯顿龙

"由加斯顿发现的恐龙"

目前已发现加斯顿龙几乎完整的全身骨化石。加斯顿龙肩部附近的棘刺最大，覆盖腰部的盔甲是一块大大的骨板，由许多紧密贴合的小型骨片构成。

●结节龙科 ●约 5 米 ●植食性 ●白垩纪早期 ●美国

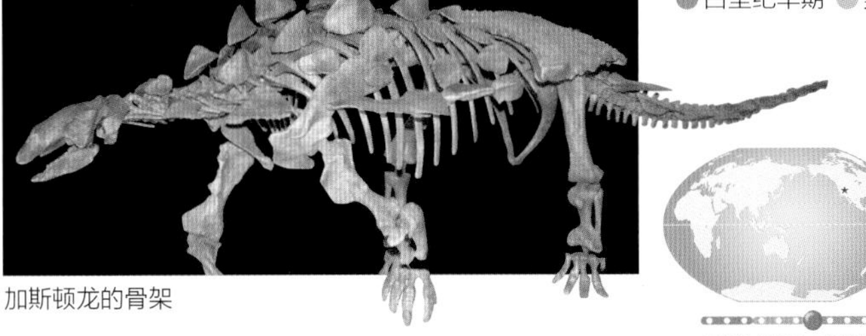

加斯顿龙的骨架

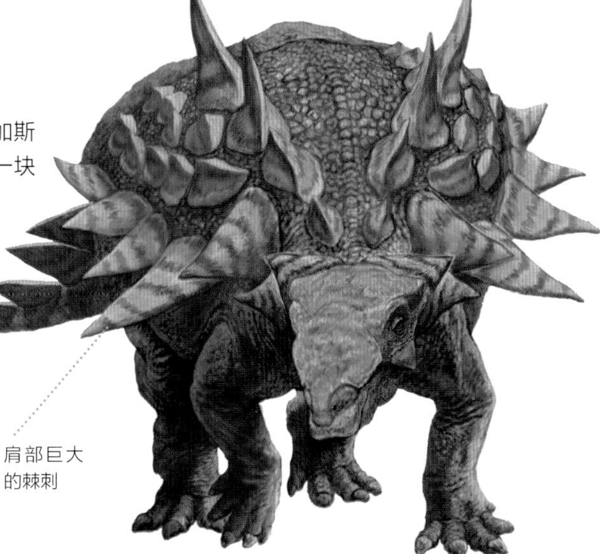

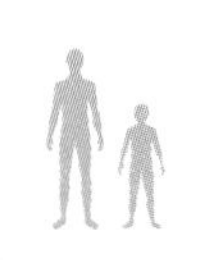

结节龙类化石原来只发现于北美洲及欧洲地区，而近年来在中国和南极洲也发现了结节龙类的化石。

结节龙类②

多刺甲龙

“长有许多刺的甲龙”

在白垩纪早期的英国，多刺甲龙是数量最多的甲龙类恐龙。多刺甲龙腰部附近的盔甲是一块较大的骨板，由小型骨片紧密贴合而成，上面并没有特别明显的装饰物。

●结节龙科 ●约 5 米 ●植食性 ●白垩纪早期 ●英国

三叠纪 侏罗纪 白垩纪

爪爪龙

“在美国爪爪组地层发现的恐龙”

目前已发现爪爪龙几乎完整的头骨化石，发现该化石的地方曾是一片汪洋。爪爪龙眼睛上方的骨头突出，眼皮处也有发达的薄骨。

●结节龙科 ●约 4.5 米
●植食性
●白垩纪早期
●美国

三叠纪 侏罗纪 白垩纪

蜥结龙

“长有骨质装甲的恐龙”

在白垩纪早期的北美洲，蜥结龙是数量最多的恐龙之一。目前已发现大量保存良好的蜥结龙化石。蜥结龙的颈部排列着大大的棘刺。

●结节龙科 ●约 6 米 ●植食性 ●白垩纪早期 ●美国

三叠纪 侏罗纪 白垩纪

LET'S TRY!

观察一下粪便化石吧

恐龙粪便有时也会成为化石残留下来。仔细观察这些粪便化石，会从中发现恐龙骨、鱼鳞、植物，从而知晓这些恐龙吃什么。然而，至今尚未确定这些粪便是哪种恐龙遗留下来的。

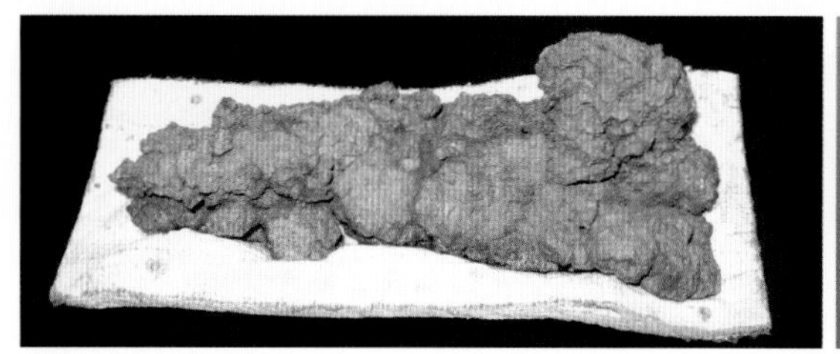

肉食性恐龙的粪便化石，其中包含着疑似三角龙的骨头

植食性恐龙的粪便化石，其中包含着植物化石

以上都是粪便化石

北方盾龙

“生活在北方地区的、长有装甲的恐龙”

北方盾龙的骨骼化石和表面的骨板化石都按照生前的状态立体排列着，甚至还发现了覆盖在表面的角质（和指甲相同的成分）和部分色素细胞的残留，是目前世界上保存状况最好的化石，因而备受瞩目。研究者认为，北方盾龙死后尸体就立刻沉入了海底，随后迅速被沙子等沉积物掩埋。北方盾龙的肩部左右各横向长着一个巨大的棘刺。

●结节龙科 ●约 6 米 ●植食性 ●白垩纪早期 ●加拿大

北方盾龙的化石

长长的棘刺

世界化石产地 加拿大 · 艾伯塔省恐龙公园

位于加拿大艾伯塔省的恐龙公园，保留着大量白垩纪晚期的地层。这一地区难以栽培植物，属于荒芜之地，因此也被称为“恶地”。然而，在白垩纪晚期，该地区植物茂盛，环境非常适合恐龙生存。

化石原本埋藏于地层之中，因受到冰川和大水的冲击，地层不断被风化，一些大型化石显露出来，从而被人们发现。除了埃德蒙顿甲龙和包头龙（➔ P131）等甲龙类之外，也在这里发现了大量的兽脚类和头饰龙类等恐龙化石。

加拿大艾伯塔省恐龙公园

埃德蒙顿甲龙

“在加拿大埃德蒙顿发现的甲龙”

在白垩纪晚期的北美洲，埃德蒙顿甲龙是数量最多的甲龙类恐龙。埃德蒙顿甲龙自颈部至尾部排列着平坦的骨板和短短的棘刺。此外，它们的肩部左右各长着 2 根长长的棘刺。

●结节龙科 ●约 6.5 米 ●植食性

●白垩纪晚期 ●加拿大、美国

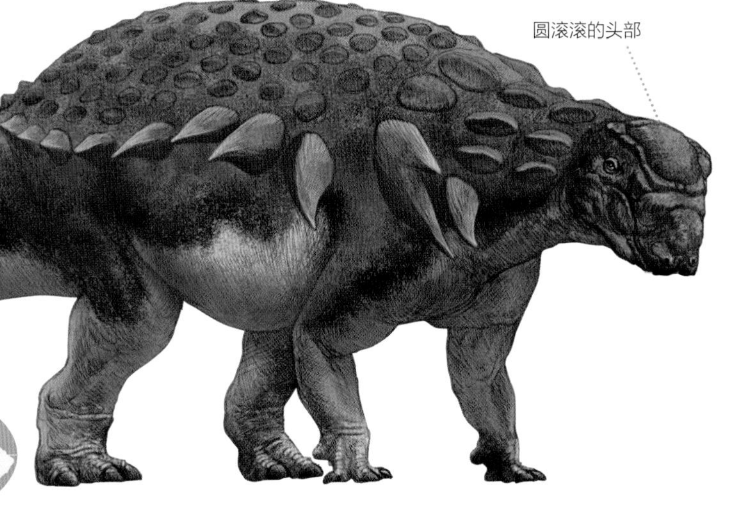

圆滚滚的头部

胄甲龙

“武装完备的恐龙”

目前已发现数具保存良好的胄甲龙头骨和躯体骨骼化石。与其他物种相比，胄甲龙的头部较短，躯体后方较宽，整体圆胖。

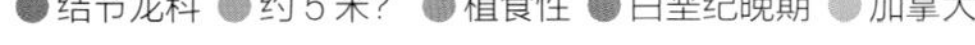

●结节龙科 ●约 5 米? ●植食性 ●白垩纪晚期 ●加拿大

爪爪龙

多刺甲龙

胄甲龙

蜥结龙

北方盾龙

埃德蒙顿甲龙

装甲类恐龙的骨板和棘刺呈左右对称排列，但关于其排列方式，许多研究者都持有各自不同的意见。

甲龙类 ①

甲龙类是与结节龙类恐龙有不同演化方向的类群，它们的尾部有着棒状结构。随着演化，这类恐龙发展出许多特征，如头骨呈三角形，头部横向后方有小小的角，尾部末端有骨锤等。它们出现于白垩纪早期，生存至白垩纪末期。

甲龙

"长有装甲的恐龙"

甲龙生存于恐龙时代末期，是最大的甲龙类。甲龙尾部末端的骨锤由多个变化的骨板和尾骨紧密连接形成，尾锤前侧的 7 块尾骨形成坚固而强壮的棒状物。甲龙的牙齿极小，呈树叶形状。

●甲龙科 ●约 7 米 ●植食性 ●白垩纪晚期 ●美国、加拿大

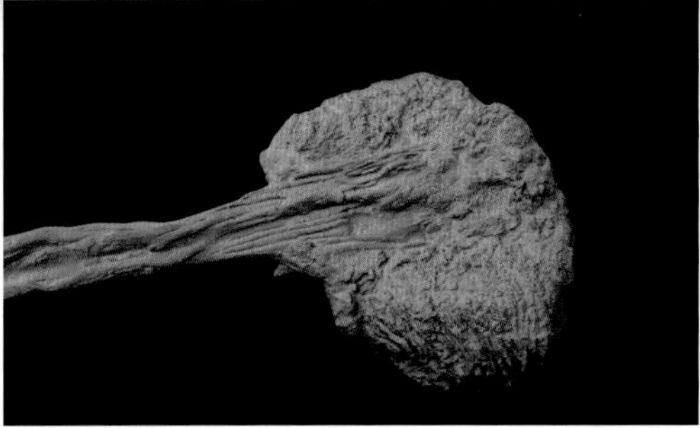

甲龙类的尾骨

戈壁龙

"在戈壁沙漠发现的恐龙"

目前已发现包括头骨在内的部分戈壁龙的骨骼化石，但相关研究仅停留在头骨上。戈壁龙与沙漠龙类似，但两者的上颌和头骨存在差异。

●甲龙科 ●约 6 米 ●植食性 ●白垩纪早期 ●中国

沙漠龙

“在沙漠中发现的恐龙”

目前已发现包括完整的头骨在内的部分沙漠龙的骨化石。在甲龙科中，沙漠龙较为原始，吻部细是其主要特征。

● 甲龙科 ● 约 5 米 ● 植食性 ● 白垩纪早期 ● 蒙古

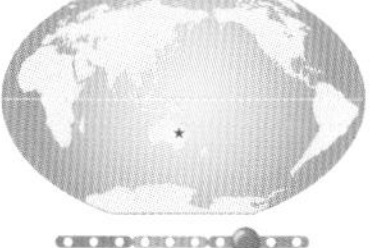

盾龙

“在澳大利亚原住民语言中意为‘有盾的恐龙’”

该恐龙最初被认为是冈瓦纳古陆最早的装甲类——敏迷龙的一种，但详细研究后发现它们与敏迷龙是不同的种类，因此被重新命名。通过保存良好的化石发现，它们将树叶咬碎后食用，或者直接将植物的种子吞下。● 甲龙科 ● 约 3 米 ● 植食性 ● 白垩纪早期 ● 澳大利亚

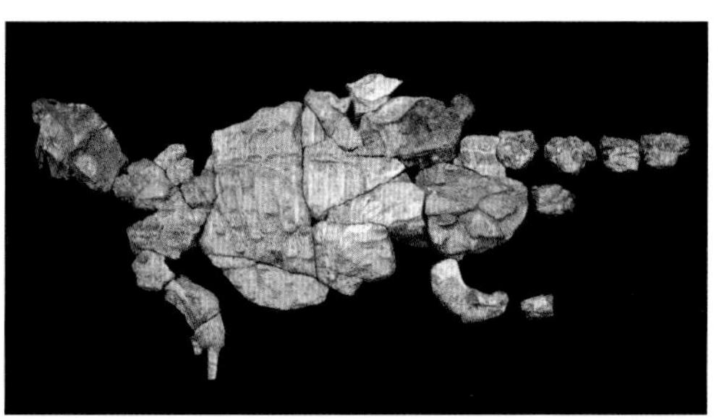

盾龙的化石

甲龙类的面部差异

仔细观察结节龙科恐龙和甲龙科恐龙的面部，会发现二者存在不同的特征。

●结节龙类

面部健壮而细长，横向和后侧都没有角。

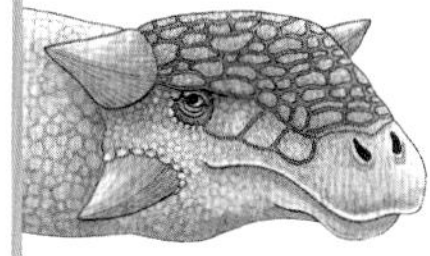

●甲龙类

面部较宽且凹凸不平，横向和后侧有小小的角。

浙江龙

“在中国浙江省发现的恐龙”

在 2007 年被命名时，浙江龙被认为属于结节龙科，但最新的研究表明它属于甲龙科。浙江龙腰部脊骨与躯体脊骨相连，形成结实的防御结构。

● 甲龙科 ● 约 4.5 米 ● 植食性 ● 白垩纪晚期 ● 中国

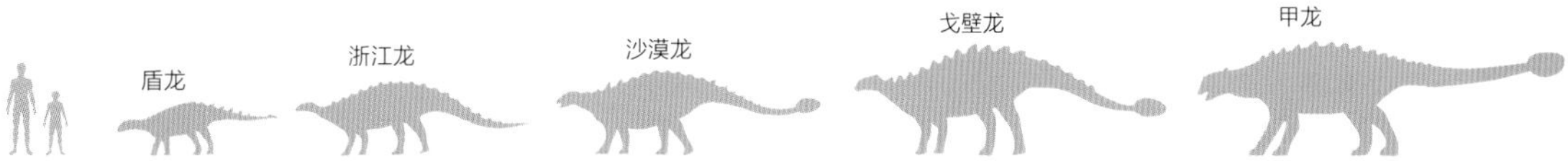

盾龙 浙江龙 沙漠龙 戈壁龙 甲龙

甲龙类恐龙会挥动由骨块形成的棒状尾巴进行反击。

甲龙类 ②

篮尾龙

“尾端像柳篮的恐龙”

与其他同类相比，篮尾龙的躯体较窄，它们尾部末端的骨锤也较小，目前已发现超过 5 具篮尾龙的化石，其中包括头骨的一部分和几乎完整的骨骼等。

●甲龙科 ●约 5 米 ●植食性 ●白垩纪晚期 ●蒙古

白山龙

“在蒙古白山发现的恐龙”

白山龙是甲龙科中最原始的物种。白山龙的头骨与其他甲龙类不同，其嘴尖至头部后方的长度比横向宽度更长。

●甲龙科 ●约 3.5 米

●植食性

●白垩纪晚期

●蒙古

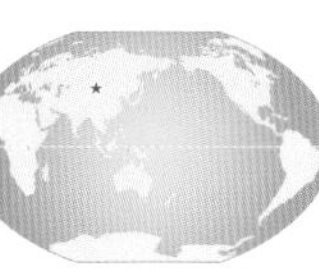

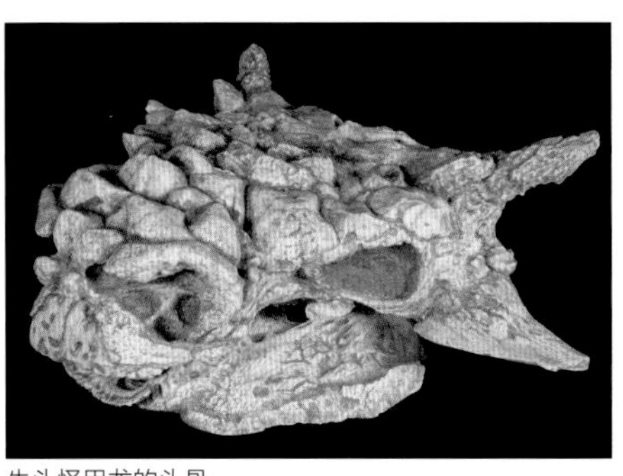

牛头怪甲龙的头骨

牛头怪甲龙

“学名意为希腊神话中长着牛头人身的怪物‘弥诺陶洛斯’”

牛头怪甲龙头部后侧横向长着角，眼睛后下方也长有较大的棘刺。目前仅发现牛头怪甲龙的头骨化石，发现地区尚未明确，应该是位于中国和蒙古之间的戈壁沙漠（➔ P66）的某处。

●甲龙科 ●约 4.5 米 ●植食性

●白垩纪晚期 ●中国？蒙古？

绘龙

“长有厚骨板的恐龙”

作为甲龙科恐龙，绘龙的体形结构比其他同类更轻便。20 世纪 20 年代，美国的发掘调查队发现了第一块绘龙化石。随后，大量的绘龙化石被发现，其中包括几乎完整的骨骼，以及有许多绘龙幼崽的巢穴。

●甲龙科 ●约 5 米 ●植食性 ●白垩纪晚期 ●蒙古、中国

三叠纪 侏罗纪 白垩纪

包头龙

“头部被充分武装的恐龙”

目前已发现大量保存良好的包头龙化石。它们是甲龙科中相关研究最为详细的恐龙。包头龙的躯体表面覆盖着椭圆形的骨头，颈部由 2 块圆形骨板保护着。

● 甲龙科 ● 约 5.5 米 ● 植食性
● 白垩纪晚期 ● 美国、加拿大

美甲龙

“美丽的甲龙”

美甲龙身体健壮，体形较大，自颈部至尾巴末端排列着又尖又大又厚的骨板。通过观察美甲龙的化石发现，它们的侧腹上也排列着尖尖的骨质盔甲。

● 甲龙科 ● 约 6 米 ● 植食性
● 白垩纪晚期 ● 蒙古

多智龙

“聪慧的恐龙”

在亚洲，多智龙是生存至恐龙时代末期的最大型的甲龙类恐龙。通过发现多智龙化石的地层环境推测，它们生活在相当干燥的、接近沙漠的土地上。此外，研究者还发现了残留着皮肤痕迹的多智龙化石。

● 甲龙科 ● 约 5.5 米
● 植食性 ● 白垩纪晚期
● 蒙古

甲龙的牙齿

甲龙的牙齿呈树叶形状，非常小，看起来十分不结实，但从其磨损方式来看，是能够咬断植物的。此外，从甲龙颌部的结构来看，它们的面颊很发达。拥有面颊，进入口中的食物就不会掉出来，这非常有利于食物的咀嚼。

与大大的体形相反，它们的牙齿非常小。

在甲龙类中，专家们有的恐龙颈部覆盖着半环形骨板，该骨头被称为“半环”。

什么是鸟脚类恐龙？

演化较完全的鸟臀类被称为“新鸟臀类”，而鸟脚类恐龙就是其中之一。鸟脚类恐龙的颌部、喙和牙齿发达，能够咬断、嚼碎植物。晚期的鸟脚类恐龙，头部长着发达的头冠，头冠内部中空，可以像喇叭一样发出声音。早期的鸟脚类恐龙用双腿行走，而晚期的鸟脚类有时也会用四肢行走。

晚期的鸟脚类恐龙长有头冠。头冠既可以向异性和同伴炫耀，也可以发出声音震慑敌人。

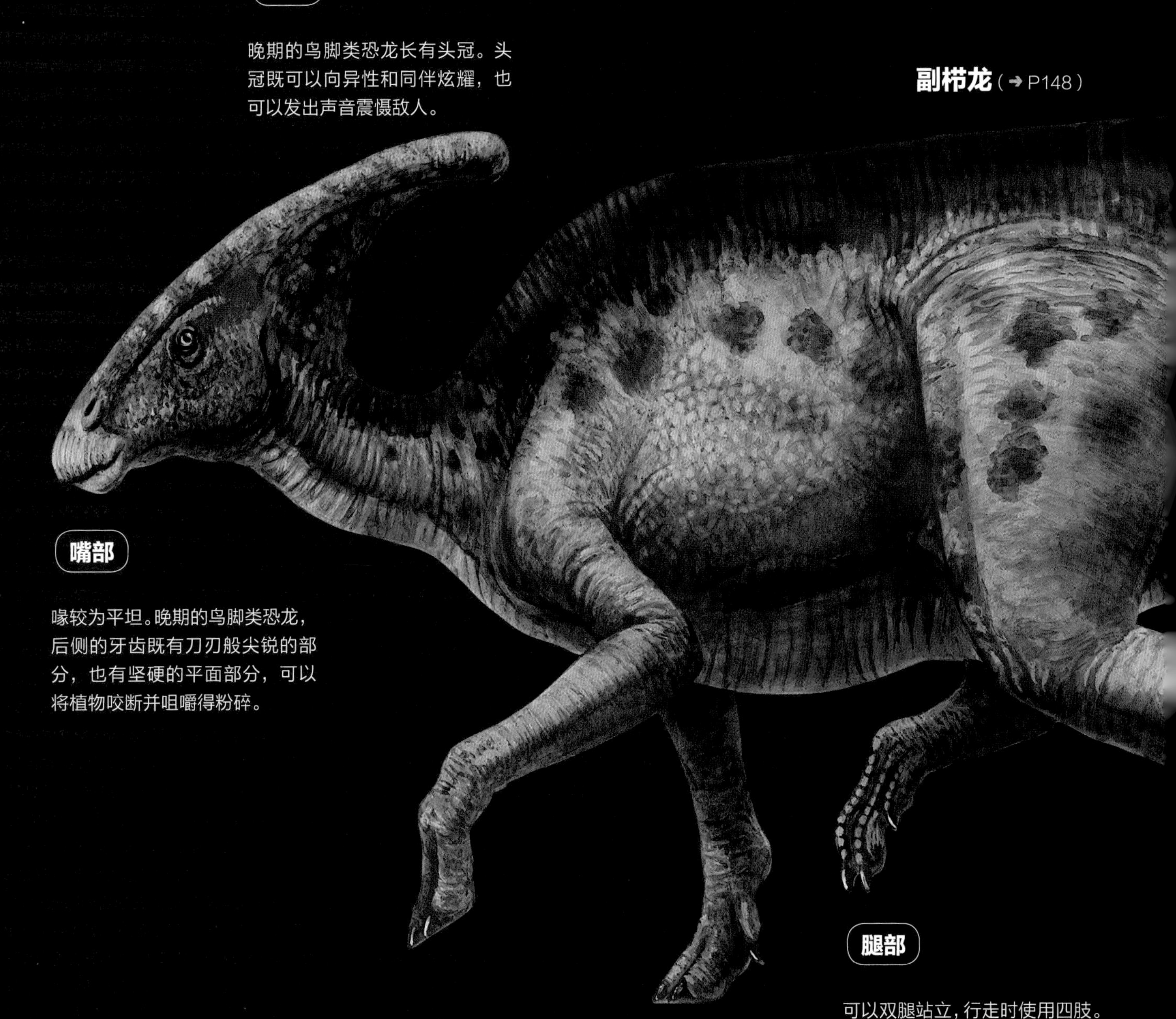

副栉龙（➜ P148）

嘴部

喙较为平坦。晚期的鸟脚类恐龙，后侧的牙齿既有刀刃般尖锐的部分，也有坚硬的平面部分，可以将植物咬断并咀嚼得粉碎。

腿部

可以双腿站立，行走时使用四肢。

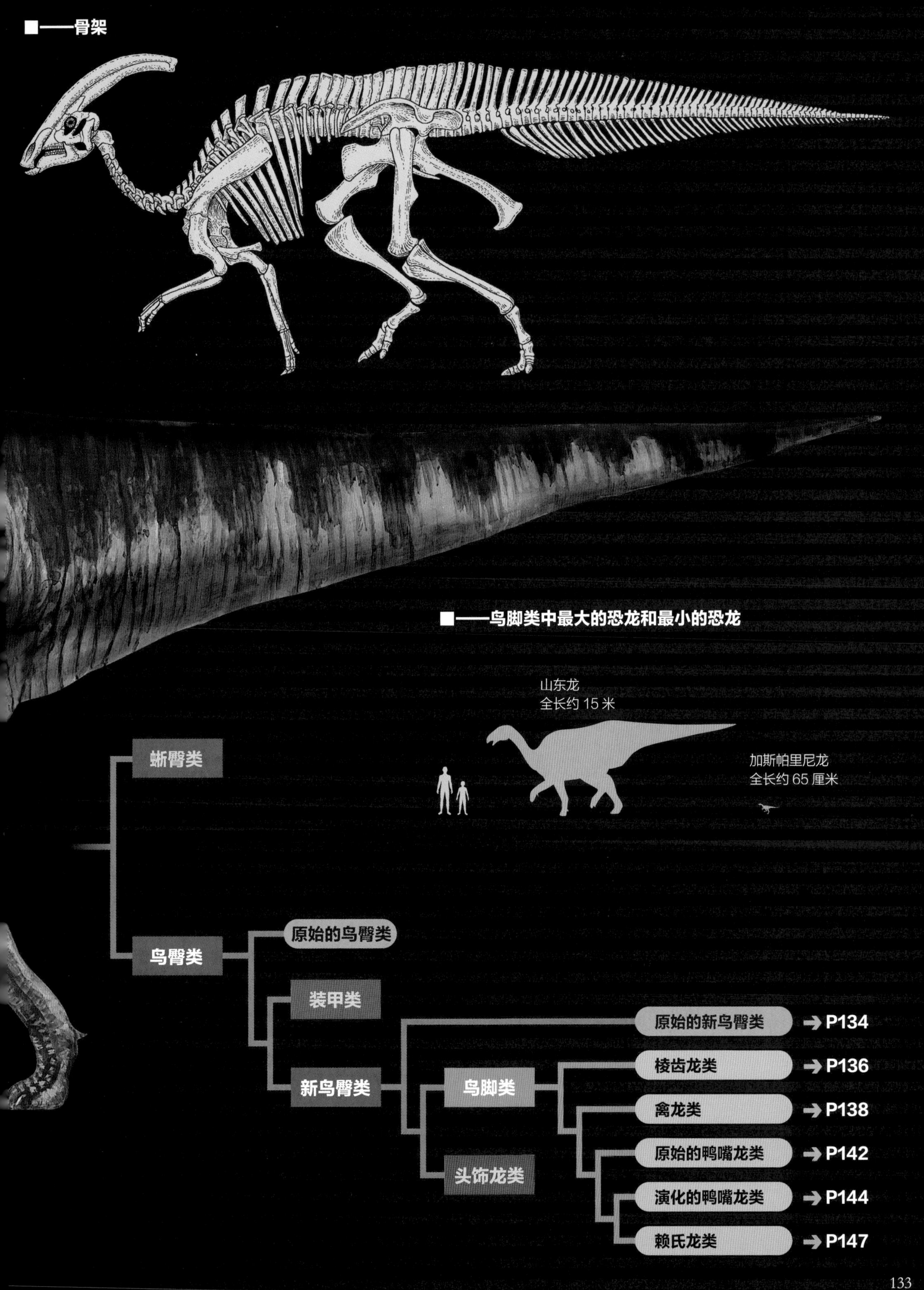
■——骨架
■——鸟脚类中最大的恐龙和最小的恐龙
山东龙
全长约 15 米
加斯帕里尼龙
全长约 65 厘米
蜥臀类
鸟臀类
原始的鸟臀类
装甲类
新鸟臀类
鸟脚类
头饰龙类
原始的新鸟臀类 →P134
棱齿龙类 →P136
禽龙类 →P138
原始的鸭嘴龙类 →P142
演化的鸭嘴龙类 →P144
赖氏龙类 →P147

原始的新鸟臀类

“新鸟臀类”是鸟臀类中比装甲类稍晚出现的一类恐龙。原始的新鸟臀类出现之后，又分化成鸟脚类和头饰龙类两类恐龙。这类恐龙的体形都很小，用双腿行走。

奥斯尼尔洛龙

“由美国古生物学家奥斯尼尔·马什发现的恐龙”

奥斯尼尔洛龙曾有部分骨骼化石被当成另一种恐龙，取名奥斯尼尔龙，但后来证明它们是同一种恐龙。在侏罗纪晚期的北美洲，奥斯尼尔洛龙是数量最多的恐龙，它们体重在10 千克以下，体形小，用双腿行走。

●未定 ●约 1.4 米 ●植食性 ●侏罗纪晚期 ●美国

奥斯尼尔·马什 VS 爱德华·科普

奥斯尼尔洛龙名字的由来——奥斯尼尔·马什是 19 世纪 70 年代非常卓越的美国古生物学家。马什与他的对手爱德华·科普曾在恐龙化石的发掘中展开激烈的竞争。最后，马什发现并命名了异特龙、三角龙等 80 种恐龙，而科普则发现并命名了腔骨龙、圆顶龙等 56 种恐龙。然而，由于互相都不想输给对方，他们对不是很清楚的化石也进行了命名与发表，造成了诸多到了后期才被发现的错误。这两人的竞争被称为“化石战争”，在报纸上喧腾一时，但也大大推动了恐龙研究的进步。

奥斯尼尔洛龙的全身骨化石

灵龙的骨架

灵龙

“灵敏的恐龙”

目前已发现几乎完整的灵龙骨化石。根据灵龙轻盈的骨骼和长长的腿部，推测其利用双腿奔跑，灵活敏捷，但在进食时，它们也会用四肢行走。灵龙的化石是在兴建中国自贡恐龙博物馆时被发现的。

●未定 ●约 1.7 米 ●植食性

●侏罗纪中期 ●中国

三叠纪 侏罗纪 白垩纪

桑岛化石壁

在日本石川县白山市桑岛的手取河沿岸，有一片绝壁被称为“桑岛化石壁”。1978 年，一名初中生在这里捡到了一块石头，里面包含着肉食性恐龙的牙齿化石。以此为契机，相关研究正式展开。该肉食性恐龙被日本研究者赋予“加贺龙”的外号。此外，在这里还发现了白峰龙的头骨、窃蛋龙类的趾（➜ P46）、禽龙类的牙齿、龟和鱼等大量化石。

桑岛化石壁

加贺龙的牙齿

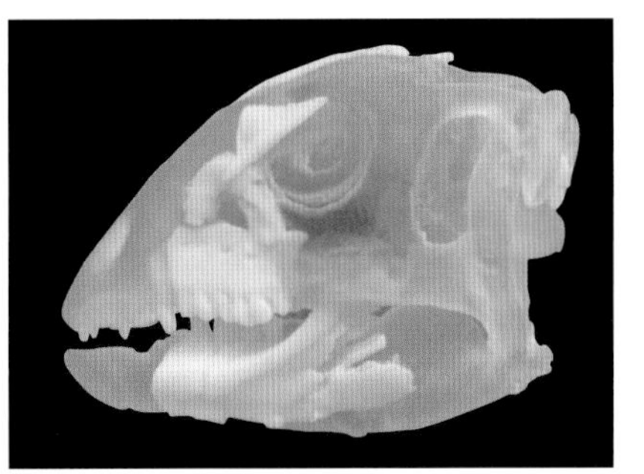

用 3D 打印机复原的白峰龙头骨，白色部分即被发现的化石

白峰龙

“在日本白峰地区发现的恐龙”

在被命名的日本恐龙中，白峰龙是最古老（约 1 亿 3000 万年前）的物种。目前发现的白峰龙化石仅有包括颌骨在内的部分头骨，因此还不清楚它们的详细信息。白峰龙拥有鸟脚类和角龙类的原始特征。2012 年，有研究者提出白峰龙属于原始角龙类，但白峰龙的牙齿形状与鸟脚类相似。

●未定 ●约 1.7 米 ●植食性

●白垩纪早期 ●日本

三叠纪 侏罗纪 白垩纪

白峰龙的头部化石，左侧是头部的前半部，可以观察到颌骨和牙齿（实物大小：宽约 20 厘米）

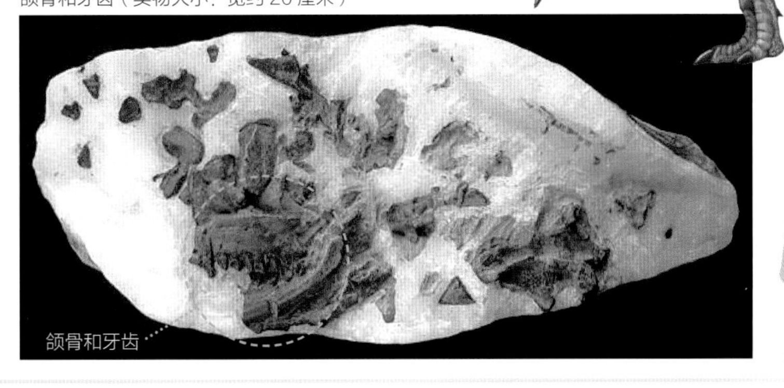

为了保存现状，发现白峰龙的桑岛化石壁一带现已被指定为日本国家天然纪念物。

棱齿龙类

这类恐龙是鸟脚类中最原始的恐龙。它们大多全长约 1 米，体形较小，上颌前端也长有牙齿。与小体形相对，这类恐龙的后腿较长，奔跑迅速。它们生活于侏罗纪晚期至白垩纪晚期，生存时间较长。在南美洲、北美洲、欧亚大陆和澳大利亚都发现了这类恐龙的相关化石。

棱齿龙

“拥有与鬣蜥相似的高冠状牙齿的恐龙”

棱齿龙是 1869 年被正式命名的早期恐龙之一。目前已发现大量棱齿龙自幼年至成年的化石。棱齿龙有 5 根手指，小指与其他手指相对，可以抓住东西，颌部前端的牙齿较尖，但后侧的牙齿呈树叶形。●棱齿龙科 ●约 1.8 米 ●植食性 ●白垩纪早期 ●英国

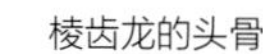
棱齿龙的头骨

雷利诺龙

“雷利诺是该恐龙命名者的女儿”

目前已发现雷利诺龙几乎完整的 2 具骨架和 2 块头骨。雷利诺龙的尾巴较长，大约是体长的 3 倍。雷利诺龙的化石发现地在白垩纪时期曾属于南极圈内，由此推测，在太阳总不升起的极夜期间，雷利诺龙生活在黑暗之中。

●棱齿龙科 ●约 90 厘米 ●植食性 ●白垩纪早期 ●澳大利亚

阿特拉斯科普柯龙

“以协助挖掘该恐龙化石的公司阿特拉斯·科普柯命名”

目前仅发现阿特拉斯科普柯龙排列着牙齿的上颌骨化石，因此它们的体形大小等信息是根据与其相近的恐龙来推测的。阿特拉斯科普柯龙的化石发掘于一个海岸悬崖处，当时正在挖隧道。之后，研究者以协助发掘的公司阿特拉斯·科普柯对该恐龙进行了命名。

●棱齿龙科 ●约 2 米 ●植食性 ●白垩纪早期 ●澳大利亚

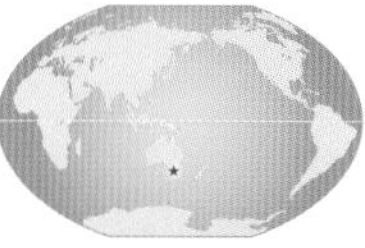

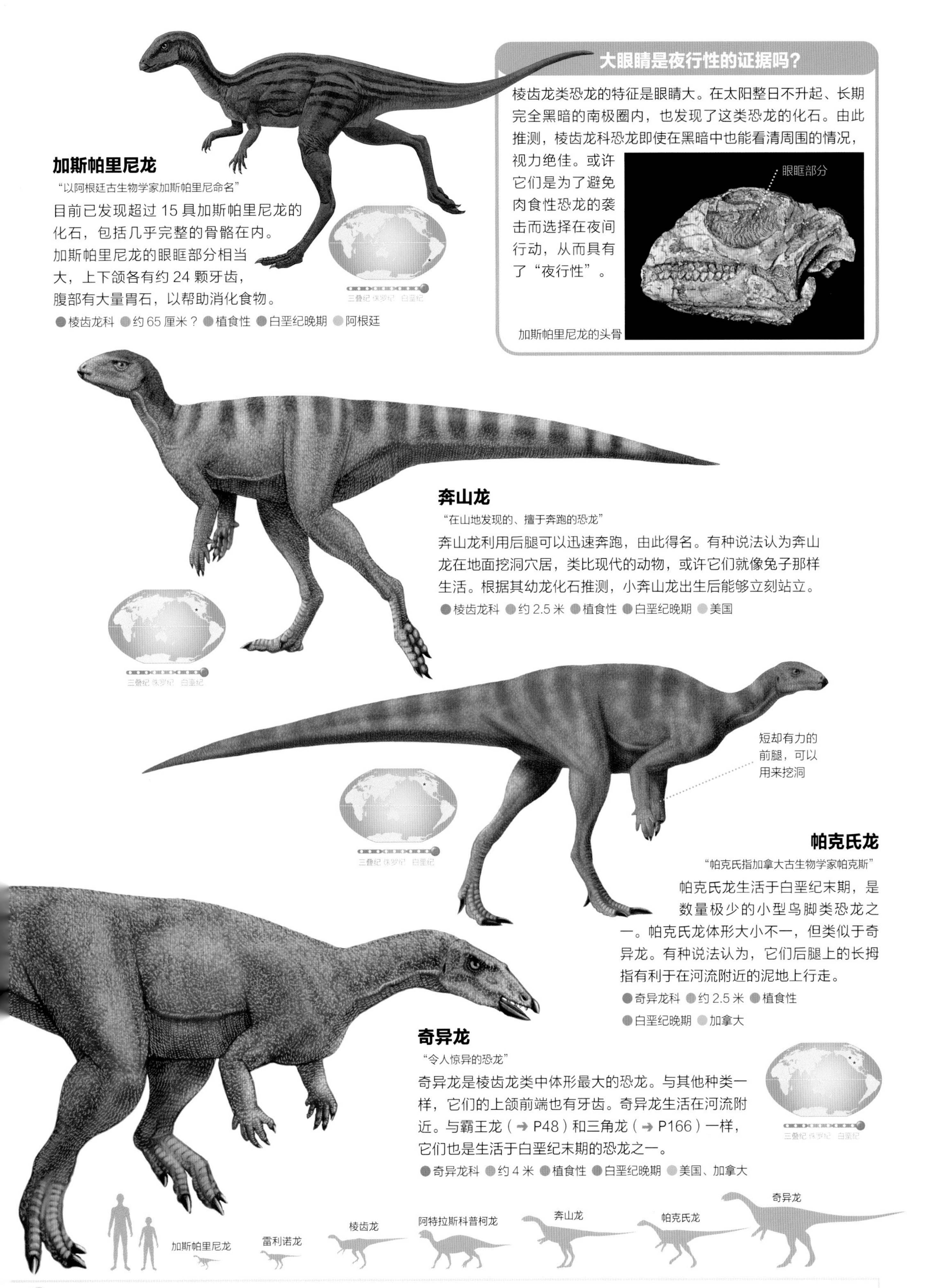

加斯帕里尼龙

“以阿根廷古生物学家加斯帕里尼命名”

目前已发现超过 15 具加斯帕里尼龙的化石，包括几乎完整的骨骼在内。加斯帕里尼龙的眼眶部分相当大，上下颌各有约 24 颗牙齿，腹部有大量胃石，以帮助消化食物。

●棱齿龙科 ●约 65 厘米？●植食性 ●白垩纪晚期 ●阿根廷

大眼睛是夜行性的证据吗？

棱齿龙类恐龙的特征是眼睛大。在太阳整日不升起、长期完全黑暗的南极圈内，也发现了这类恐龙的化石。由此推测，棱齿龙科恐龙即使在黑暗中也能看清周围的情况，视力绝佳。或许它们是为了避免肉食性恐龙的袭击而选择在夜间行动，从而具有了“夜行性”。

加斯帕里尼龙的头骨

奔山龙

“在山地发现的、擅于奔跑的恐龙”

奔山龙利用后腿可以迅速奔跑，由此得名。有种说法认为奔山龙在地面挖洞穴居，类比现代的动物，或许它们就像兔子那样生活。根据其幼龙化石推测，小奔山龙出生后能够立刻站立。

●棱齿龙科 ●约 2.5 米 ●植食性 ●白垩纪晚期 ●美国

帕克氏龙

“帕克氏指加拿大古生物学家帕克斯”

帕克氏龙生活于白垩纪末期，是数量极少的小型鸟脚类恐龙之一。帕克氏龙体形大小不一，但类似于奇异龙。有种说法认为，它们后腿上的长拇指有利于在河流附近的泥地上行走。

●奇异龙科 ●约 2.5 米 ●植食性 ●白垩纪晚期 ●加拿大

奇异龙

“令人惊异的恐龙”

奇异龙是棱齿龙类中体形最大的恐龙。与其他种类一样，它们的上颌前端也有牙齿。奇异龙生活在河流附近。与霸王龙（➜ P48）和三角龙（➜ P166）一样，它们也是生活于白垩纪末期的恐龙之一。

●奇异龙科 ●约 4 米 ●植食性 ●白垩纪晚期 ●美国、加拿大

澳大利亚在白垩纪时期位于南极圈内，能看到极光，但当时的气候比现在更加温暖，森林广阔。

禽龙类 ①

禽龙类恐龙是比棱齿龙类更加演化的中到大型鸟脚类恐龙。这类恐龙与在它们之后出现的恐龙，颌部都可以左右活动，能够灵活地咀嚼叶片坚韧的植物。它们前腿中间的 3 根脚趾触及地面，可以支撑身体。这类恐龙也可以用四肢行走。

禽龙

"牙齿与鬣蜥类似的恐龙"

根据在英国发现的化石，禽龙在 1825 年成为世界上第二只被命名的恐龙。然而，此后禽龙的分类关系变得混乱，因此在 2000 年，科学家决定用比利时发现的化石重新定义它的分类特征。禽龙是白垩纪早期欧洲最常见的恐龙，群居生活。目前还不清楚它大拇指上的钉刺有何作用。

●禽龙科 ●约 10 米 ●植食性 ●白垩纪早期 ●比利时、英国、法国、德国、西班牙、葡萄牙

三叠纪 侏罗纪 白垩纪

在比利时贝尼萨尔矿井发现的禽龙全身化石

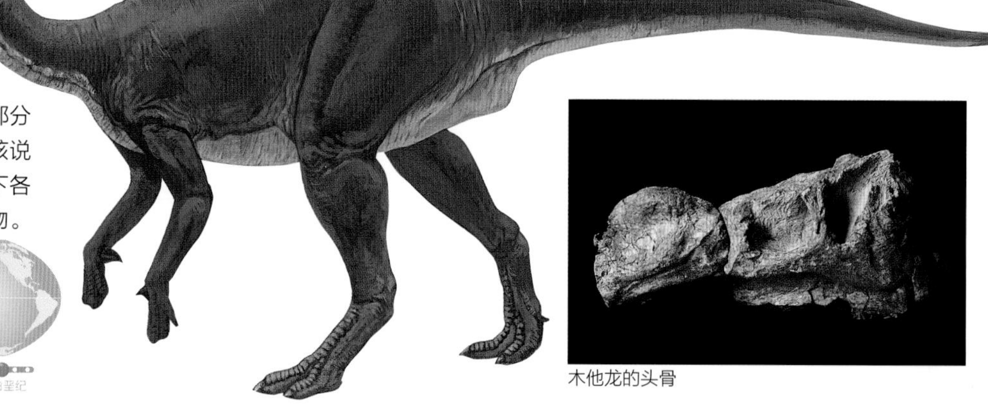

木他龙

"发现于澳大利亚木他布拉地区的恐龙"

有学说认为，木他龙鼻子上方的突起部分可以调节吸入空气的温度和湿度，但该说法并未得到证实。木他龙的口腔内上下各有一列牙齿，能够嚼碎叶片坚韧的植物。

●未定 ●约 8 米 ●植食性 ●白垩纪早期 ●澳大利亚

三叠纪 侏罗纪 白垩纪

木他龙的头骨

腱龙

"肌腱发达的恐龙"

腱龙是禽龙类中最原始的恐龙之一。腱龙的肌腱形成骨头缠绕着脊骨和尾骨，导致尾巴不太能弯曲。在美国的蒙大拿州，发现了 60 多具腱龙化石。

●未定 ●约 7 ~ 8 米 ●植食性 ●白垩纪早期 ●美国

阿纳拜斯龙

"以阿根廷古生物学家阿纳拜斯命名"

阿纳拜斯龙是禽龙类恐龙中体形最小的恐龙。根据体形大小与骨骼上的细微差异，可以将阿纳拜斯龙与其他禽龙类区分开来。●未定 ●约 2 米 ●植食性 ●白垩纪晚期 ●阿根廷

凹齿龙

"牙齿有凹槽的恐龙"

凹齿龙拥有原始禽龙类的特征，但生存年代要比其他恐龙晚很多，大约在白垩纪末期。凹齿龙的牙齿并不是禽龙类的磨碎型，而是类似于角龙类的咬断型。

●凹齿龙科 ●约 2 ~ 3 米？ ●植食性 ●白垩纪晚期 ●西班牙、法国、罗马尼亚

弯龙

"柔软的恐龙"

与其他种类相比，弯龙的身体结构更结实。弯龙也吃叶片坚韧的植物。目前已发现多具不同成长阶段的弯龙化石。

●弯龙科 ●约 5 ~ 7 米 ●植食性 ●侏罗纪晚期 ●美国

橡树龙

"牙齿形状与橡树叶子相似的恐龙"

橡树龙身体较小，腿部细长，能够快速奔跑。橡树龙的牙齿形状类似于橡树的叶子，由此得名。

●橡树龙科 ●约 2.5 ~ 4.5 米 ●植食性 ●侏罗纪晚期 ●美国、坦桑尼亚

最初，在复原禽龙时，专家们以为它们的鼻子上长有棘刺（➔ P170），现在确定那是大拇指上的钉刺。

禽龙类 ②

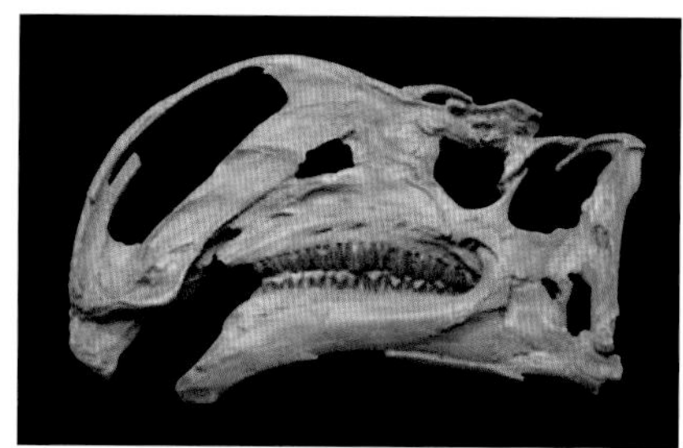
高吻龙的头骨

高吻龙

"拥有高高的鼻子的恐龙"

高吻龙鼻子较高的部位由骨头构成，但还不清楚它的作用。目前已发现至少 5 具高吻龙的骨骼化石，包括未成年的个体在内。在最初被发现时，高吻龙曾被认为是禽龙。

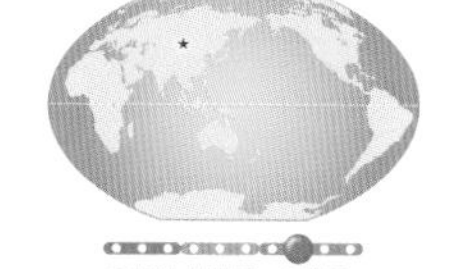

●未定 ●约 8 米 ●植食性
●白垩纪早期 ●蒙古

福井龙的骨架

福井龙

"在日本福井县发现的恐龙"

福井龙发现于日本福井县，在 2003 年作为新种恐龙被赋予学名。研究者根据多块零碎的个体骨骼，复原了福井龙的骨架。福井龙属于小型的禽龙类。它们通常使用双腿行走，有时也会用四肢行走。与其他禽龙类恐龙不同，福井龙的颌部不能横向活动进行咀嚼。

●未定 ●约 5 米 ●植食性 ●白垩纪早期 ●日本

手取群北谷层的发掘情况

福井龙和福井盗龙（➔ P45）发现于福井县胜山市的手取群（➔ P45）北谷层。从 1989 年至今，该地区一直进行着发掘工作。发掘步骤为——首先，不断削薄地层，寻找大块化石；然后，"锤之队"会对露出的岩石进行更加细致的分割，确定是否还有更小的化石。发现的化石会被小心地带回去进行研究。

❶ 北谷层的发掘现场
❷ 地层非常坚硬，需要使用重工业机器一直挖掘到露出化石的地层
❸ "锤之队"对岩石进行细致的分割，即使是一块小化石也不放过

兰州龙

“在中国甘肃省兰州市发现的恐龙”

兰州龙拥有植食性恐龙中最大的牙齿，其上下颌部排列着 14 颗牙齿。在禽龙类中，兰州龙属于大型恐龙。由于体形健壮，一般认为兰州龙用四肢行走 。

●未定 ●约 10 米 ●植食性 ●白垩纪早期 ●中国

豪勇龙

“勇敢的恐龙”

豪勇龙最醒目的特征是脊背上长有突起的帆状物。这是由脊背骨向上生长形成的，其连接着尾部，有调节体温、吸引异性等作用。也有一种说法认为，该帆状物周围储藏着肉和脂肪。

●禽龙科 ●约 7 ~ 8 米 ●植食性 ●白垩纪早期 ●尼日尔

曼特尔龙

“以禽龙的命名者曼特尔命名”

曼特尔龙被发现时曾被认为是禽龙。直到 2007 年，曼特尔龙才作为新物种被命名。曼特尔龙比禽龙小，体形纤细，大拇指上的钉刺也很小。 ●未定 ●约 7 米 ●植食性 ●白垩纪早期 ●英国

沉龙

“身体沉重的恐龙”

在禽龙类中，沉龙的体形结构看起来最有分量。沉龙的体重极重，有种学说认为它们的体重有 5.5 吨左右（几乎与亚洲象一样重）。整体上，沉龙骨格粗壮，膝部下侧短，腿趾宽大。此外，它们用四肢行走。

●未定 ●约 9 米 ●植食性 ●白垩纪早期 ●尼日尔

福井龙是日本第一只被复原了全身骨骼的恐龙。在福井县立恐龙博物馆，复原模型与实物化石一同被展示着。

原始的鸭嘴龙类

这类恐龙是比禽龙类演化得更进一步的恐龙。它们的喙像鸭子的一样宽大，因此被称为“鸭嘴龙”。该类恐龙的齿系十分发达，后侧的牙齿如石墙一般垒积排列着，能够充分咀嚼食物。除了早期的鸭嘴龙类外，这类恐龙的大拇指上没有钉刺。而原始的种类头上也还没有长出头冠。

现代黑鸭的喙

鸭嘴龙

“健壮的恐龙，因口部扁平而得名”

在北美发现的恐龙化石中，鸭嘴龙是第一具体态完整并被复原，也是世界上第一只复原骨架呈双腿站立姿势的恐龙。鸭嘴龙用双腿奔跑，在取食时用四肢行走。因为最初命名的标本缺失头骨，所以至今仍不清楚鸭嘴龙的头部形状。

●鸭嘴龙科 ●约 8 米？ ●植食性 ●白垩纪晚期 ●美国

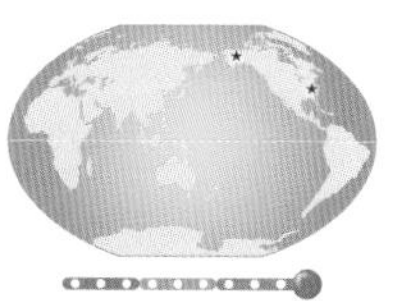

齿系

鸭嘴龙类恐龙的嘴巴里长着密密麻麻的小牙齿，这些牙齿一层一层地排列着，上层的牙齿磨损脱落后，下层的替代齿很快会补上。这样的牙齿集合叫作“齿系”。这种牙齿结构可以有效地咬断并嚼碎坚硬的植物。晚期的角龙类恐龙（➔ P162）也有这一特征。

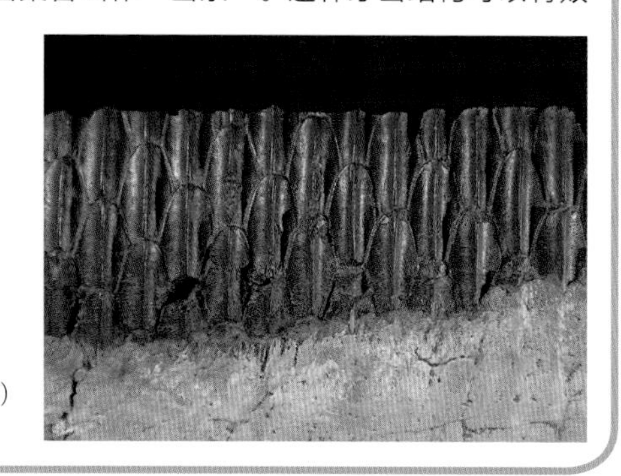

栉龙（➔ P146）的齿系

原巴克龙

“原始的巴克龙”

1959 ~ 1960 年，在苏联（社会主义国家联盟，已解体，主要领土在现在的俄罗斯）与中国共同进行的发掘工作中，原巴克龙是最早被发现的恐龙。与其他同类相比，原巴克龙身体更灵便。它们的嘴尖窄而长，上下颌部重叠排列着两层牙齿。

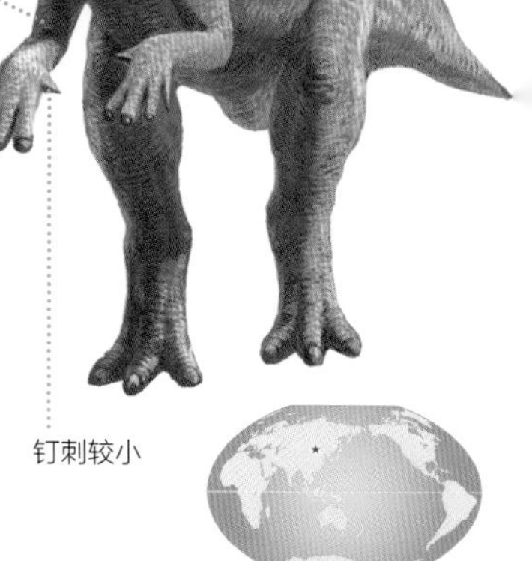

●未定 ●约 5.5 米 ●植食性 ●白垩纪早期 ●中国

锦州龙

“在中国辽宁省锦州市发现的恐龙”

目前已发现锦州龙几乎完整的全身骨化石，其被发现时横卧在板状的地层中。锦州龙身上混杂着鸟脚类恐龙的原始特征和稍演化特征。但在鸭嘴龙类恐龙中，锦州龙属于原始类型。

●未定 ●约 7 米 ●植食性

●白垩纪早期 ●中国

叙五龙

“以中国地质学家王曰伦的字‘叙五’命名”

叙五龙是鸭嘴龙类恐龙中最原始的种类。目前已发现叙五龙除脚部以外的几乎全身骨化石。叙五龙的鼻骨和上下颌前方的骨头并不发达，因此侧面观察时，可发现其嘴尖短而尖。

●未定 ●约 5 米 ●植食性

●白垩纪早期 ●中国

沼泽龙

“生活在沼泽地中的恐龙”

自 1899 年被正式命名后，沼泽龙的名字发生过 4 次变动，最后确定为第 2 次命名的沼泽龙。白垩纪末期的欧洲大陆大部分是岛屿和小块陆地，生活在这里的恐龙也逐渐演化变小。

●鸭嘴龙科 ●约 5 米 ●植食性

●白垩纪晚期 ●罗马尼亚

巴克龙

“长有‘棍棒’的恐龙，学名中的 baktron 在古希腊文中意为‘棍棒’”

巴克龙是早期鸭嘴龙类恐龙的一种。目前共发现了 12 具自幼崽至成年的巴克龙化石。巴克龙背部脊椎向上突出的部分呈棍棒状，由此得名。

●未定 ●约 6 米 ●植食性 ●白垩纪晚期 ●中国

始鸭嘴龙

“最原始的鸭嘴龙类恐龙”

始鸭嘴龙是鸭嘴龙科中最原始的种类。始鸭嘴龙的面部前端，尤其是下颌部位结构结实，向下侧弯曲。

●鸭嘴龙科 ●约 7 ~ 8 米 ●植食性

●白垩纪晚期 ●美国

1986 年，在日本福岛县广野町发现的鸭嘴龙类恐龙，外号被称为“广野龙”。

演化的鸭嘴龙类 ①

这部分介绍的是更为演化的鸭嘴龙类恐龙，但它们头上也还没有冠状物。这类恐龙的特征是：喙更宽一些；齿系（➔ P142）更发达，可以更加有效地咬断植物并细细地嚼碎；前肢上没有大拇指。它们集体筑巢、养育后代。

慈母龙

"好妈妈恐龙"

研究者对各阶段的慈母龙化石都进行了详细的研究，包括巢中的恐龙蛋、出生前后的小恐龙、幼年龙、成年龙等。慈母龙集体筑巢，巢中一般放置 30 个长约 20 厘米的恐龙蛋。此外，研究表明，刚出生的慈母龙幼崽由父母亲自搬食、喂食。

●鸭嘴龙科 ●约 9 米 ●植食性
●白垩纪晚期 ●美国

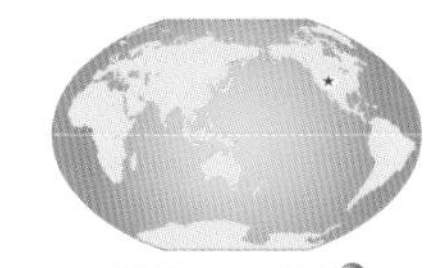

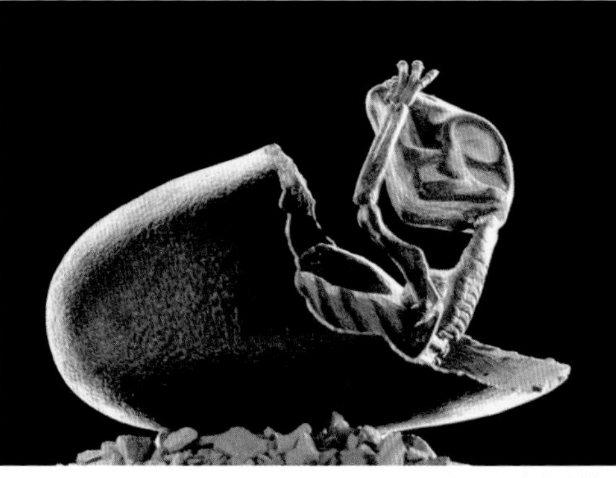

慈母龙幼崽的模型

恐龙的蛋巢分为鳄鱼巢型和鸟巢型

恐龙的蛋巢分为鳄鱼巢型和鸟巢型。慈母龙的蛋巢为鳄鱼巢型，它们将所产的蛋埋藏在地表或坑中，利用太阳或土壤的热量进行暖化。然而，蛋巢的温度和湿度易受周围环境的影响而发生变化，所以有时会出现孵化延期或失败的情况。窃蛋龙（➔ P64）和伤齿龙（➔ P68）等的蛋巢为鸟巢型，它们则在开放型的蛋巢里抱窝暖化。如此，蛋的温度和湿度受恐龙体温的影响可以保持恒定，孵化很容易成功，但在过程中，可能会受到其他恐龙的袭击。

隐蔽型的鳄鱼巢，可在巢中暖化鳄鱼蛋

开放型的鸟巢

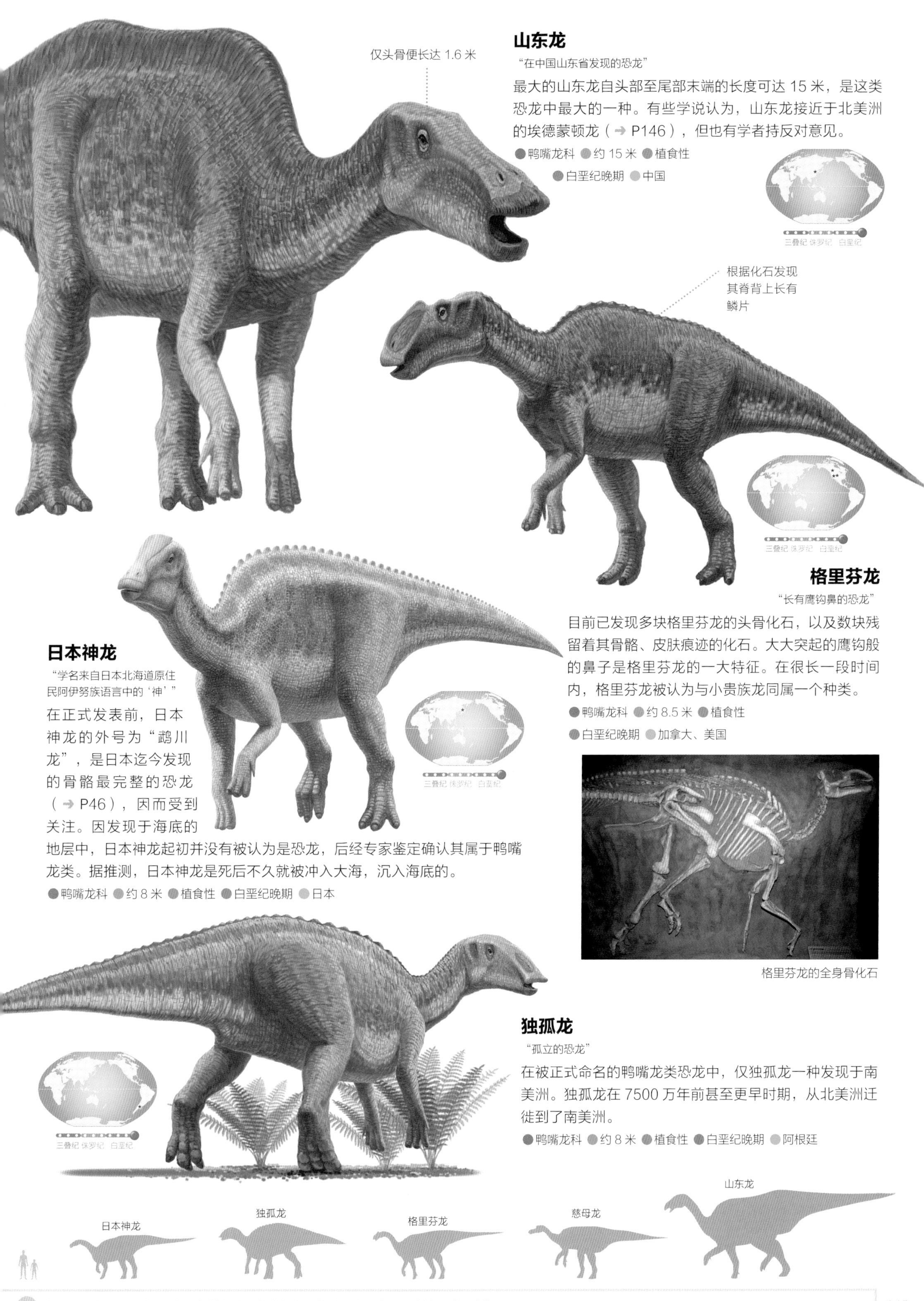

山东龙

“在中国山东省发现的恐龙”

最大的山东龙自头部至尾部末端的长度可达 15 米，是这类恐龙中最大的一种。有些学说认为，山东龙接近于北美洲的埃德蒙顿龙（➔ P146），但也有学者持反对意见。

●鸭嘴龙科 ●约 15 米 ●植食性 ●白垩纪晚期 ●中国

仅头骨便长达 1.6 米

格里芬龙

“长有鹰钩鼻的恐龙”

目前已发现多块格里芬龙的头骨化石，以及数块残留着其骨骼、皮肤痕迹的化石。大大突起的鹰钩般的鼻子是格里芬龙的一大特征。在很长一段时间内，格里芬龙被认为与小贵族龙同属一个种类。

●鸭嘴龙科 ●约 8.5 米 ●植食性 ●白垩纪晚期 ●加拿大、美国

根据化石发现其脊背上长有鳞片

格里芬龙的全身骨化石

日本神龙

“学名来自日本北海道原住民阿伊努族语言中的‘神’”

在正式发表前，日本神龙的外号为“鹉川龙”，是日本迄今发现的骨骼最完整的恐龙（➔ P46），因而受到关注。因发现于海底的地层中，日本神龙起初并没有被认为是恐龙，后经专家鉴定确认其属于鸭嘴龙类。据推测，日本神龙是死后不久就被冲入大海，沉入海底的。

●鸭嘴龙科 ●约 8 米 ●植食性 ●白垩纪晚期 ●日本

独孤龙

“孤立的恐龙”

在被正式命名的鸭嘴龙类恐龙中，仅独孤龙一种发现于南美洲。独孤龙在 7500 万年前甚至更早时期，从北美洲迁徙到了南美洲。

●鸭嘴龙科 ●约 8 米 ●植食性 ●白垩纪晚期 ●阿根廷

为了找寻食物和繁殖地，慈母龙等部分恐龙会根据季节进行集体移动，也就是“迁徙”。

演化的鸭嘴龙类②

平板状的骨冠

短冠龙

“顶冠较短的恐龙”

短冠龙头上长有一个平板状的骨冠，该骨冠大小存在个体差异。2000 年，短冠龙几乎完整的骨骼化石被发现，其骨关节呈连接状，皮肤等软组织甚至已经石化，如同木乃伊。

●鸭嘴龙科 ●约 8.5 米

●植食性

●白垩纪晚期

●加拿大、美国

三叠纪 侏罗纪 白垩纪

残留着清晰的皮肤痕迹

短冠龙几乎完整的全身化石

可能长有头冠

短短的头冠

原栉龙

“原始的栉龙”

眼部前方伸出的短冠是原栉龙的一大特征，该冠状物由鼻骨向上生长形成。目前已发现大量自幼年至成年的原栉龙化石。

●鸭嘴龙科 ●约 8 米 ●植食性

●白垩纪晚期 ●加拿大、美国

三叠纪 侏罗纪 白垩纪

长长的头冠

栉龙

“长有头冠的恐龙”

目前已发现大量的栉龙骨骼化石，以及残留着其皮肤痕迹的化石。栉龙长长的头冠从眼部上方一直延伸至头部后方。该头冠内部也生长着骨头，而不是像赖氏龙类（➔ P147）那样呈中空状。

●鸭嘴龙科 ●约 12 米

●植食性 ●白垩纪晚期

●加拿大、蒙古

三叠纪 侏罗纪 白垩纪

埃德蒙顿龙

“在加拿大埃德蒙顿发现的恐龙”

埃德蒙顿龙的头骨上无突起，因此至今被认为没有头冠。随着保存极好的化石被发现，2013 年，有项研究认为埃德蒙顿龙长有由皮肤等软组织构成的头冠，类似鸡冠。

●鸭嘴龙科

●约 12 米

●植食性

●白垩纪晚期

●加拿大、美国

赖氏龙类 ①

在演化的鸭嘴龙类中，这类恐龙的头冠特别发达，而且形状多样，头冠内部中空，可以进出空气。该类恐龙生活在白垩纪晚期的北美洲和亚洲。

赖氏龙

“赖氏指加拿大古生物学家赖博”

根据多块头部化石发现，赖氏龙幼年和成年、雄性和雌性的头冠形状都不相同。在此之前，因为这些差异，很难分清已发现的各种化石是否属于赖氏龙，相关研究也比较混乱。

●鸭嘴龙科 ●约 9 米 ●植食性 ●白垩纪晚期 ●加拿大、美国

咸海龙

“在咸海附近发现的恐龙”

咸海龙曾因鼻形被认为是格里芬龙（➔ P145）的近亲，但近来的研究认为它们是最原始的赖氏龙类。目前只发现它们的头骨化石。

●鸭嘴龙科 ●约 8 米 ●植食性 ●白垩纪晚期 ●哈萨克斯坦

头冠的秘密—— ①

在赖氏龙类中，头冠的形状有助于区分性别。无论是雌性还是雄性，在幼年至成年期间，它们的头冠都会逐渐变大，愈加壮丽。

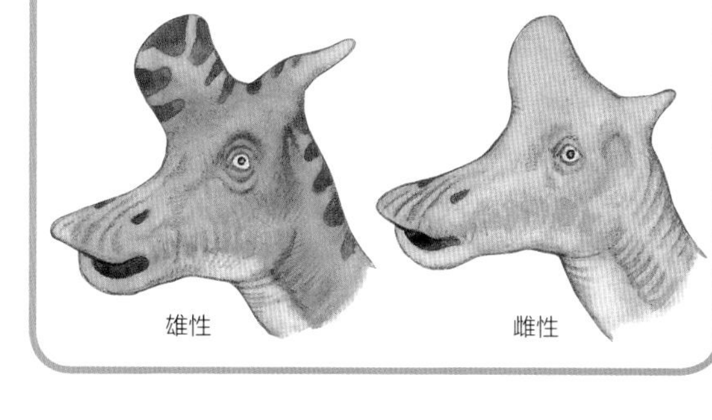

一般研究认为，原栉龙和格里芬龙（➔ P145）的分类关系比和栉龙更接近。

赖氏龙类 ②

青岛龙

“在中国山东省青岛市附近发现的恐龙”

青岛龙被发现的头骨化石上有个棒状的头冠。对该化石的最新研究表明，该棒状物其实只是头冠的一部分。基于2013年发表的研究成果，本书绘制了青岛龙的复原图。

●鸭嘴龙科 ●约 10 米 ●植食性

●白垩纪晚期 ●中国

推测的头冠形状

阿穆尔龙

“在俄罗斯阿穆尔河附近发现的恐龙”

在临近阿穆尔河的化石产地发现了大量阿穆尔龙的相关化石，基本都来自幼年的阿穆尔龙。目前还没有发现阿穆尔龙头冠部位的化石，但已发现支撑头冠的骨化石，表明其长有头冠。

●鸭嘴龙科 ●约 6 米 ●植食性

●白垩纪晚期 ●俄罗斯

突出的长头冠

副栉龙

“类似栉龙的恐龙”

副栉龙的特征在于——头部后方长着长长的头冠。副栉龙非常知名，因为它是赖氏龙类中，首个被研究头冠作用的恐龙，但其被发现的化石数量少之又少。

●鸭嘴龙科 ●约 10 米 ●植食性

●白垩纪晚期 ●加拿大、美国

头冠的秘密—— ②

赖氏龙类的头冠由骨头构成，内部中空。据推测，从鼻孔进出的空气可以在头冠内响起，发出像喇叭一样的声音。

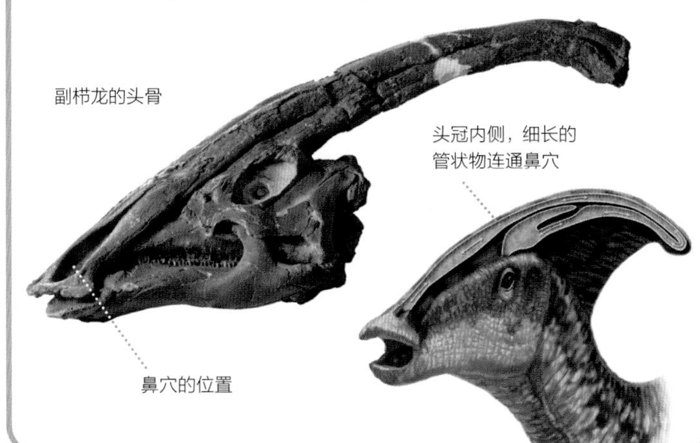

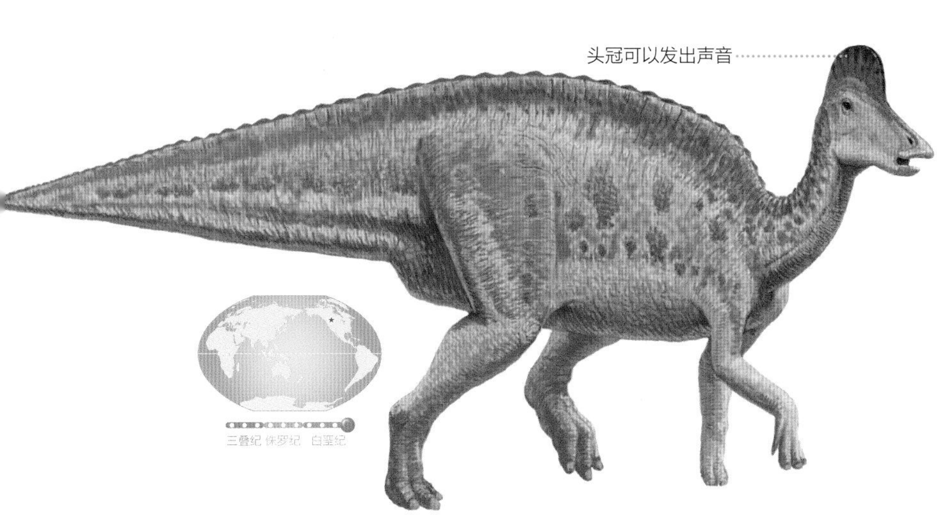

盔龙

“长有盔状头饰的恐龙”

盔龙最早被发现的化石保存良好，并残留着皮肤痕迹。根据头冠大小和形状的差异，可进一步将该恐龙分为 7 种，但如今仅有 1 种被正式认可。幼年盔龙几乎没有头冠。

●鸭嘴龙科 ●约 9 米 ●植食性 ●白垩纪晚期 ●加拿大

日本龙

“在库页岛发现的恐龙，库页岛曾是日本领土”

日本龙化石的发现地（➜P46 ~ 47）库页岛北纬 50° 以南在发现当时属于日本领土，因此其被命以此名。2004 年，研究者对该化石再次进行了研究，结果表明它属于尚未成年的日本龙。●鸭嘴龙科 ● 5 米以上 ●植食性 ●白垩纪晚期 ●俄罗斯

亚冠龙

“接近最高的恐龙”

亚冠龙的头冠形状与冠龙的很像，但不高，也偏小。目前已发现大量亚冠龙自幼年至成年的骨化石，以及巢穴、恐龙蛋化石，表明其过着群居生活。

●鸭嘴龙科 ●约 10 米 ●植食性 ●白垩纪晚期 ●加拿大、美国

扇冠大天鹅龙

“形似巨大的天鹅的恐龙”

大大的斧头形头冠是扇冠大天鹅龙的显著特征。在北美洲以外地区发现的赖氏龙类中，扇冠大天鹅龙的骨化石最为完整。作为鸭嘴龙科恐龙，它们的颈部骨头和腰部脊骨数量最多，属于大型种类。

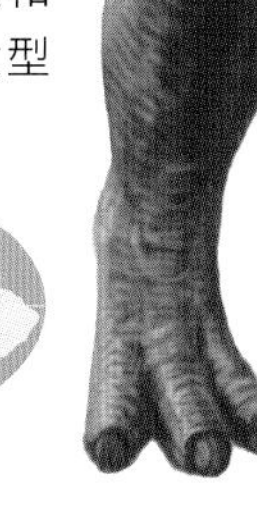

●鸭嘴龙科
●约 12 米
●植食性
●白垩纪晚期
●俄罗斯

扇冠大天鹅龙骨架

日本龙是由日本研究者正式命名的第一只恐龙，其全身大约 60% 的骨头残留至今。

各种各样的“武器”

肉食性恐龙拥有适合捕食的牙齿和钩爪。与此相对，植食性恐龙利用尾巴、角和盔甲进行自我保护，有时也会与敌人对抗。接下来，让我们来观察一下恐龙在弱肉强食的世界为了顽强地生存，而演化出的各种各样的“武器”吧！

霸王龙的牙齿。包括根部在内，有的长度甚至超过 30 厘米

结实的牙齿能把骨头咬得粉碎！

兽脚类恐龙的牙齿如同整齐的牛排刀，结实而锋利。该类恐龙的颌部力量也很强，据推测，它们大口咬下猎物，甚至可以把猎物的骨头咬得粉碎。

霸王龙
（➔ P48）

用尾巴驱赶异特龙的梁龙

植食性恐龙遭遇攻击时，可以用尾巴还以颜色！

植食性恐龙通过挥动尾巴末端锋利的棘刺、坚硬的骨锤，或者像鞭子一样软长有力的尾巴来攻击敌人。

剑龙
（➔ P120）

梁龙
（➔ P94）

蜀龙
（➔ P89）

包头龙
（➔ P131）

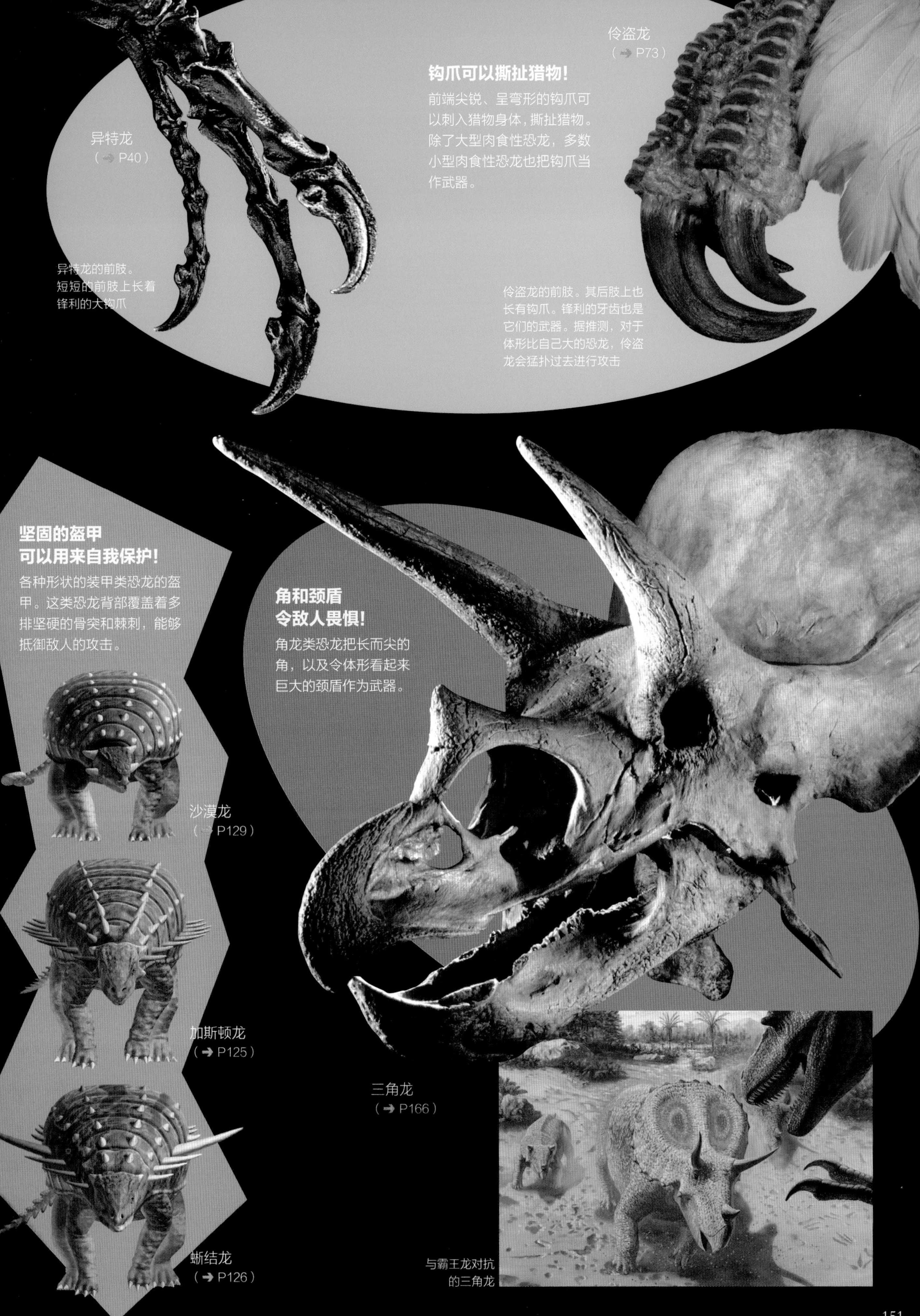

伶盗龙
（➔ P73）
钩爪可以撕扯猎物！
前端尖锐、呈弯形的钩爪可以刺入猎物身体，撕扯猎物。除了大型肉食性恐龙，多数小型肉食性恐龙也把钩爪当作武器。
异特龙
（➔ P40）
异特龙的前肢。短短的前肢上长着锋利的大钩爪
伶盗龙的前肢。其后肢上也长有钩爪。锋利的牙齿也是它们的武器。据推测，对于体形比自己大的恐龙，伶盗龙会猛扑过去进行攻击
坚固的盔甲可以用来自我保护！
各种形状的装甲类恐龙的盔甲。这类恐龙背部覆盖着多排坚硬的骨突和棘刺，能够抵御敌人的攻击。
角和颈盾令敌人畏惧！
角龙类恐龙把长而尖的角，以及令体形看起来巨大的颈盾作为武器。
沙漠龙
（➔ P129）
加斯顿龙
（➔ P125）
蜥结龙
（➔ P126）
三角龙
（➔ P166）
与霸王龙对抗的三角龙

什么是头饰龙类恐龙？

头饰龙类恐龙是演化的鸟臀类——新鸟臀类的一种。这类恐龙头部附近长着发达的骨头和角，如同装饰物一般。头饰龙类分化为肿头龙类和角龙类，其中，角龙类是最后出现的一种恐龙类别。与鸟脚类（➔ P132）一样，该类恐龙颌部和牙齿发达，能够把植物咬断并咀嚼得粉碎以供食用。

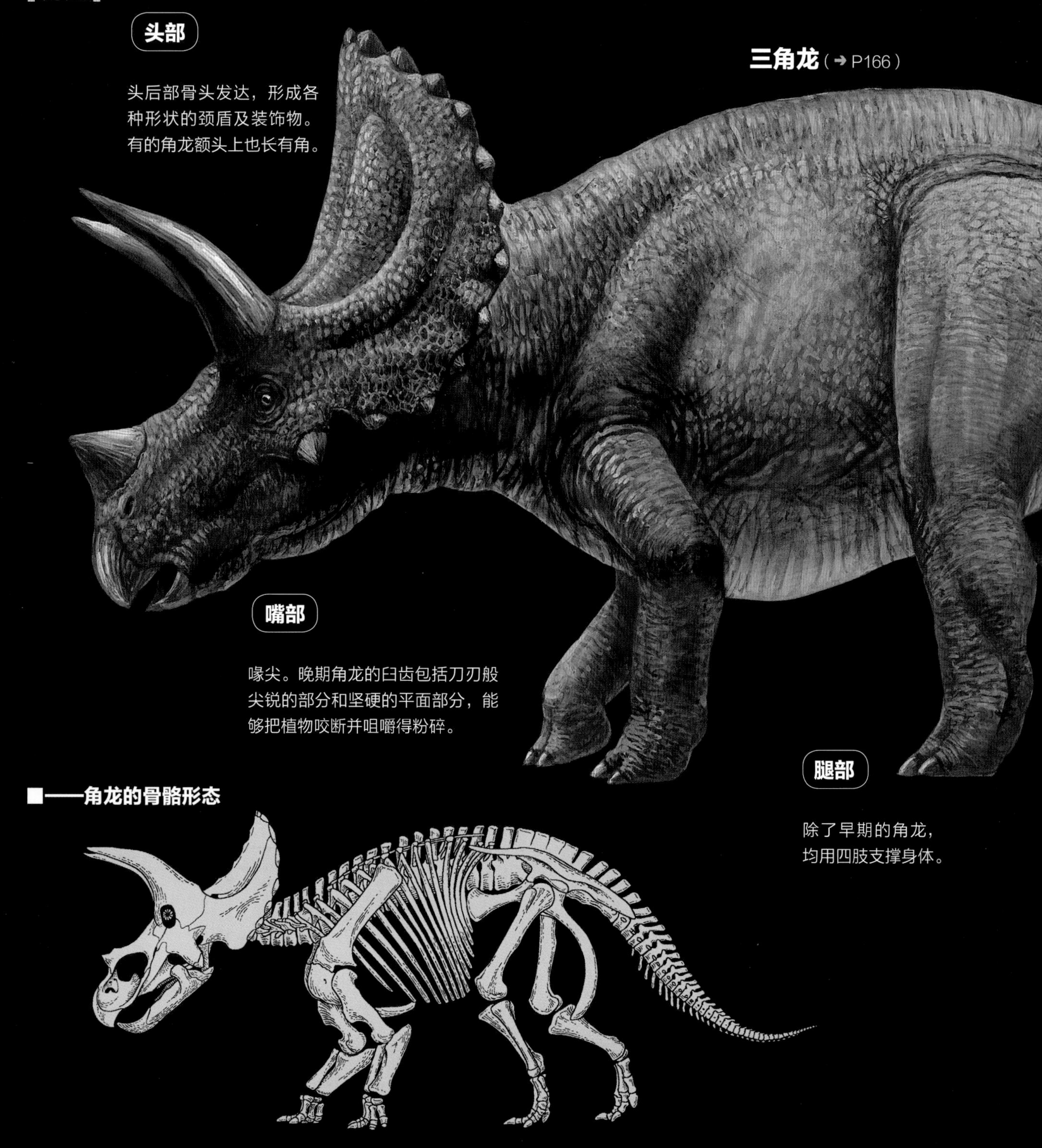

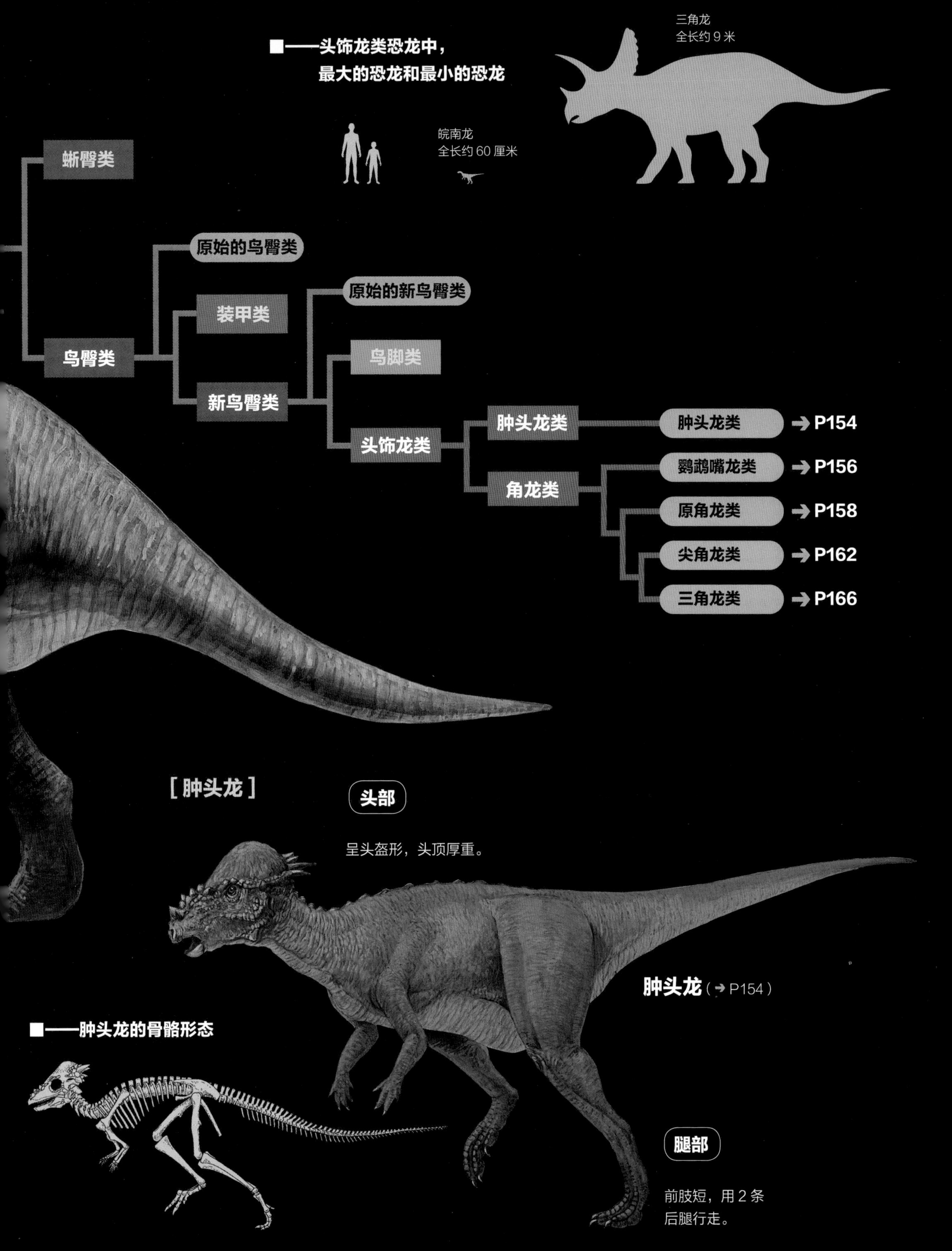
■——头饰龙类恐龙中，
最大的恐龙和最小的恐龙
三角龙
全长约 9 米
皖南龙
全长约 60 厘米
蜥臀类
原始的鸟臀类
原始的新鸟臀类
装甲类
鸟臀类
鸟脚类
新鸟臀类
肿头龙类
肿头龙类
→ P154
头饰龙类
鹦鹉嘴龙类
→ P156
角龙类
原角龙类
→ P158
尖角龙类
→ P162
三角龙类
→ P166
[肿头龙]
头部
呈头盔形，头顶厚重。
肿头龙（→ P154）
■——肿头龙的骨骼形态
腿部
前肢短，用 2 条
后腿行走。

肿头龙类

头饰龙类的头部长着装饰性的骨头。其中，肿头龙类的头顶骨头隆起，显得非常肿厚，头部周围排列着瘤状和棘刺形骨头，但仍然有些肿头龙类头顶平坦。这类恐龙大多生活在白垩纪后期的北美洲，有的也生活在中国和蒙古。

肿头龙

"头部肿厚的恐龙"

肿头龙是肿头龙类中体形最大的恐龙。肿头龙的显著特征是头骨顶部高高隆起。在已发现的头骨中，仅有 1 块几乎完整的头骨和数块头顶隆起部位的骨头。肿头龙的口腔内排列着锯齿状小而尖的牙齿，由此推断其将树叶咬碎后食用。

●肿头龙科 ●约 4.5 米 ●植食性或杂食性 ●白垩纪晚期 ●美国

肿头龙的头骨

肿头龙的战斗方式

学界曾认为，雄性肿头龙为了夺得地盘或异性，用自己坚硬的头撞击对方的头。然而，随着研究的推进发现，肿头龙的颈部较细，并非十分有力。目前学界通常认为，肿头龙在战斗时，会用头部顶撞敌人的侧腹等部位。

皖南龙

"在中国安徽省南部发现的恐龙"

皖南龙是原始的肿头龙类恐龙。目前只发现 1 具皖南龙的骨骼，而且十分不完整。与其他同类恐龙相比，该骨骼非常小型，但其确实属于成年的皖南龙。

●肿头龙科 ●约 60 厘米 ●植食性 ●白垩纪晚期 ●中国

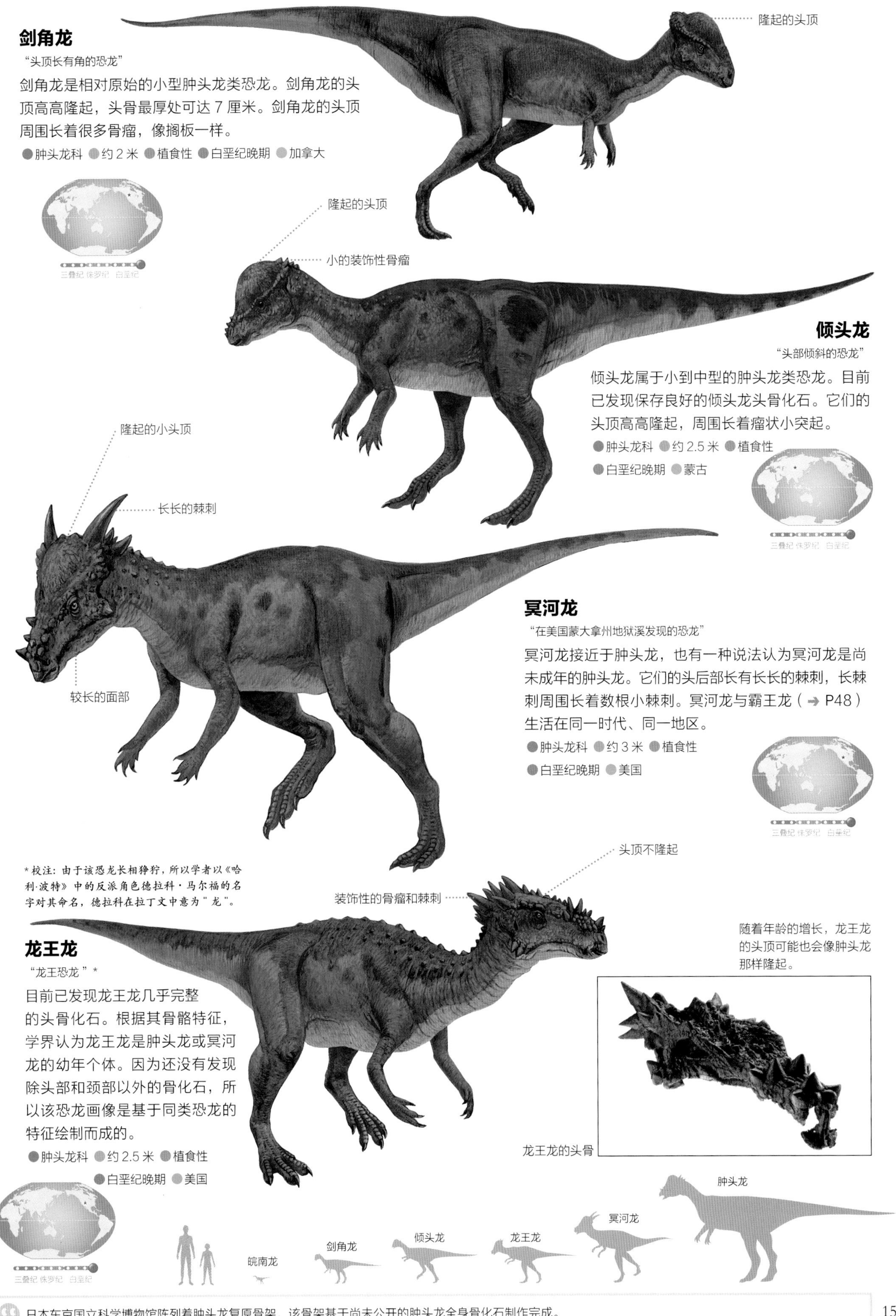

剑角龙

“头顶长有角的恐龙”

剑角龙是相对原始的小型肿头龙类恐龙。剑角龙的头顶高高隆起，头骨最厚处可达 7 厘米。剑角龙的头顶周围长着很多骨瘤，像搁板一样。

●肿头龙科 ●约 2 米 ●植食性 ●白垩纪晚期 ●加拿大

倾头龙

“头部倾斜的恐龙”

倾头龙属于小到中型的肿头龙类恐龙。目前已发现保存良好的倾头龙头骨化石。它们的头顶高高隆起，周围长着瘤状小突起。

●肿头龙科 ●约 2.5 米 ●植食性 ●白垩纪晚期 ●蒙古

冥河龙

“在美国蒙大拿州地狱溪发现的恐龙”

冥河龙接近于肿头龙，也有一种说法认为冥河龙是尚未成年的肿头龙。它们的头后部长有长长的棘刺，长棘刺周围长着数根小棘刺。冥河龙与霸王龙（➔ P48）生活在同一时代、同一地区。

●肿头龙科 ●约 3 米 ●植食性 ●白垩纪晚期 ●美国

*校注：由于该恐龙长相狰狞，所以学者以《哈利·波特》中的反派角色德拉科·马尔福的名字对其命名，德拉科在拉丁文中意为“龙”。

龙王龙

“龙王恐龙”*

目前已发现龙王龙几乎完整的头骨化石。根据其骨骼特征，学界认为龙王龙是肿头龙或冥河龙的幼年个体。因为还没有发现除头部和颈部以外的骨化石，所以该恐龙画像是基于同类恐龙的特征绘制而成的。

●肿头龙科 ●约 2.5 米 ●植食性 ●白垩纪晚期 ●美国

随着年龄的增长，龙王龙的头顶可能也会像肿头龙那样隆起。

龙王龙的头骨

日本东京国立科学博物馆陈列着肿头龙复原骨架，该骨架基于尚未公开的肿头龙全身骨化石制作完成。

鹦鹉嘴龙类

鹦鹉嘴龙类是最原始的角龙类恐龙，它们还没有演化出明显的角龙类的角和颈盾。然而，这类恐龙的上颌顶部有尖锐的喙骨，脸颊骨横向突出，这些都是角龙类独有的特征。

鹦鹉嘴龙

“嘴巴酷似鹦鹉的恐龙”

正如鹦鹉嘴龙的名字一样，类似鹦鹉的喙是其显著特征。鹦鹉嘴龙用双足行走。鹦鹉嘴龙是研究得最为详尽的恐龙之一，目前已发现众多其自幼年至成年的化石。

●鹦鹉嘴龙科 ●约 1.8 米 ●植食性

●白垩纪早期 ●中国、蒙古

喙

喙

鹦鹉嘴龙和鹦鹉（右）的头骨

鹦鹉嘴龙的后代养育

2003 年，鹦鹉嘴龙的巢穴化石被发现。在该巢穴中发现了 1 具年轻的成年龙化石和 34 具幼年龙化石，表明鹦鹉嘴龙是会养育后代的。然而，对于一只鹦鹉嘴龙而言，生育 34 只幼崽的数目过多，专家推测其也在养育其他同伴的幼崽。

朝阳龙

"在中国辽宁省朝阳市发现的恐龙"

在隐龙被发现之前，朝阳龙被认为是最古老的角龙类恐龙。朝阳龙的化石发现于 20 世纪 80 年代初期，但直到 1999 年才被正式命名。

●朝阳龙科 ●约 60 厘米
●植食性 ●侏罗纪晚期
●中国

三叠纪 侏罗纪 白垩纪

长有羽毛？！

2001 年，尾巴上排列着类似棘刺物的鹦鹉嘴龙化石被发现，由此推测该恐龙长有羽毛。这是首次在鸟臀类恐龙身上发现疑似羽毛的衍生物。随后，在天宇龙（➔ P115）身上也发现了羽毛痕迹，目前相关研究正在进行中。

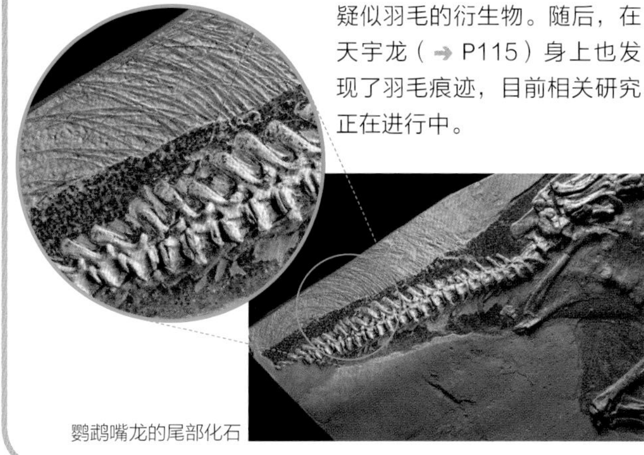
鹦鹉嘴龙的尾部化石

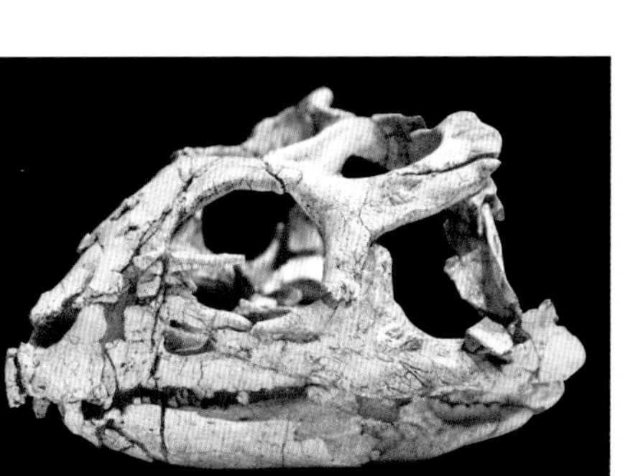
隐龙的头骨

隐龙

"隐藏的龙"*

隐龙是迄今发现的最原始、最古老的角龙类恐龙。目前已发现隐龙几乎完整的全身骨化石。根据该发现推测，角龙类恐龙出现的年代可追溯至侏罗纪晚期初叶。

●朝阳龙科 ●约 1.2 米 ●植食性 ●侏罗纪晚期 ●中国

三叠纪 侏罗纪 白垩纪

* 因发现于电影《卧虎藏龙》的拍摄地附近而得名。

红山龙（成年）的头骨

红山龙

"在中国红山文化的遗址附近发现的恐龙"

目前已发现红山龙幼龙的全身骨化石和成年龙的头骨化石。成年红山龙的头骨类似于鹦鹉嘴龙，不同之处在于红山龙的头骨高度更低、眼穴呈圆形。由于化石在形成期会发生变形，所以也有一种学说认为，红山龙和鹦鹉嘴龙应该属于同一种恐龙。

●鹦鹉嘴龙科 ●约 1.2 米 ●植食性
●白垩纪早期 ●中国

角龙类恐龙的喙骨上覆盖着与人类指甲成分（角质）类似的物质。

原角龙类 ①

在没有颈盾和角的原始角龙类中，这类恐龙是最先演化出小型颈盾的恐龙。该类恐龙在白垩纪早期出现时还没有角。进入白垩纪晚期，出现了鼻子上有小角、体形较大、四足行走的原角龙类恐龙。

原角龙

“最原始的角龙”

在白垩纪晚期的亚洲恐龙中，原角龙是被发现的化石数量最多的恐龙。目前已发现原角龙的蛋、刚出生的幼崽、幼年、成年等不同成长阶段的化石。原角龙的显著特征在于，其上颌的喙部与后侧牙齿之间长着小小的牙齿（➔ P161）。

●原角龙科 ●约 2 米 ●植食性 ●白垩纪晚期 ●中国、蒙古

原角龙的骨架

古角龙

“原始的角龙”

古角龙是在中国与日本共同进行的发掘中被发现的恐龙。古角龙是最原始的长有颈盾的角龙类恐龙，其没有角，体形偏小。

●未定 ●约 1.5 米 ●植食性 ●白垩纪早期 ●中国

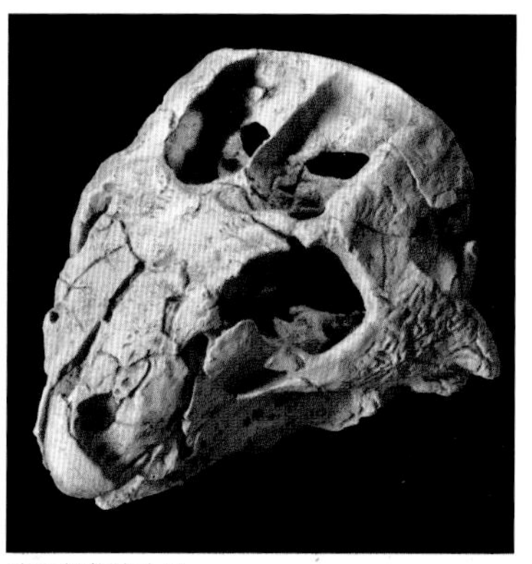

黎明角龙的头骨

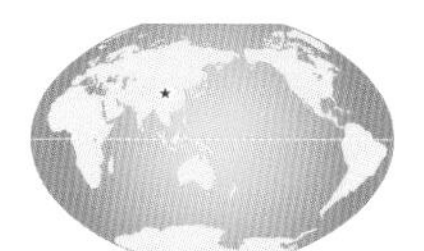

黎明角龙

"黎明的角龙，它出现的年代非常早，被比喻为该恐龙时代的黎明"

黎明角龙与古角龙一样属于原始角龙类，其显著特征是吻部宽而短。黎明角龙的脸颊突出部分覆盖着与人类指甲成分（角质）相同的物质。

●未定 ●约 1.5 米？ ●植食性 ●白垩纪早期 ●中国

圆润的吻部

辽宁角龙

"在中国辽宁省发现的角龙"

辽宁角龙是演化阶段和生存年代都紧随古角龙的原始角龙类恐龙。目前已发现成年和幼年辽宁角龙的头骨化石，但还未发现其躯体部分的化石。

●未定 ●约 1 米 ●植食性 ●白垩纪早期 ●中国

推测其尾巴可以像鱼鳍那样摆动

韩国角龙

"在韩国发现的角龙"

目前已发现韩国角龙身体后半部分的骨化石。韩国角龙发现于一个水坝工程的修建之中，但化石被送至古生物学家处时，该大坝已经竣工，因此后续未能发现其他的相关化石。韩国角龙的尾部脊椎向上生长。

●未定 ●约 1.3 米 ●植食性 ●白垩纪早期 ●韩国

三叠纪 侏罗纪 白垩纪

阎王角龙

"以佛教中的死神阎罗王命名"

通常认为阎王角龙的演化阶段处于古角龙与辽宁角龙之间，但发现该恐龙化石的地层却属于这些恐龙之后的时代，在同一地层还发现了阎王角龙的胚胎化石。

●未定 ●约 1.5 米 ●植食性 ●白垩纪晚期 ●蒙古

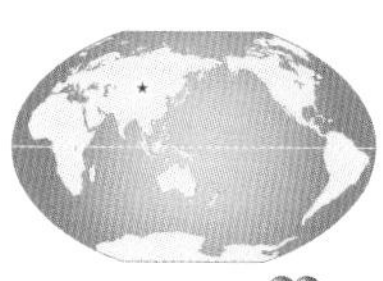

古角龙

因发现了大量原角龙的骨化石，专家们甚至已经研究出该恐龙雄性与雌性之间的差异，这在恐龙中是非常罕见的。

原角龙类②

斗吻角龙

"嘴巴像漏斗的角龙"

在该类恐龙中，斗吻角龙拥有两类特征——曾被认为亚洲恐龙独有的特征和北美恐龙独有的特征。

●纤角龙科 ●约 1.8 米 ●植食性
●白垩纪晚期 ●美国

纤角龙

"纤细的角龙"

纤角龙是该类恐龙中最早被正式命名的恐龙。纤角龙上颌的喙部和后侧牙齿之间没有牙齿，其与三角龙（→ P166）生活在同一时代、同一地区。

●纤角龙科 ●约 1.8 米
●植食性 ●白垩纪晚期
●加拿大、美国

安德萨角龙

"在蒙古安德萨地区发现的角龙"

安德萨角龙是该类恐龙中最大型的恐龙，仅头骨便长达 70 厘米。它们在分类上与纤角龙接近，特征是下颌的骨头圆润。

●纤角龙科 ●约 4.5 米 ●植食性
●白垩纪晚期 ●蒙古

蒙大拿角龙

"在美国蒙大拿州发现的角龙"

蒙大拿角龙是该类恐龙中生活在最后期（白垩纪末期）的大型恐龙之一。过去在复原该恐龙时，研究者们以为它们的鼻子上方有个小角，但后来发现这是错误的。

●纤角龙科 ●约 3 米 ●植食性 ●白垩纪晚期 ●美国

 ●科名 ●全长 ●食性 ●生存时代 ●化石被发现的地区

弱角龙

“脸上有小角的恐龙”

弱角龙生活在白垩纪末期，但却属于相当原始的角龙类。目前已发现弱角龙包括胚胎在内的大量化石。

●弱角龙科 ●约 90 厘米 ●植食性 ●白垩纪晚期 ●蒙古

原角龙类的颌部结构

原角龙类拥有能够咬断植物的喙，以及将植物嚼碎的后侧牙齿。有的原角龙类恐龙上颌的喙部与后侧牙齿之间长有牙齿，有的则没有。

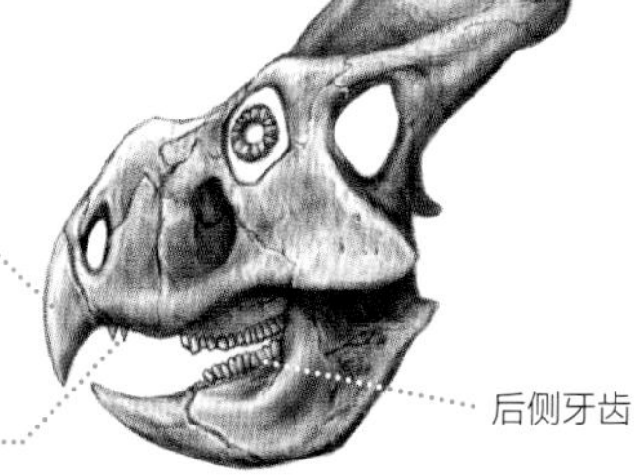

奥伊考角龙的头骨

奥伊考角龙

“在匈牙利奥伊考地区发现的角龙”

学界曾一直以为角龙类仅生活在亚洲和北美地区，但奥伊考角龙的发现表明欧洲也出现过角龙类恐龙。奥伊考角龙与弱角龙的分类接近。

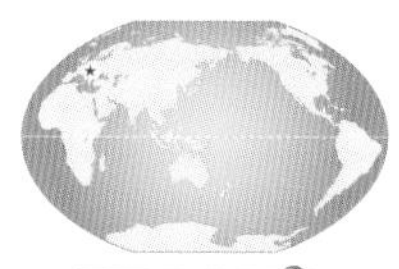

●弱角龙科 ●约 1 米 ●植食性 ●白垩纪晚期 ●匈牙利

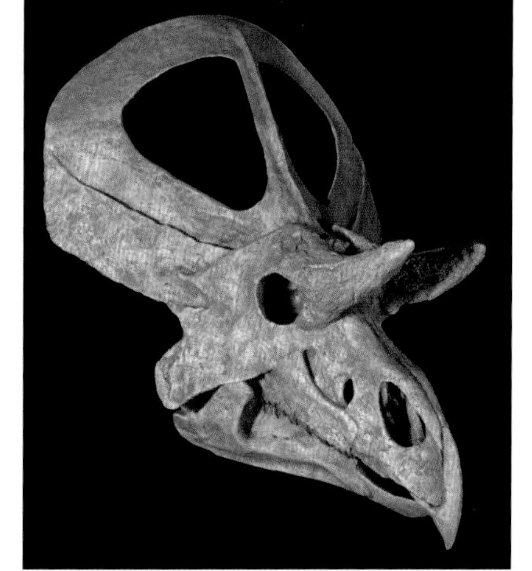
祖尼角龙的头骨

祖尼角龙

“在美国的祖尼人部落发现的角龙”

祖尼角龙比真正大型的角龙类恐龙（角龙科➔ P162）差一个演化阶段，其比角龙科恐龙早 1000 万年以上出现，但研究者们还未发现这两类恐龙之间的过渡化石。祖尼角龙的颈盾骨上长着一对大大的孔。

●未定 ●约 3.5 米 ●植食性 ●白垩纪晚期 ●美国

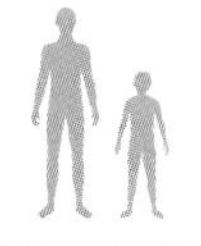

弱角龙

奥伊考角龙

斗吻角龙

纤角龙

蒙大拿角龙

祖尼角龙

安德萨角龙

尖角龙类 ①

拥有大大的角和颈盾的大型角龙类被称为“角龙科”，尖角龙类便是角龙科的两个类别之一。这类恐龙颈盾正中央的边缘处至少长有一对钉刺。晚期的尖角龙类鼻子上的角逐渐变大，眼睛上方的角逐渐变小。

尖角龙

“长有尖刺的恐龙”

尖角龙鼻子上方的角比较大，向前方或后侧微微弯曲，颈盾正中央的边缘处，一对钉刺向前突起，还有一对向上突起。目前已发现其同一时间集群死亡的大量化石。

●角龙科 ●约 6 米 ●植食性
●白垩纪晚期 ●加拿大

尖角龙的头骨

恶魔角龙

“脸上长有类似恶魔的角的恐龙”

在尖角龙类中，恶魔角龙是最原始的恐龙。目前已发现恶魔角龙的头骨和下颌化石。它们的颈盾较窄，顶端长着长角般的钉刺。

●角龙科 ●约 5.5 米 ●植食性
●白垩纪晚期 ●美国

恶魔角龙的头骨

艾伯塔角龙

“在加拿大艾伯塔省发现的角龙”

目前已发现艾伯塔角龙几乎完整的头骨化石。艾伯塔角龙的眼睛上方长有长角，这在该类恐龙中是十分罕见的。但是，它们鼻子上的骨头是突起而不是角，表明其是这类恐龙中相当原始的一种。

●角龙科 ●约 6 米 ●植食性

●白垩纪晚期 ●加拿大、美国

三叠纪 侏罗纪 白垩纪

大鼻角龙

“有巨大鼻角的恐龙”

大鼻角龙是 2013 年被命名的新种角龙。大鼻角龙的鼻部较大，其眼睛上方的角宛如牛角般向前弯曲，一直伸到鼻尖上方。

●角龙科 ●约 4.5 米 ●植食性

●白垩纪晚期 ●美国

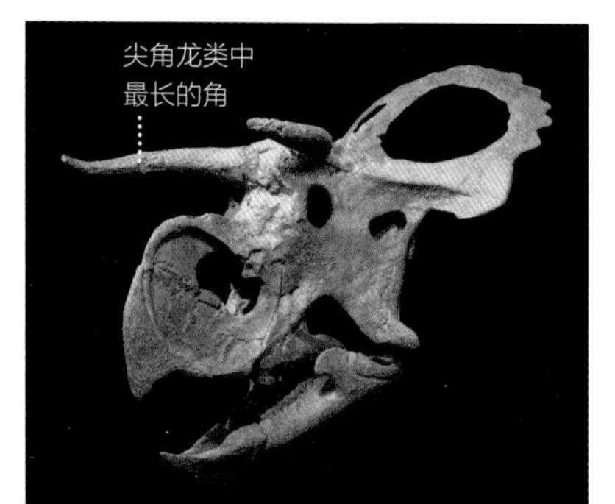

大鼻角龙的头骨

长有 2 ~ 3 对
长长的尖刺

眼睛上方可能长有小角

戟龙

“长有尖刺的恐龙”

戟龙是中型角龙，其鼻子上方长有几乎笔直突起的长角，颈盾边缘处长有 2 ~ 3 对长长的尖刺。

●角龙科 ●约 5.5 米

●植食性

●白垩纪晚期

●加拿大

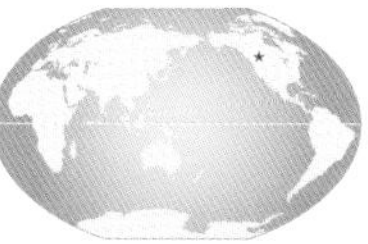

戟龙的头骨

爱氏角龙

“爱氏指发现该恐龙化石的美国化石收藏家的妻子”

爱氏角龙是这类恐龙中的小型恐龙。爱氏角龙有 3 个角，但都很短。与三角龙（➔ P166）一样，它们的颈盾骨上也没有孔。

●角龙科 ●约 2.5 ~ 4 米 ●植食性

●白垩纪晚期 ●美国

角龙科恐龙的后侧牙齿齿系（➔ P142）十分发达，可以轻松地嚼碎植物。

尖角龙类②

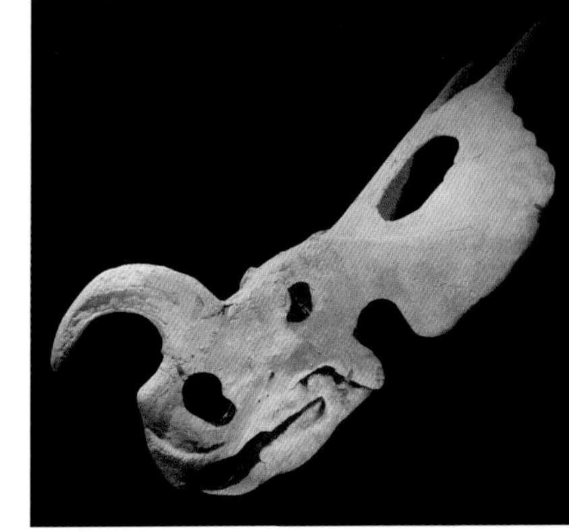
野牛龙的头骨

野牛龙

"长得像野牛的恐龙"

野牛龙鼻子上方的角粗而大，多向前弯曲，其颈盾正中央的顶端长有 1 对尖刺。野牛龙的化石是成堆发现的，表明它们过着群居生活。

●角龙科 ●约 6 米 ●植食性 ●白垩纪晚期 ●美国

厚鼻龙

"厚鼻子的恐龙"

厚鼻龙的鼻子上长有大肿包一样的隆起物，眼睛上方也有一对小型隆起物。2008 年发现的厚鼻龙化石表明，其颈盾正中央长有小突起。2012 年新发现的厚鼻龙化石表明，其鼻子上方和眼睛上方的隆起物几乎是紧贴在一起的。

●角龙科 ●约 8 米 ●植食性 ●白垩纪晚期 ●加拿大、美国

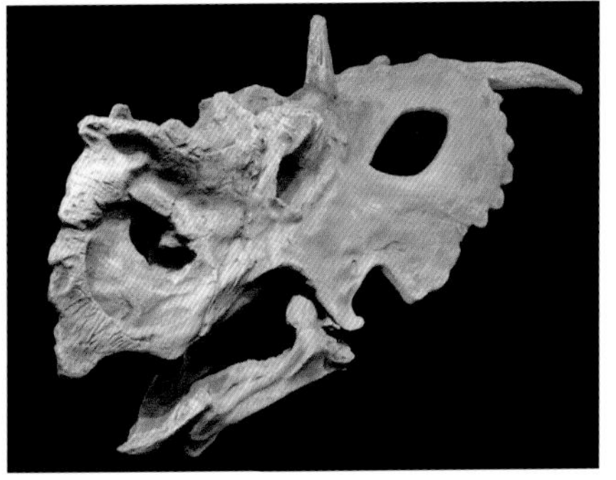
厚鼻龙的头骨

中国角龙

"在中国发现的角龙"

中国角龙是在亚洲最早发现的角龙科成员之一，目前只发现其部分颈盾和头骨。据推测，最为特化的角龙是由从亚洲迁徙到北美洲的角龙祖先演化而来的，而中国角龙是在那之后重返亚洲的。

●角龙科 ●约 6 米 ●植食性 ●白垩纪晚期 ●中国

角龙类跨越了大陆？

在亚洲大陆发现了自侏罗纪晚期至白垩纪晚期的各个演化阶段的角龙类恐龙的化石。然而，在北美大陆仅发现了白垩纪晚期的角龙类恐龙，这到底是怎么回事呢？

■——在亚洲大陆和美洲大陆发现的角龙类

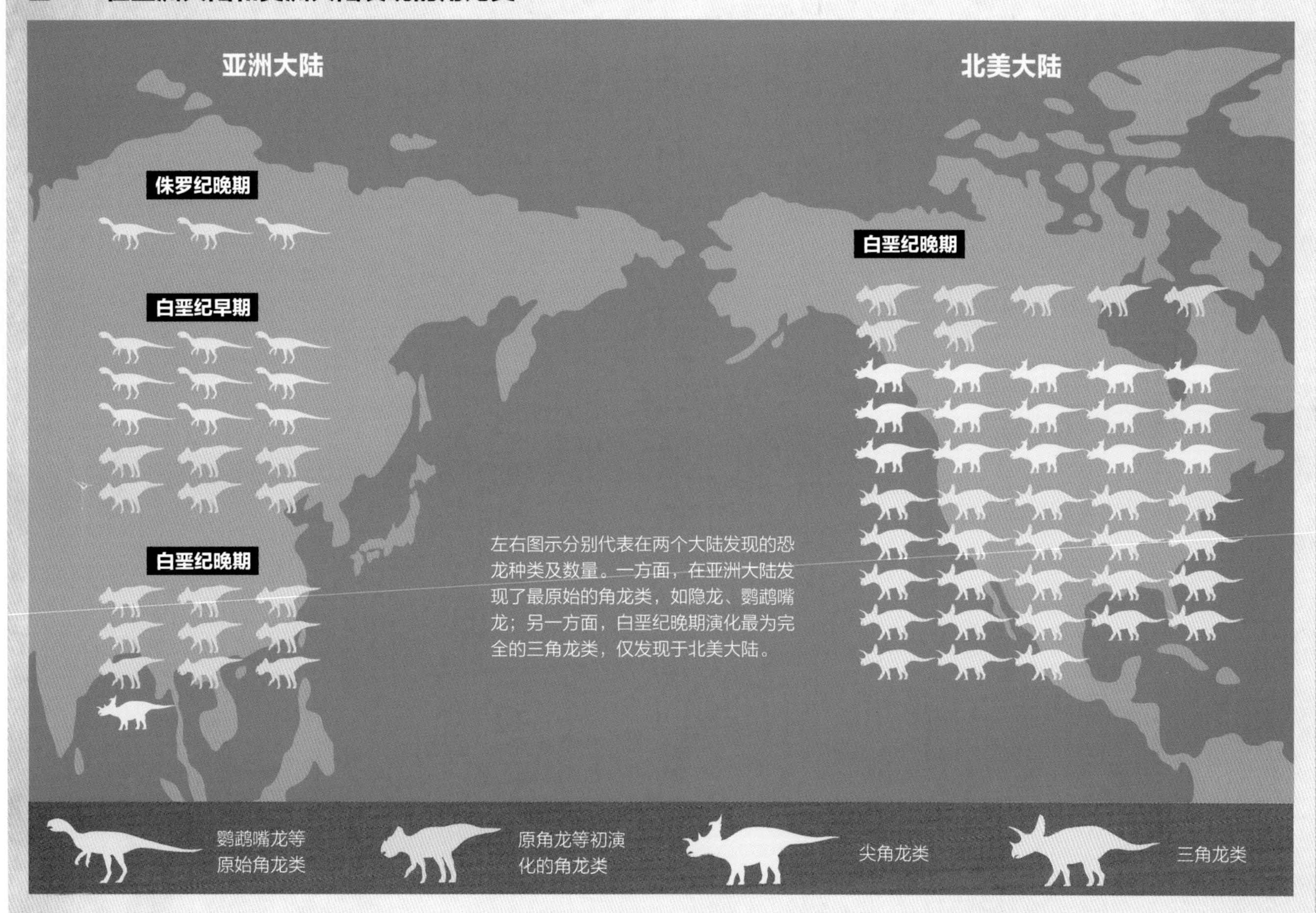

■——角龙跨越大陆，达到鼎盛！

上图的化石分布表明，角龙诞生于亚洲大陆。在白垩纪晚期，被海洋隔开的亚洲大陆和北美大陆逐渐移动、靠近，由狭窄而细长的陆地（白令陆桥）连接起来。此时，部分角龙开始向北美大陆迁徙。跨越大陆后，为了适应新的生存环境，角龙进一步演化，发展出众多种类，体形也逐渐变大。尤其是白垩纪末期出现的三角龙，它们体形巨大，在北美大陆广阔的土地上鼎盛一时。

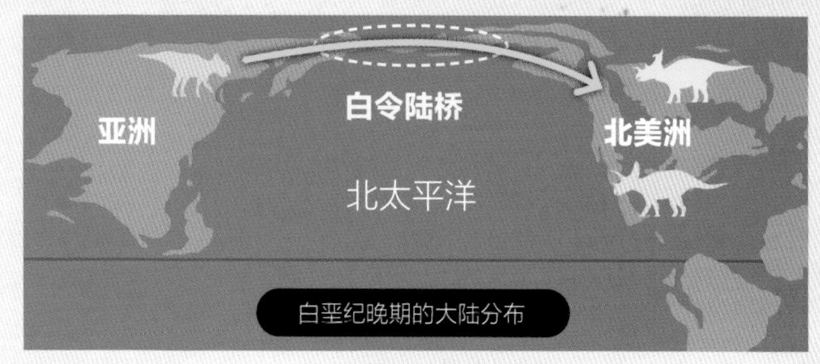

■——逐渐大型化的角龙

根据化石记录，霸王龙和鸭嘴龙也诞生于亚洲大陆，迁徙至美洲大陆后达到鼎盛。

三角龙类 ①

这类恐龙是大型角龙类“角龙科”的两个类别中的另一类。它们的特征在于，眼睛上方有 2 根大角，颈盾长，但边缘处没有大大的尖刺。仅在北美洲白垩纪晚期的地层中发现了该类恐龙的化石。

三角龙

“脸上有三只角的恐龙”

三角龙是最早被正式命名的角龙类恐龙。它们与霸王龙（➔ P48）一样，是最有名的恐龙之一，一直生存至白垩纪末期。在三角龙类恐龙中，三角龙颈盾偏短，颈盾骨中没有孔。

●角龙科 ●约 9 米 ●植食性
●白垩纪晚期 ●美国、加拿大

三角龙的骨架

LET'S TRY! 了解一下学术用语吧!

在某个地区偶然发现大量的动物骨头和牙齿等，这样的地层被称为什么?

❶ 骨区（Bone Zone）
❷ 骨层（Bone Bed）
❸ 骨垫（Bone Mat）

※ 答案参见第 191 页。

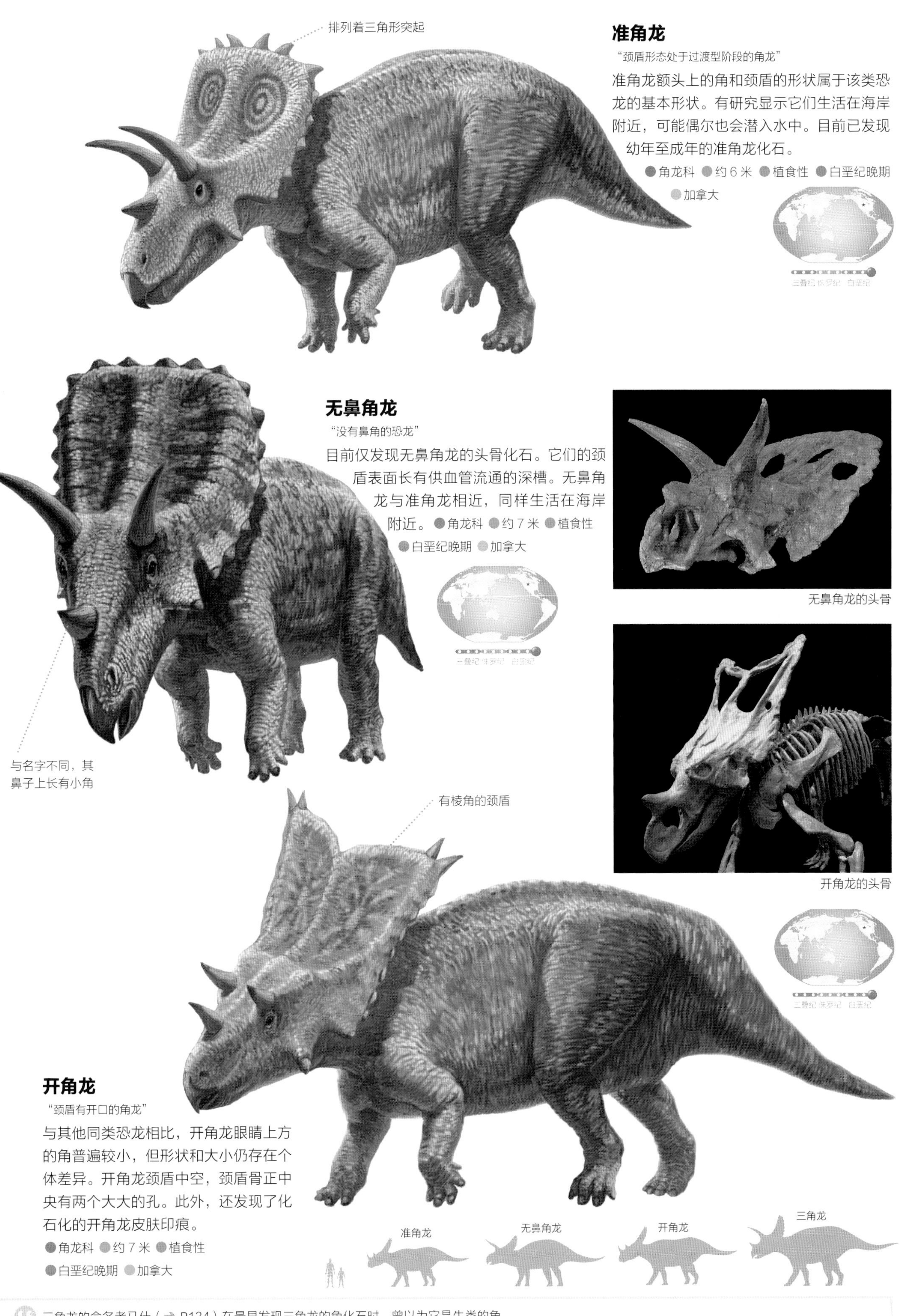

准角龙

“颈盾形态处于过渡型阶段的角龙”

准角龙额头上的角和颈盾的形状属于该类恐龙的基本形状。有研究显示它们生活在海岸附近，可能偶尔也会潜入水中。目前已发现幼年至成年的准角龙化石。

●角龙科 ●约 6 米 ●植食性 ●白垩纪晚期 ●加拿大

无鼻角龙

“没有鼻角的恐龙”

目前仅发现无鼻角龙的头骨化石。它们的颈盾表面长有供血管流通的深槽。无鼻角龙与准角龙相近，同样生活在海岸附近。●角龙科 ●约 7 米 ●植食性 ●白垩纪晚期 ●加拿大

无鼻角龙的头骨

开角龙的头骨

开角龙

“颈盾有开口的角龙”

与其他同类恐龙相比，开角龙眼睛上方的角普遍较小，但形状和大小仍存在个体差异。开角龙颈盾中空，颈盾骨正中央有两个大大的孔。此外，还发现了化石化的开角龙皮肤印痕。

●角龙科 ●约 7 米 ●植食性 ●白垩纪晚期 ●加拿大

三角龙的命名者马什（➔ P134）在最早发现三角龙的角化石时，曾以为它是牛类的角。

三角龙类 ②

科阿韦拉角龙

"在墨西哥科阿韦拉州发现的角龙"

目前已发现科阿韦拉角龙包括头骨在内的部分化石。科阿韦拉角龙的特征在于，眼睛上方的角长达 1.2 米，比任何角龙的角都要长和大。它们处于开角龙（➔ P167）和三角龙（➔ P166）中间的演化阶段。

●角龙科 ●约 8 米 ●植食性
●白垩纪晚期 ●墨西哥

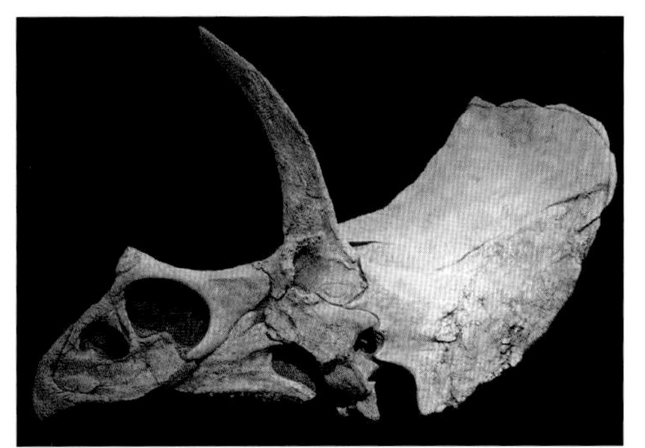

始三角龙的头骨（自喙部至颈盾边缘长达 3 米）

始三角龙

"原始的三角龙"

目前仅发现 1 具始三角龙的骨骸化石。始三角龙头骨和颈盾骨的特征与三角龙非常相似，但两者在上颌骨的结构上存在差异。

●角龙科 ●约 9 米 ●植食性
●白垩纪晚期 ●加拿大

华丽角龙

"脸上有漂亮装饰角的恐龙"

华丽角龙是近年在美国犹他州发现的小型角龙类。华丽角龙眼睛上方的角与牛角的形状类似，并分别向左右方向突出，其颈盾的边缘处长有多只小角，上面还排列着大钉刺。

●角龙科 ●约 5 米 ●植食性
●白垩纪晚期 ●美国

华丽角龙的头骨

牛角龙是三角龙？

牛角龙

“颈盾有孔的恐龙”

在已知的陆生动物中，牛角龙是头部最大的物种之一，其头骨长约 3 米。由于牛角龙的化石与三角龙发现于同一地区，同时尚未发现其幼年龙的化石，而三角龙的颈盾随着年龄的增长会逐渐变薄，有些研究者便认为牛角龙是成年后的三角龙。但因为二者的颈盾边缘存在差异，也有些研究者认为它们属于不同种类的恐龙。对此，目前尚无定论。

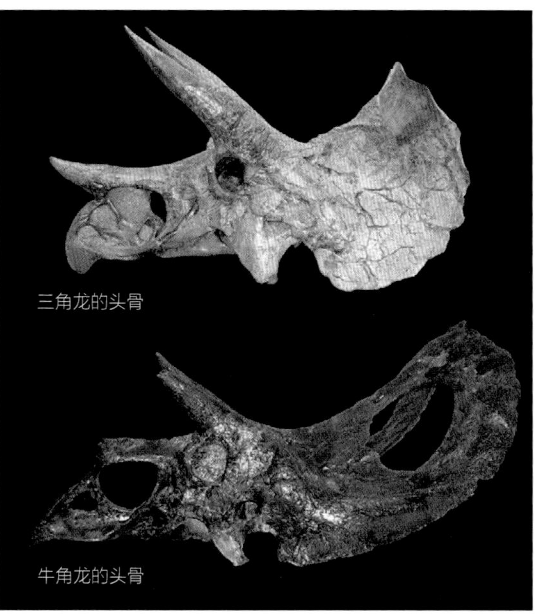

通常认为，颈盾一旦变大，骨头便会变薄，进而出现孔。

五角龙

“脸上有五只角的恐龙”

五角龙脸颊上的角十分发达，与脸部的另外三只角合计共五只角，由此得名。它们的颈盾比三角龙长得多，而且边缘处长有棱角。五角龙与副栉龙（➔ P148）等恐龙共同生活。

●角龙科 ●约 8 米 ●植食性 ●白垩纪晚期 ●美国

三叠纪 侏罗纪 白垩纪

眼睛上方长着大而弯的角

比较平坦的锁盾

眼睛上方的角较小，朝向左右两侧

三叠纪 侏罗纪 白垩纪

犹他角龙

“在美国犹他州发现的角龙”

犹他角龙于 2010 年被正式命名。该恐龙化石的发现表明，在北美地区，北部和南部的角龙科恐龙存在差异。

●角龙科 ●约 7 米 ●植食性 ●白垩纪晚期 ●美国

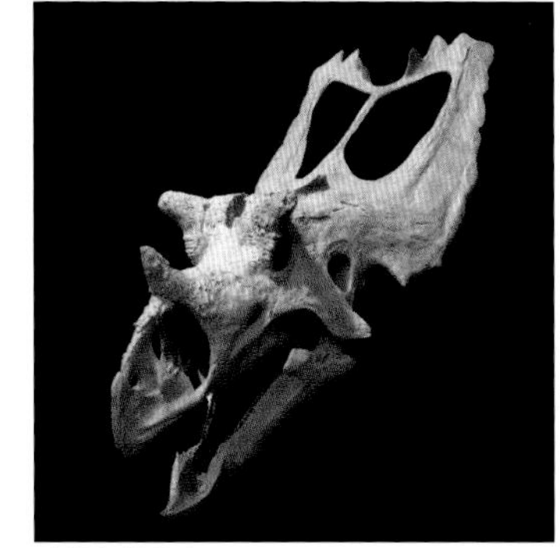
犹他角龙的头骨

华丽角龙　犹他角龙　科阿韦拉角龙　五角龙　始三角龙

关于角龙类恐龙颈盾的作用，存在自我防御、吸引异性、调节体温等多种学说。

不断变化的恐龙姿态

恐龙生存时的姿态是基于当时的最新研究进行描述或绘制的。随着新发现的出现和研究的不断推进，人们对恐龙的认识逐渐清晰和全面，恐龙的复原图也随之发生变化，甚至有的恐龙名称也不再被使用。

霸王龙姿态的变化

1905 年被正式命名的霸王龙，是迄今为止相关研究最为详细的恐龙之一。在这 100 多年的时间里，霸王龙的姿态发生了怎样的变化呢？

由霸王龙的命名者奥斯本制作的世界上第一个霸王龙复原骨架。当时，仅发现了霸王龙的下颌、耻骨及腕部、腿部的部分骨化石

1920 年左右的复原图

直到 1960 年左右，在有关霸王龙姿态的绘制图中，它都还是拖着尾巴，笔直站立的，前爪有 3 根手指。

世界上首次发现恐龙的时间

英国医生吉迪恩·曼特尔发现了未曾见过的牙齿化石，他认为这是以植物为食的大型爬行动物的牙齿，经过详细调查后发现，该化石与鬣蜥的牙齿相近。1825 年，曼特尔将其命名为禽龙（学名原意为“鬣蜥的牙齿”）（➔ P138）并进行了发表。1842 年，英国的理查德·欧文将禽龙、巨齿龙（➔ P36）、林龙（➔ P125）归为一个动物大类，并命名为“恐龙类”。

吉迪恩·曼特尔

理查德·欧文

19 世纪 60 年代绘制的禽龙（右）和巨齿龙

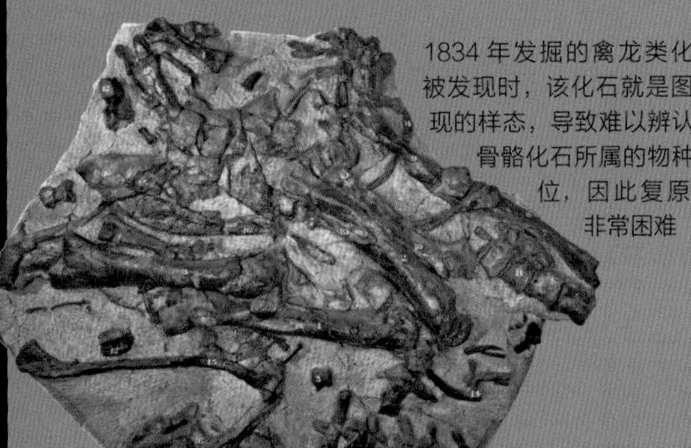

1834 年发掘的禽龙类化石。被发现时，该化石就是图中呈现的样态，导致难以辨认这些骨骼化石所属的物种与部位，因此复原工作非常困难

1854 年在欧文指导下制作的禽龙像，其鼻尖上被安了一个短角状的骨头（英国的水晶宫公园）

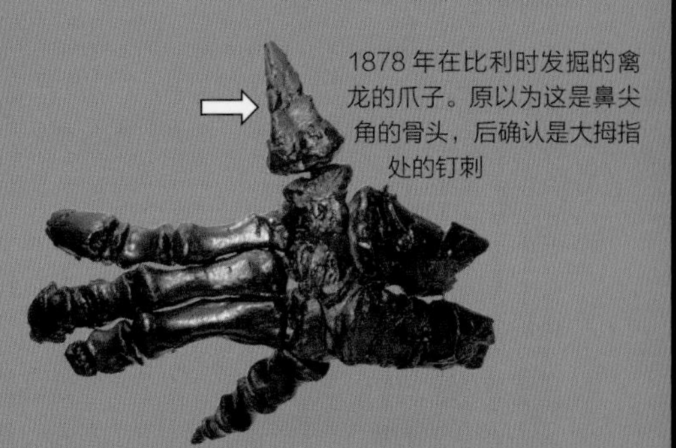

1878 年在比利时发掘的禽龙的爪子。原以为这是鼻尖角的骨头，后确认是大拇指处的钉刺

右上角为霸王龙。在这一时期的画像中，霸王龙的身体稍微向前倾斜，拖着尾巴，动作迟钝。三角龙腿部的站立方式也与今天所知的不同。

《学习图鉴系列 10 · 地球图鉴》1964 年 小学馆

《小学馆学习百科图鉴 50 · 恐龙图鉴》1990 年 小学馆

1970 年左右，相关研究表明霸王龙的尾巴长度比预想中的要短一些。1988 年，霸王龙完整的前肢骨化石被发现，在复原图中，其尾巴脱离地面，前爪有 2 根手指。

从 20 世纪 90 年代开始，恐龙研究突飞猛进。在复原霸王龙时，研究人员将其身体完全前倾，利用伸展的尾巴与大大的头部保持平衡，同时让它的眼睛朝向前方。

《小学馆图鉴 NEO · 恐龙》2002 年 小学馆

霸王龙现在的复原骨架

如今，暴龙类的恐龙长有羽毛等新发现不断涌现。今后，恐龙的姿态或许还会发生变化。（本书对于霸王龙的复原图，可参考第 48 ~ 49 页。）

■——雷龙存在过吗？

1879 年，雷龙被命名并发表，当时它被认为是史上最大的陆地动物。然而，1903 年，在对雷龙的化石进行详细研究后发现，其与 1877 年命名的迷惑龙（→ P95）是同一种恐龙。根据“保留最先发表的学名”这一准则，此后“雷龙”这一名称便不再被使用了。*

雷龙的复原图

当时，雷龙的骨架由迷惑龙的躯体和圆顶龙的头骨组成。在得知弄错后，博物馆在展示时需去掉头骨（1991 年）

■——腕龙生活在水中？

直到 20 世纪 50 年代，学界还一直认为腕龙（→ P100）生活在水中。“它的鼻孔位于头顶，可以探出水面呼吸”“它的身体非常重，难以在陆地生活”等说法都非常有力。然而，在得知“肺部受到水压的压迫后很难顺利呼吸”后，如今学界一致认为腕龙生活在陆地上。

1941 年绘制的腕龙

* 校注：根据 2015 年的研究，古生物学家发现雷龙骨骼和迷惑龙还是有多处不同，因此又复活了这个分类名称。

与恐龙同期生存的生物

在恐龙主宰陆地的中生代，空中的翼龙、海洋中的蛇颈龙和鱼龙也诞生了，并达到鼎盛。它们全都是从共同的祖先演化而来的爬行动物（双孔亚纲）。因此，中生代也被称为“爬行动物的时代”。而我们的祖先，也就是最古老的哺乳动物，也诞生于中生代。

白垩纪早期，在巴西的海洋附近，生活着大量翼龙。通常认为，翼龙各种形状的头冠起到辨别同伴、吸引异性等作用。

翼龙类 ①

迄今为止，在地球上出现过的脊椎动物中，向空中飞翔演化的物种有 3 类，其中，最早出现的便是翼龙。翼龙的翅膀由膜状物构成，并由极长的手指支撑着。自三叠纪晚期至白垩纪末期，翼龙几乎生活在世界各处。

无齿翼龙

“没有牙齿的翼龙”

无齿翼龙被发现的化石有 1000 多块，比其他任何翼龙都多。根据头冠、腰部骨骼和全身的大小，可以区分无齿翼龙的性别。北美洲的中央地带曾是一片海洋，无齿翼龙便生活在该海岸附近。

●翼手龙类 ●约 6 米 ●肉食性（鱼） ●白垩纪晚期 ●美国

沛温翼龙

“在意大利沛温地区发现的翼龙”

沛温翼龙是最原始的翼龙。它们的特征是，和体形相比，翅膀小，尾巴长。在肉食性鱼类的胃中，也发现了沛温翼龙的化石。

●喙嘴龙类 ●约 45 厘米 ●肉食性（鱼和昆虫）

●三叠纪晚期 ●意大利

双型齿翼龙

“有两种类型的牙齿的翼龙”

双型齿翼龙的化石最早由英国著名的化石采集家玛丽·安宁于 1828 年发掘。与体形相比，它们的翅膀偏小，头部偏大。●喙嘴龙类 ●约 1.5 米 ●肉食性（以小动物和昆虫为主）

●侏罗纪早期 ●英国

●科名 ●翼展 ●食性 ●生存时代 ●化石被发现的地区

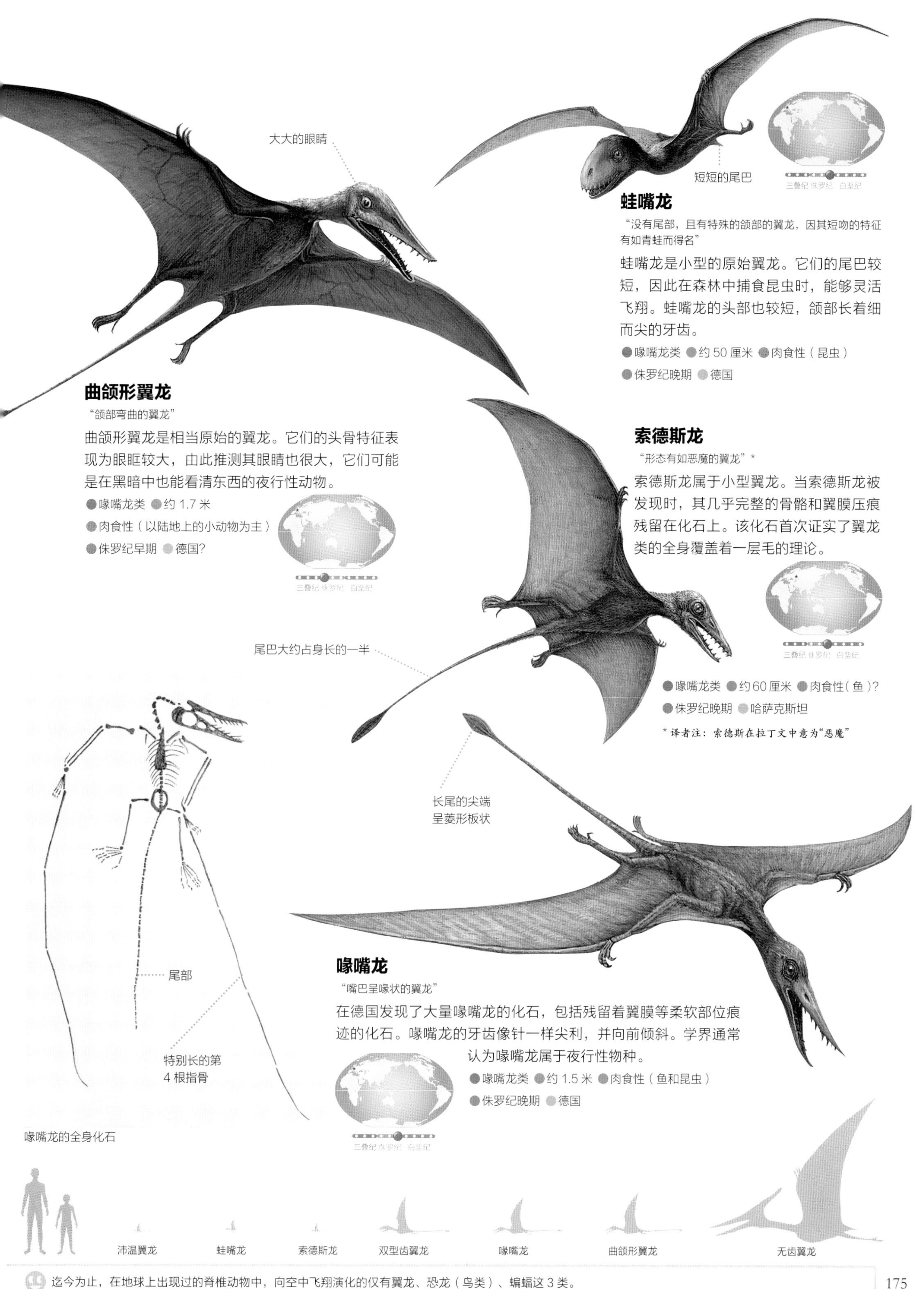

蛙嘴龙

“没有尾部，且有特殊的颌部的翼龙，因其短吻的特征有如青蛙而得名”

蛙嘴龙是小型的原始翼龙。它们的尾巴较短，因此在森林中捕食昆虫时，能够灵活飞翔。蛙嘴龙的头部也较短，颌部长着细而尖的牙齿。

● 喙嘴龙类 ● 约 50 厘米 ● 肉食性（昆虫）
● 侏罗纪晚期 ● 德国

曲颌形翼龙

“颌部弯曲的翼龙”

曲颌形翼龙是相当原始的翼龙。它们的头骨特征表现为眼眶较大，由此推测其眼睛也很大，它们可能是在黑暗中也能看清东西的夜行性动物。

● 喙嘴龙类 ● 约 1.7 米
● 肉食性（以陆地上的小动物为主）
● 侏罗纪早期 ● 德国?

索德斯龙

“形态有如恶魔的翼龙”*

索德斯龙属于小型翼龙。当索德斯龙被发现时，其几乎完整的骨骼和翼膜压痕残留在化石上。该化石首次证实了翼龙类的全身覆盖着一层毛的理论。

● 喙嘴龙类 ● 约 60 厘米 ● 肉食性（鱼）?
● 侏罗纪晚期 ● 哈萨克斯坦

* 译者注：索德斯在拉丁文中意为“恶魔”

喙嘴龙

“嘴巴呈喙状的翼龙”

在德国发现了大量喙嘴龙的化石，包括残留着翼膜等柔软部位痕迹的化石。喙嘴龙的牙齿像针一样尖利，并向前倾斜。学界通常认为喙嘴龙属于夜行性物种。

● 喙嘴龙类 ● 约 1.5 米 ● 肉食性（鱼和昆虫）
● 侏罗纪晚期 ● 德国

喙嘴龙的全身化石

迄今为止，在地球上出现过的脊椎动物中，向空中飞翔演化的仅有翼龙、恐龙（鸟类）、蝙蝠这 3 类。

翼龙类 ②

南翼龙

"在南半球发现的翼龙"

目前已发现南翼龙自胚胎至成年等成长阶段的化石。南翼龙的下颌骨上长着一颗挨着一颗的针形牙齿，这些牙齿能够过滤海水中的浮游生物。

●翼手龙类 ●1.3 ~ 1.7 米 ●肉食性（微生物）
●白垩纪早期 ●阿根廷、智利

达尔文翼龙

"为纪念演化论奠基者查尔斯·达尔文而命名"

翼龙在后期主要演化为两类，而达尔文翼龙兼具这两类的特征。目前已发现30 多具达尔文翼龙的化石，也已弄清其雌性和雄性之间的差异。

●翼手龙类 ●约 80 厘米
●肉食性（鱼）？
●侏罗纪晚期 ●中国

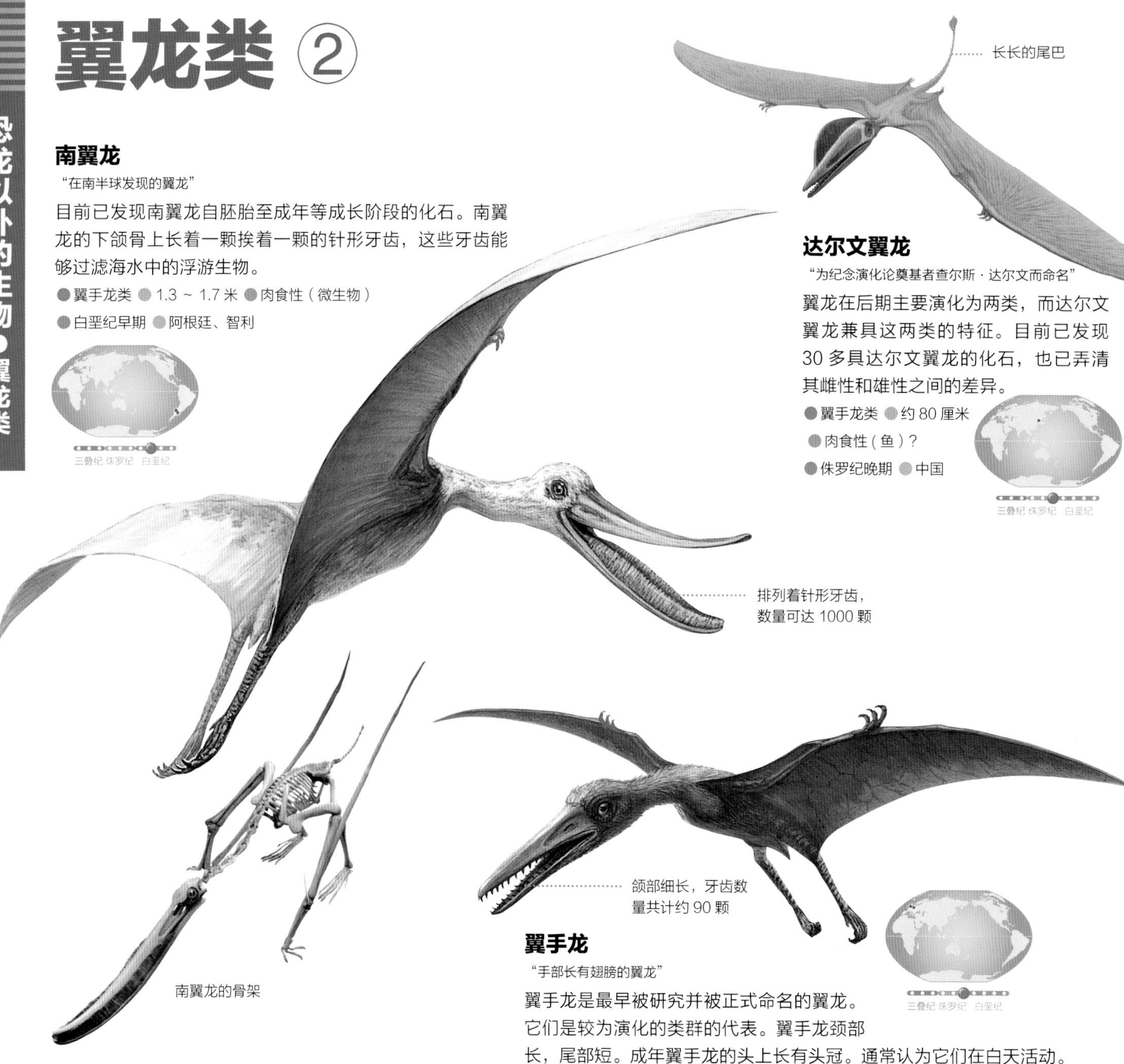

翼手龙

"手部长有翅膀的翼龙"

翼手龙是最早被研究并被正式命名的翼龙。它们是较为演化的类群的代表。翼手龙颈部长，尾部短。成年翼手龙的头上长有头冠。通常认为它们在白天活动。

●翼手龙类 ●约 1.5 米 ●肉食性（鱼）？ ●侏罗纪晚期 ●德国、英国、法国

头冠的作用

很多翼龙都有头冠，头冠的形状、大小各异。那么头冠到底有什么作用呢？研究者们发现，雄性无齿翼龙的头冠要比雌性大，此外，并没有发现雌性达尔文翼龙的头冠化石，由此推断雄性翼龙通过向雌性翼龙展示自己华丽的头冠而吸引其注意，雌性翼龙也许会选择头冠更加华丽的雄性翼龙。

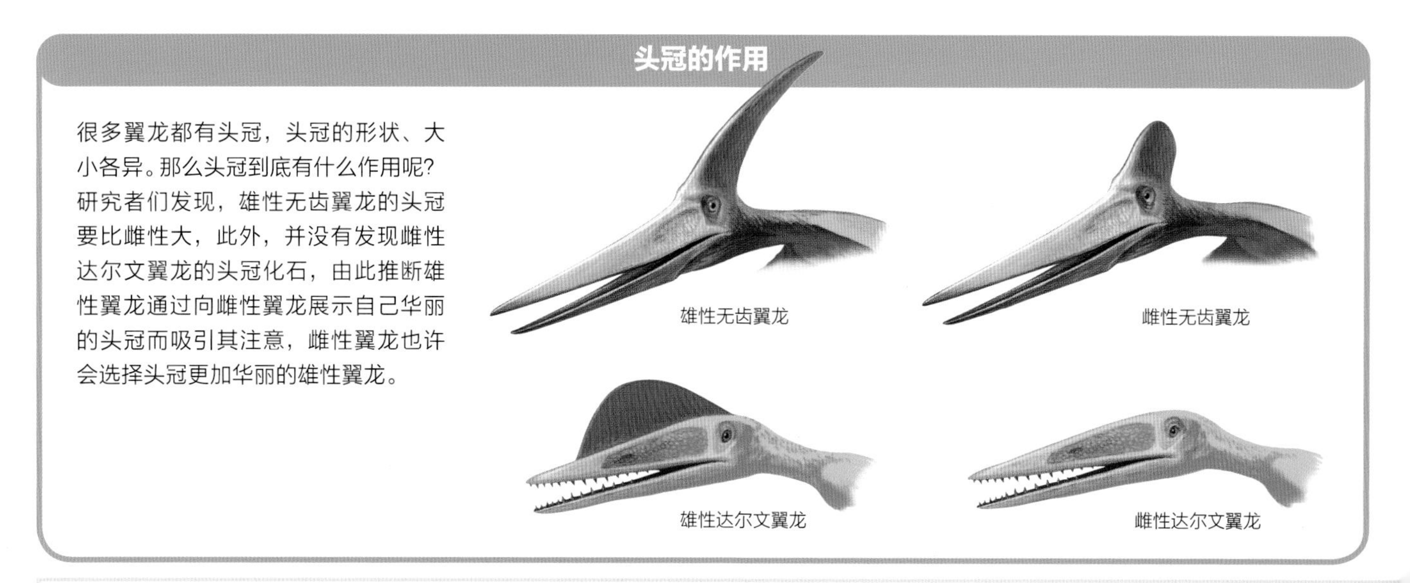

●科名 ●翼展 ●食性 ●生存时代 ●化石被发现的地区

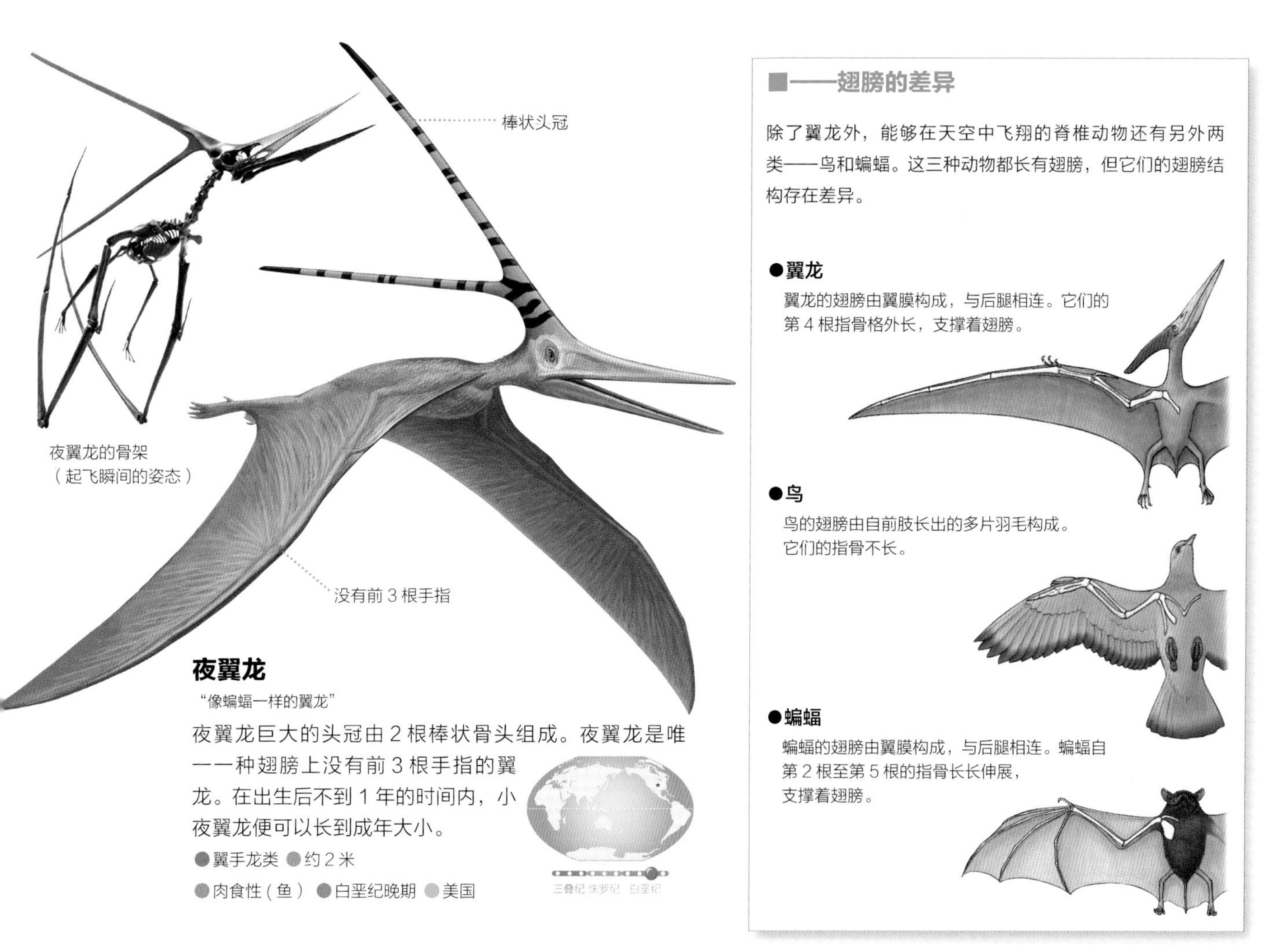

夜翼龙

"像蝙蝠一样的翼龙"

夜翼龙巨大的头冠由 2 根棒状骨头组成。夜翼龙是唯一一种翅膀上没有前 3 根手指的翼龙。在出生后不到 1 年的时间内，小夜翼龙便可以长到成年大小。

●翼手龙类 ●约 2 米
●肉食性（鱼） ●白垩纪晚期 ●美国

■——翅膀的差异

除了翼龙外，能够在天空中飞翔的脊椎动物还有另外两类——鸟和蝙蝠。这三种动物都长有翅膀，但它们的翅膀结构存在差异。

●翼龙

翼龙的翅膀由翼膜构成，与后腿相连。它们的第 4 根指骨格外长，支撑着翅膀。

●鸟

鸟的翅膀由自前肢长出的多片羽毛构成。它们的指骨不长。

●蝙蝠

蝙蝠的翅膀由翼膜构成，与后腿相连。蝙蝠自第 2 根至第 5 根的指骨长长伸展，支撑着翅膀。

古魔翼龙

"古老的恶魔"*

古魔翼龙是一种大型翼龙，其上下颌上长着圆形冠状突起。该突起可以帮助其一边在空中飞翔，一边在水面附近捕捉正在游动的鱼。

●翼手龙类 ●约 4.5 米●肉食性（鱼） ●白垩纪早期 ●巴西

* 校注：学名 *Anhanguera* 为巴西的小镇名，意为"古老的恶魔"。

根据发现的足迹化石得知，几乎所有的翼龙类在陆地上都用四肢行走。

翼龙类③

古神翼龙

“学名 *Tapejara* 在图皮语里意为‘古老的生物’”

古神翼龙属于小型翼手龙类。它们的吻部上方和下颌上长着圆形突出的骨质冠饰。通常认为古神翼龙在白天活动。

●翼手龙类 ●约 1.5 米 ●肉食性（鱼）？ ●白垩纪早期 ●巴西

雷神翼龙

“学名 *Tupandactylus* 意为‘雷神的手指’。Tupã 是图皮族的雷神”

雷神翼龙的头冠由皮肤般柔软的膜构成，该膜由纤细伸展的骨头支撑着。与体形相比，雷神翼龙的头冠显得极大。 ●翼手龙类 ●约 3.5 米? ●肉食性（鱼）？ ●白垩纪早期 ●巴西

掠海翼龙

“海上的奔跑者”

掠海翼龙属于大型翼龙。它们的头冠巨大，从上颌前端一直延伸到头部后方。之前学界一直认为掠海翼龙靠飞掠水面捕鱼为生，但近来也有学说认为它们在陆地上捕食一些小动物。

●翼手龙类 ●约 4.5 米 ●肉食性? ●白垩纪早期 ●巴西

世界化石产地 德国·索伦霍芬

德国的索伦霍芬因发现了保存良好的翼龙化石而闻名于世。在侏罗纪晚期，索伦霍芬曾是深海湾里的一片浅海。翼龙的骨骼极薄，很难形成化石保存下来。但该地区海水盐度高，生物尸体不易腐烂，能够较好地保存下来。因为在这里发现了翼龙化石，至少可以证实一部分翼龙生活在海边。除了翼龙外，在这里还发现了保存良好的始祖鸟（➔ P77）化石。

在侏罗纪晚期的石灰岩中发现了化石

准噶尔翼龙

“在中国新疆准噶尔盆地发现的翼龙”

准噶尔翼龙颌部前端尖锐细长，并向上弯曲。它们通常寻找生活在泥土中的贝类等，用后侧牙齿咬碎其外壳食用。

●翼手龙类 ●约 3 米 ●肉食性（以贝类和昆虫为主） ●白垩纪早期 ●中国

——翼龙类的起飞方式

鸽子等鸟类利用后腿起跳，再拍打翅膀后起飞。因此，它们体形越大，后腿越健壮。然而，翼龙类的后腿并不发达，而且体形越大，前肢越健壮。由此学界认为翼龙类与鸟类不同，它们需要同时使用后腿和前腿才能起飞。

●古魔翼龙的起飞方式

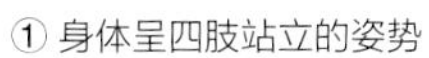

① 身体呈四肢站立的姿势

② 脊背弯曲，身体下蹲

③ 前肢不动，后腿蹬离地面

④ 前肢起跳，进而起飞

●风神翼龙能在天空飞翔吗？

身体越重的动物，起飞越困难。风神翼龙作为体形巨大的翼龙，体重达 200 千克以上。因此，有种学说认为，即使它们拥有翅膀，也不能在空中飞翔。然而，依照上面介绍的起飞方法，即使是身体较重的翼龙类，也能轻易地起飞。

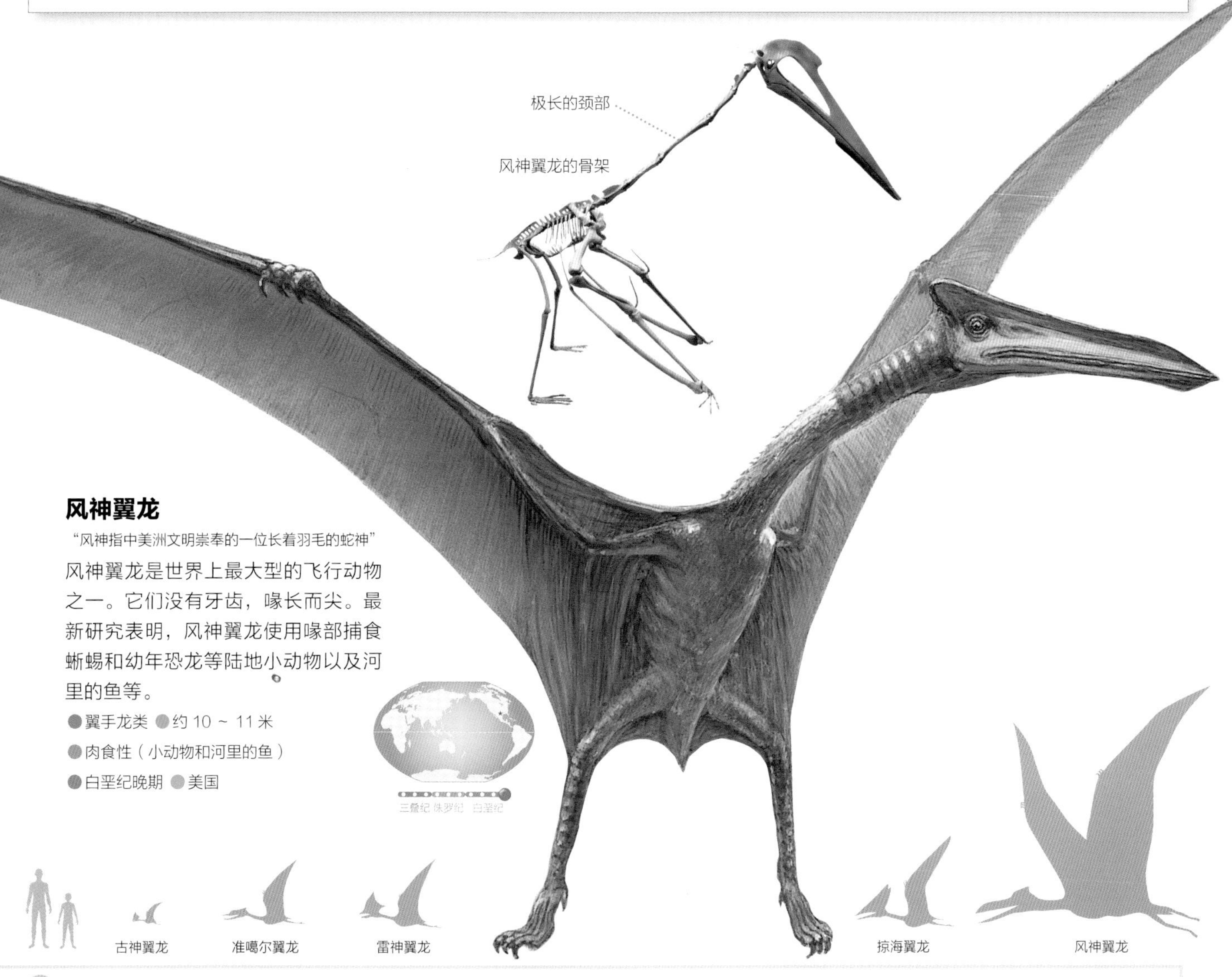

风神翼龙

“风神指中美洲文明崇奉的一位长着羽毛的蛇神”

风神翼龙是世界上最大型的飞行动物之一。它们没有牙齿，喙长而尖。最新研究表明，风神翼龙使用喙部捕食蜥蜴和幼年恐龙等陆地小动物以及河里的鱼等。

●翼手龙类 ●约 10 ~ 11 米

●肉食性（小动物和河里的鱼）

●白垩纪晚期 ●美国

在现代的飞行动物中，体重最重的是一种叫大鸨的鸟，重约 20 千克。

蛇颈龙类

蛇颈龙类是生活在大海中的爬行动物。它们身体宽，尾巴短，四肢演化为长鳍，利用鳍在水中游动。蛇颈龙类出现于三叠纪末期，直到白垩纪末期灭绝。它们生活在世界各地的海洋中。

薄片龙

“身体有薄片骨头的蛇颈龙”

薄片龙的颈部骨头很多，数量达到 72 块。起初，研究者以为该长长的颈骨属于尾巴，后证实其属于颈部。薄片龙的颈部可以在水中自由活动，但仅头部可以伸到水面上方。

●蛇颈龙类 ●约 14 米

●肉食性（以乌贼等海洋小动物为主）

●白垩纪晚期 ●美国

上龙

“比蛇颈龙更接近蜥蜴的生物”

有研究认为上龙的咀嚼力是霸王龙的 4 倍。通常认为上龙使用前鳍游动，仅在需要快速游动的情况下才会使用后鳍，如袭击猎物时等。

●上龙类 ●约 12 米 ●肉食性（海生爬行动物和鱼类）

●侏罗纪晚期 ●英国

巨板龙

“拥有大大的骨板的蛇颈龙”

巨板龙是一种原始的蛇颈龙类。上龙类一般具有颈部短这一特征，但巨板龙颈部较长，接近头部的 2 倍。它们用来支撑前鳍的肩胛骨很大，由此推断巨板龙可以快速游动。

●上龙类 ●约 4.5 米 ●肉食性（以鱼类为主）

●侏罗纪早期 ●英国

克柔龙

“得名于希腊神话中的泰坦巨神克罗诺斯”

1899 年，克柔龙的下颌骨化石被发现，随后其他骨化石相继被发现。60 年后，研究者终于得以复原克柔龙的全身骨骼形态。它们的特征在于，后鳍比前鳍长。在克柔龙的胃部化石中发现了龟和蛇颈龙的骨头。

● 上龙类 ● 约 9 ~ 10 米 ● 肉食性（海生爬行动物和鱼类）
● 白垩纪早期 ● 澳大利亚、哥伦比亚

拉玛劳龙

“拉丁名意为‘强壮的蛇颈龙’”

作为大型的肉食性海生爬行动物，拉玛劳龙是非常原始的物种。即使在水中，拉玛劳龙也能够通过气味捕捉到猎物。

● 上龙类 ● 约 7 米
● 肉食性（鱼类、菊石和海生爬行动物）
● 侏罗纪早期 ● 英国

浅隐龙

“拉丁名意为‘隐藏的锁骨’”

在蛇颈龙类中，浅隐龙的体形属于中型，颈部不太长。它们的体形稍微类似于海豹，因此浅隐龙被认为既可以在水中生存，也可以在陆地生存。浅隐龙可能在陆地产卵，但目前尚未发现相关证据。

● 蛇颈龙类 ● 约 8 米 ● 肉食性（以乌贼和鱼类为主）
● 侏罗纪晚期 ● 英国、法国、俄罗斯、南非?

蛇颈龙

“因其长颈的特征得名”

蛇颈龙是世界上最早被发现并被正式命名的蛇颈龙类。根据目前发现的化石，有学说认为蛇颈龙的繁殖方式是直接产下幼崽而不是卵。

● 蛇颈龙类 ● 约 3.5 米
● 肉食性（以乌贼和鱼类为主）● 侏罗纪早期 ● 英国

双叶龙

“在日本福岛县双叶地区发现的蛇颈龙”

双叶龙是在日本首度发现，并被详细研究的蛇颈龙类。1968 年，双叶龙的化石被发现，此后很长一段时间，它以“双叶铃木龙”的名字被人们熟知。

● 蛇颈龙类 ● 约 7 米
● 肉食性（以乌贼和鱼类为主）
● 白垩纪晚期 ● 日本

在漫画及动画电影《哆啦 A 梦：大雄的恐龙》中，角色“皮之助”的原型便是双叶龙。

鱼龙类

鱼龙类与蛇颈龙类一样，是具有代表性的海生爬行动物。鱼龙类主要生活在离陆地较远的浩瀚海洋中。它们的四肢已经演化成鳍，与海豚相似的体形是它们的一大特征。鱼龙类出现于三叠纪早期，在侏罗纪时期最为鼎盛，于白垩纪晚期初叶灭绝。

鱼龙

"因外形酷似现代的鱼类而得名"

鱼龙是世界上最早被发现并被正式命名的鱼龙类。鱼龙类的学名"*Ichthyosauria*"正是来源于鱼龙。在发现的数百具鱼龙化石中，有的母体肚子里还怀着幼崽。

- 鱼龙科 ●约2米 ●肉食性（以鱼类和乌贼为主）
- 三叠纪晚期～侏罗纪早期
- 比利时、英国、瑞士、德国

肖尼鱼龙

"在美国肖尼山脉发现的鱼龙"

肖尼鱼龙身长可达 21 米，是最大的海生爬行动物。肖尼鱼龙的化石最早发现于美国的内华达州。此后，在加拿大发现的一些大型化石曾一度被认为属于其他物种，直到 2013 年，日本研究者确认该化石为肖尼鱼龙的化石。

- 萨斯特鱼龙科 ● 15 ～ 21 米
- 肉食性（以鱼类和乌贼为主）
- 三叠纪晚期 ●美国、加拿大

歌津鱼龙

"在日本宫城县歌津地区发现的鱼龙"

歌津鱼龙是最原始的鱼龙之一。它们由四肢演化而成的鳍还很小，尾部的鳍细长，整个身体也很细长，能像鳗鱼那样弯着身体游动。

- 歌津鱼龙科 ●约 3 米
- 肉食性（以鱼类为主）
- 三叠纪早期
- 日本、加拿大

泰曼鱼龙

"又名'切齿鱼龙'，泰曼为音译"

泰曼鱼龙是相当大型的鱼龙类，其特征在于眼睛极大。泰曼鱼龙善于游泳，可以潜至深海处。●泰曼鱼龙科 ●约10米？●肉食性（以乌贼和菊石为主）●侏罗纪早期 ●英国、德国

狭翼鱼龙

"长有狭窄的鳍的鱼龙"

狭翼鱼龙与鱼龙类似，但其头部更小，鳍较窄。在德国发现了大量保存极好的狭翼鱼龙化石。通常认为它们可以像金枪鱼那样敏捷地游动。●狭翼鱼龙科 ●约3米 ●肉食性（以鱼类和乌贼为主）●侏罗纪早期 ●英国、法国、德国、瑞士

大眼鱼龙

"眼睛很大的鱼龙"

就像其名字一样，大眼鱼龙的眼睛极大。它们的体形与海豚非常相似，后鳍比前鳍小很多。目前已发现肚中怀着幼崽的雌性大眼鱼龙化石。

●大眼鱼龙科 ●约6米 ●肉食性（以乌贼为主）●侏罗纪中期~晚期 ●英国、俄罗斯、美国

慈母椎龙

"拉丁名意为'慈母的脊骨'"

慈母椎龙的化石曾一度被认为属于"扁鳍鱼龙"，直到2006年被命以此名。除了几乎完整的成年骨化石外，也发现了慈母椎龙即将诞生的胚胎化石。

●大眼鱼龙科 ●约2.5米？●肉食性（以乌贼为主？）●白垩纪早期 ●加拿大

坚固泳龙

"骨骼结实、擅于游泳的鱼龙"

坚固泳龙是2012年被正式命名的新型鱼龙。它们与大眼鱼龙类似，但二者在特征上存在细微差异。●大眼鱼龙科 ●约3米 ●肉食性（以乌贼为主？）●白垩纪早期 ●英国、德国

鱼龙类是与海豚完全不同的生物，但为了能够在水中游动，两者演化出非常相似的身形。

其他动物①

除了恐龙和翼龙、蛇颈龙、鱼龙外，中生代还出现了许多其他爬行动物，可以称得上是鼎盛时代。龟、鳄鱼和蜥蜴等现代爬行动物中最古老的物种全都出现于中生代。

帝龟

“帝王海龟”

目前已发现的最古老的龟鳖类化石来自三叠纪晚期。在已发现的几乎完整的化石中，帝龟的体形最大。它们的甲壳中存在大量缝隙。帝龟是一种海龟，它们曾生活在北美洲中央区域的浅海中。

●原盖龟科 ●约 4 米 ●肉食性（以乌贼为主）
●白垩纪晚期 ●美国

楯齿龙

“因长有平坦的牙齿而得名”

楯齿龙是生活在浅海的爬行动物。它们身体粗壮，尾巴较长，颈部很短，头部强健，颌部排列着平坦而结实的大牙齿，利用该牙齿可以将贝壳咬碎食用。●楯齿龙科 ●约 2 米
●肉食性（以贝类为主）
●三叠纪中期 ●德国、法国、波兰、中国

幻龙

“假冒的蜥蜴”

幻龙是与现代的海豹一样生活在浅海和陆地的爬行动物。它们的后腿长，手脚都长着蹼。幻龙的身体结构与晚期的蛇颈龙非常相似，但仍保留着更原始的特征。

●幻龙科 ●约 4 米 ●肉食性（以鱼类为主）
●三叠纪中期～晚期 ●德国、西班牙、荷兰、以色列、中国

无齿龙

“因只有一颗牙齿而得名”

无齿龙与海龟相似，但属于楯齿龙类。它们脊背的甲壳上排列着密密麻麻的小骨板，骨板上覆盖着与指爪成分（角质）相同的物质。无齿龙的上下颌中仅长有1 颗牙齿，由此得名。

●无齿龙科 ●约 1 米 ●肉食性（以贝类为主） ●三叠纪晚期 ●德国

沧龙

“学名 *Mosasaurus*，得名于法国东北部的河流默兹河”

沧龙是沧龙类中非常大型的物种。与其他物种相比，它们的身体结构非常结实。沧龙主要吃一些鱼类、龟和菊石等。

●沧龙科 ●12 ~ 13 米 ●肉食性 ●白垩纪晚期 ●英国、荷兰、比利时、美国

海王龙

“（吻部）呈瘤状的沧龙”

海王龙属于沧龙类。沧龙类是一种向海洋进军的蜥蜴。海王龙和帝龟同样生活在北美洲中央区域的浅海中。在海王龙的胃部化石中，发现了鱼类、蛇颈龙类、生活在海洋的鸟类等的化石。

●沧龙科 ●约 14 米 ●肉食性 ●白垩纪晚期 ●美国

达拉斯蜥蜴

“化石发现地位于美国城市达拉斯”

达拉斯蜥蜴是非常小型、原始的沧龙类。它们的尾巴和腿部均未演化成鳍形，因此不擅长游泳。此外，它们的腕骨尚未变短，由此认为它们属于水陆两生物种。

●沧龙科 ●约 1 米 ●肉食性（以小动物为主） ●白垩纪晚期 ●美国

沧龙类近似于现代的科莫多巨蜥。在白垩纪末期的 2000 万年里，鱼龙类灭绝，蛇颈龙类的数量也在减少，而沧龙类却在全世界各个海洋达到鼎盛。

其他动物 ②

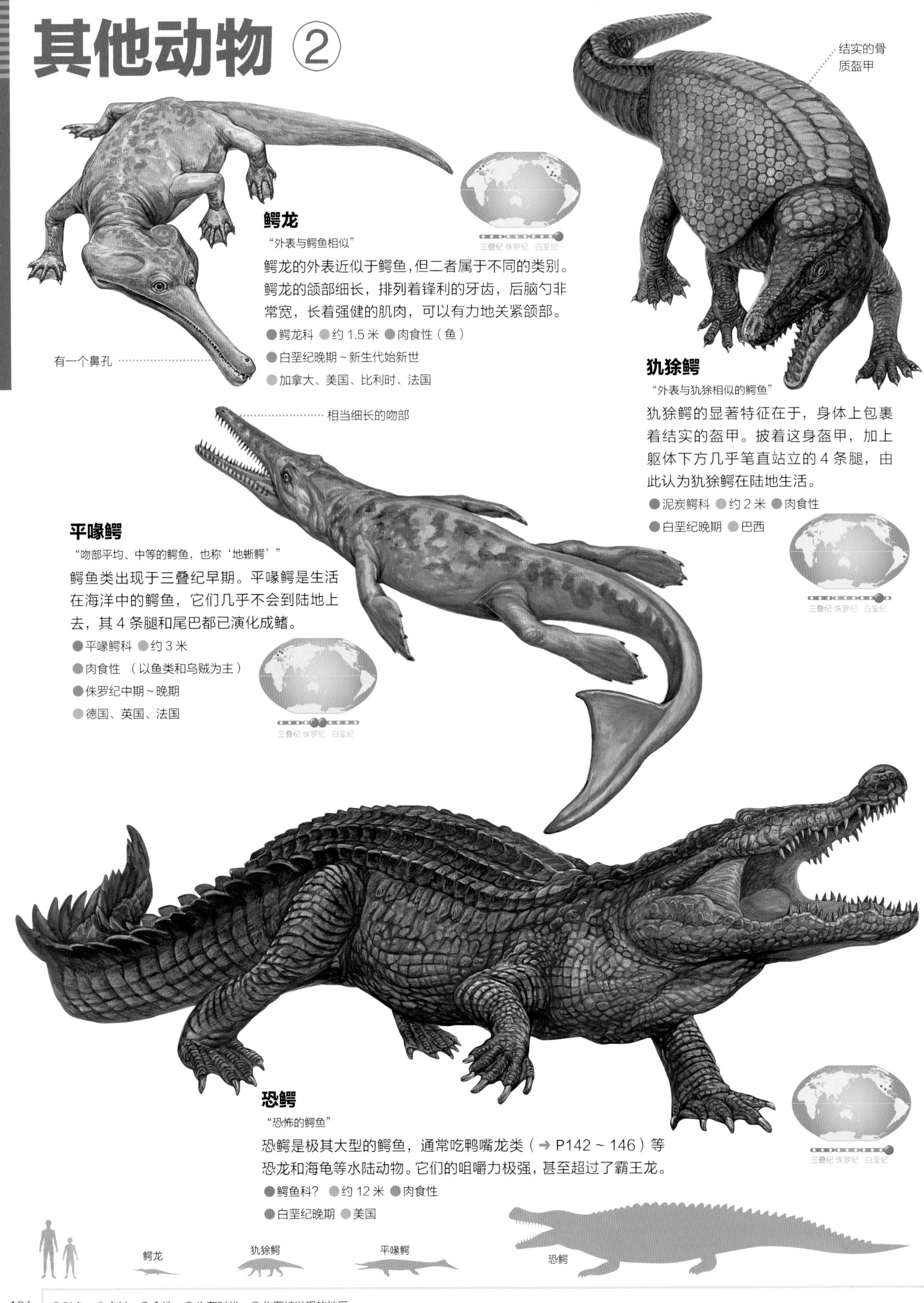

鳄龙

"外表与鳄鱼相似"

鳄龙的外表近似于鳄鱼，但二者属于不同的类别。鳄龙的颌部细长，排列着锋利的牙齿，后脑勺非常宽，长着强健的肌肉，可以有力地关紧颌部。

- 鳄龙科 ●约 1.5 米 ●肉食性（鱼）
- 白垩纪晚期～新生代始新世
- 加拿大、美国、比利时、法国

犰狳鳄

"外表与犰狳相似的鳄鱼"

犰狳鳄的显著特征在于，身体上包裹着结实的盔甲。披着这身盔甲，加上躯体下方几乎笔直站立的 4 条腿，由此认为犰狳鳄在陆地生活。

- 泥炭鳄科 ●约 2 米 ●肉食性
- 白垩纪晚期 ●巴西

平喙鳄

"吻部平均、中等的鳄鱼，也称'地蜥鳄'"

鳄鱼类出现于三叠纪早期。平喙鳄是生活在海洋中的鳄鱼，它们几乎不会到陆地上去，其 4 条腿和尾巴都已演化成鳍。

- 平喙鳄科 ●约 3 米
- 肉食性 （以鱼类和乌贼为主）
- 侏罗纪中期～晚期
- 德国、英国、法国

恐鳄

"恐怖的鳄鱼"

恐鳄是极其大型的鳄鱼，通常吃鸭嘴龙类（➔ P142～146）等恐龙和海龟等水陆动物。它们的咀嚼力极强，甚至超过了霸王龙。

- 鳄鱼科？ ●约 12 米 ●肉食性
- 白垩纪晚期 ●美国

哺乳动物

我们人类属于哺乳动物，而哺乳动物的直系祖先就起源于三叠纪晚期，与恐龙几乎同时出现。恐龙在整个中生代大放异彩，而那时的哺乳动物几乎都是夜间活动的小型物种。

摩尔根齿兽

"在英国格拉摩根发现的、长有尖利牙齿的哺乳类"

摩尔根齿兽是最早的哺乳类之一，已发现其大量的颌部和牙齿化石。摩尔根齿兽的上下牙齿能像剪刀一样切断食物。它们的牙齿生长与现代的哺乳类一样，在乳牙脱落之后长出恒牙。

●摩尔根齿兽科 ●约 15 厘米 ●肉食性（以昆虫和蚯蚓为主）

●三叠纪晚期 ●英国、欧洲其他各国、中国、美国

爬兽

"类似爬行类的哺乳类"

爬兽是中生代哺乳类中最大的物种，其大小与犬类相近。爬兽会以幼年鹦鹉嘴龙（➜ P156）为食。

●戈壁锥齿兽科 ●约 1 米

●肉食性 ●白垩纪早期 ●中国

三角齿兽

"牙齿呈三角形的兽类"

袋鼠生出的幼崽极小，需要在育儿袋中进行养育，而三角齿兽便是相当于袋鼠祖先的哺乳类之一。20 世纪 20 年代，美国探险队在恐龙化石产地发现了三角齿兽的化石。

●三角齿兽科 ●约 15 厘米

●肉食性（以昆虫和蚯蚓为主）

●白垩纪晚期 ●蒙古

始祖兽

"最早的真兽类"

作为能够生育出发育完全的幼崽的哺乳类，始祖兽是最古老的物种。目前已发现始祖兽几乎完整的骨骼化石和残留着毛发痕迹的化石。

●未定 ●约 20 厘米 ●肉食性（以昆虫和蚯蚓为主）

●白垩纪早期 ●中国

在几乎所有恐龙都灭绝的白垩纪末期，哺乳动物开始在白天活动，同时物种数量也急剧增加，体形也逐渐大型化。

大灭绝之谜

在大约6600万年前的白垩纪末期，以恐龙为首的大量生物从地球上消失了。关于它们灭绝的原因存在多种学说，直到2010年，学界对这场灭绝的原因终于达成了共识。

陨石撞击说

白垩纪末期，一颗直径约10千米的巨大陨石撞击了地球。猛烈的冲击产生了超高的热量，致使陨石和岩石熔化，形成细小的灰埃。这些灰埃迅速升到空中，覆盖了整个地球。于是，阳光被遮挡，地球变得非常寒冷。此外，撞击产生的热量使陆地上发生了严重的火灾，撞击还引起了海啸，下起毒雨，地球上的环境发生了翻天覆地的变化。最终，地球环境的改变导致了恐龙和多数生物的灭绝。

■——陨石撞击说的证据

在墨西哥发现的陨石坑是陨石撞击说的证据。该陨石坑形成于白垩纪末期，直径达200千米。此外，在白垩纪与古近纪之间的地层中发现了"铱"这种物质。铱在地球中的含量极少，但陨石中却含有大量的铱。

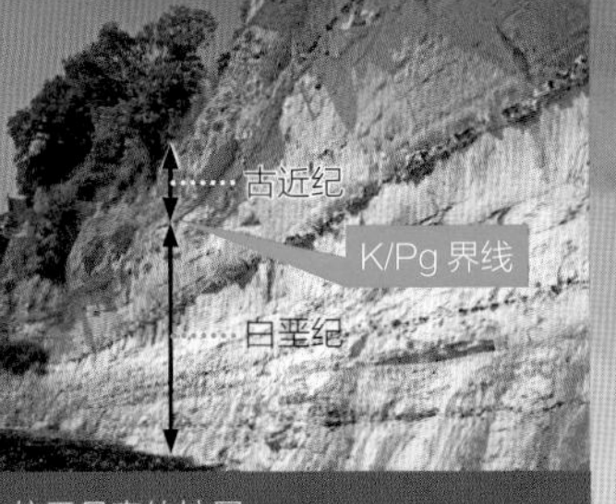

位于丹麦的地层。
白垩纪（德语为 Kreid）与古近纪（英语为 Paleogene）之间的标记线称为"K/Pg 界线"

恐龙灭绝之前

陨石坠落之后，恐龙是怎样灭绝的？对此存在多种假说。本书就其中受到普遍认可的假说进行介绍。

陨石撞击地球后，大量尘埃上升到空中，遮挡了阳光，使植物难以生长。

植物逐渐枯萎，对于以植物为食的恐龙而言，其食物变少。

植食性恐龙逐渐死去，对于以植食性恐龙为食的肉食性恐龙而言，其食物变少逐渐死去。

幸存的生物

伴随着多数生物的灭绝，少数生物则幸存了下来。在恐龙不复存在的地球上，这些生物成了新的主角。

部分哺乳动物幸存了下来，此时它们都还是小型物种。此后，这些哺乳动物演化出众多物种，人类的祖先也诞生其中。

龟、蛇、蜥蜴、鳄鱼等爬行动物和部分两栖动物也幸存了下来。

虽然多数恐龙灭绝了，但在演化成鸟类的物种中，有少量种类幸存了下来，它们便是我们今天看到的鸟类的祖先。

与恐龙同时灭绝的生物

在白垩纪末期，除了恐龙，地球上大约70%的生物都灭绝了，其中包括翼龙类、蛇颈龙类和菊石等。

成为“恐龙博士”的必备用语

按照汉语拼音字母顺序对本书中出现的恐龙相关词汇进行注释。

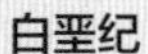

白垩纪

白垩纪是中生代 3 个纪中的最后一个纪。白垩纪末期发生了大灭绝事件，在中生代达到鼎盛的多数生物消失。

被子植物

被子植物指开花的植物类群，在现代植物中最为繁盛。通常认为它们出现于白垩纪早期。

齿系

齿系是部分植食性恐龙具备的特殊牙齿构造，表现为正在使用的牙齿下方排列着满满的替代齿。

代

代是划分地质年代的单位。代的进一步细分是纪。

地层

地层指沙子和泥土等经过长年累月的堆积形成的岩层。通常情况下，地层的断面可见明显条纹状。

钉刺

角龙类颈盾等处的突起中，长且顶端尖锐的部位在本书中称为钉刺。

发掘

发掘指发现化石并进行挖掘。通常情况下，根据偶然发现的骨头和牙齿碎片，发掘其周边可能掩埋的身体残留部分。这是一项需要毅力和体力的工程。

分类

分类指基于某种特征对群体进行划分。恐龙的分类方法主要是根据它们的骨头形状和牙齿结构，也可以根据饮食习性、地域对其进行分类。

复制品

真化石极其贵重，因此人们常常利用硅胶等取型复制，用于骨骼研究和博物馆展示。

冈瓦纳古陆

冈瓦纳古陆是盘古大陆分裂而成的两个大陆之一，也称南方大陆，包括今天的南美洲、印度、澳大利亚、非洲、南极洲。

钩爪

钩爪是肢趾端所生的锋利的钩曲爪，用于捕捉猎物，攫取食物，常见于肉食性恐龙的手指及脚趾。

古生代

古生代是中生代的前一个时代，大约在 5 亿 4200 万～ 2 亿 5100 万年以前，包括寒武纪、奥陶纪、志留纪、泥盆纪、石炭纪、二叠纪。

古生物

古生物是对曾经生活在地球上而现已灭绝的生物的统称。对这些生物进行研究的学科称为古生物学。

骨骼

骨骼指全身的骨头。在恐龙的发掘过程中，完整的骨骼很少见，也极其贵重。

骨盆（腰带）

骨盆是位于腰部的骨头，包括耻骨、髂骨（肠骨）、坐骨。根据耻骨（位于骨盆的前下部）的朝向，将恐龙分为蜥臀类和鸟臀类两个大类。

后裔

后裔指从一个祖先生物相继繁衍出的后代等延续血缘的世代生物。生物通过繁衍后裔，保留父母或祖先的特征。

滑翔

滑翔指张开翅膀，在空中滑行。

化石

化石指留存在古地质年代（通常为 1 万年以前）地层中的古生物遗体或遗迹，包括骨头、足迹、粪便、蛋等。它们通常掩埋在地层之中，像石头一样坚固。此外，冰冻的猛犸象也属于化石。

脊椎动物

脊椎动物是对身体长有脊椎骨的动物的统称。它们大约在 5 亿 1300 万年前出现在地球上。

纪

纪是划分地质年代的单位，是对代的进一步细分。

坚尾龙类

坚尾龙类是兽脚类恐龙中尾巴笔直、难以弯曲的一个类别。

科

科是生物分类中的一级，是对关系相近的属的统称。

恐爪龙类

恐爪龙下目是最接近于鸟类祖先的小型兽脚类的一个类别。

劳亚古陆

盘古大陆被分为南北两个大陆，其中的北方大陆就是劳亚古陆。它包括今天的亚洲、欧洲、北美洲。

冷血动物（外温动物）

蜥蜴通过晒太阳暖化身体，像这样通过气温、水温等外界温度调节体温的动物称为冷血动物。

论文

研究者通常将自己发现和研究的内容以论文的形式进行记录、印刷及发表。对新物种进行命名并发表的论文称为“报道论文”。

裸子植物

裸子植物指包括杉树、松树、银杏、苏铁等的植物类群。它们出现于古生代，在中生代达到鼎盛，主要是蜥脚形类恐龙的食物。

灭绝

灭绝指某生物种群没有留下子孙，消失殆尽。在古生代和中生代末期，地球上的大多数生物都灭绝了。

图片：左上 / 福井盗龙的钩爪（➔ P45）右下 / 戟龙的头骨（➔ P163）

命名

命名指赋予名称。在发现新种恐龙时，研究者通过论文发表其名称。

南半球

南半球指地球赤道（平分南北的线）以南的地域，包括南美洲的大部分地区、澳大利亚、南极大陆等。

鸟类

鸟类指小型兽脚类中，演化成带有翅膀、能够飞翔的生物类别。在恐龙中，鸟类是唯一存活至今的类别。

爬行动物

爬行动物主要是指恐龙、翼龙、鳄鱼、蜥蜴等双孔类动物。

盘古大陆

地球上的大陆曾经是一个统一的整体，这个大陆被称为盘古大陆。

皮内成骨

皮内成骨指从皮肤内部长出的骨头。装甲类恐龙脊背上的盔甲便是由皮内成骨组成的。鳄鱼的身体上也覆盖着皮内成骨。

前寒武纪

前寒武纪指自地球诞生至古生代开始的大约 40 亿年间。

清理

在古生物研究中，清理指将挖掘出来的化石表面附着的多余沙粒和泥土小心谨慎地除去，以确保化石形态完整可见。

全长

全长指将身体笔直伸展时，头顶至尾部末端的长度。

三叠纪

三叠纪是中生代三个纪中的第一个纪。

属

属是生物分类中的一级，是对关系相近的生物的统称。属的上一级是科。

四足动物

四足动物指拥有四肢的动物。在脊椎动物中，除鱼类以外的其他动物都属于四足动物。

同类相残

同类相残指某生物将同类袭击后食用。有些肉食性恐龙也存在同类相残的现象。

头冠

头冠指鸟类头部长有的装饰物。有的恐龙头部也长有头冠。

温血动物（恒温动物）

温血动物指能够维持自身体温恒定的动物。人类也属于温血动物。

吻部

吻部指动物眼睛与嘴尖之间的部位。

新生代

新生代是中生代之后的一个时代，大约开始于 6600 万年前，延续至今，分为古近纪、新近纪、第四纪（包括现代）3 个纪。

新种

新种指至今未被发现的新的生物种类。有时也会出现某恐龙化石经研究后确认是其他新物种的情况。

虚骨龙类

它是兽脚类恐龙中，比坚尾龙类更加演化的类别。虚骨龙类下的所有物种都长有羽毛。

学名

学名指国际上通用的生物专业名称。一种生物拥有一个学名，不可与其他生物重名。研究者通过发表论文使学名生效。

演化

演化指生物种群在代代遗传的过程中，由于某种原因而演变出新的特征。

有羊膜类（羊膜类）

有羊膜类指四足动物中在胚胎（生命的最初阶段）发育过程产生羊膜的种类。爬行动物、哺乳动物属于有羊膜类。

羽毛

羽毛是爬行动物表皮细胞衍生的角质化产物，用于调节体温和飞翔，常见于鸟类以及与鸟类相近的兽脚类恐龙。近来在鸟臀类恐龙身上也发现了羽毛痕迹。

原始的

随着不断演化，生物的类别特征会发生演变，具备该类别所有生物共同特征的生物在本书中称为“原始的”。在恐龙研究的专业用语中称其为“基干的”，反义词为“特化的”。

杂食

杂食指以各种动植物为食物。人类也属于杂食。

中空

中空指物体的内部是空的。例如“中空的骨头”“中空的头冠”等。

中生代

中生代指处于古生代和新生代中间的时代，大约在 2 亿 5100 万 ~ 6600 万年前。中生代由 3 个纪组成，按照时间顺序依次是三叠纪、侏罗纪、白垩纪。

侏罗纪

侏罗纪是中生代 3 个纪中界于三叠纪和白垩纪之间的一个纪。

祖先

祖先指与某种生物（或某种类）有血缘关系的生活在过去的生物。例如“人类的祖先”“鸟与恐龙共同的祖先”等。在古生物研究中，这种亲缘关系称为“系统”。

的答案

第 95 页答案…❸
胃石是为了磨碎食物、帮助消化而吞入胃里的石头。这是爬行动物、鸟类的常见特征。在蜥脚类、与鸟类接近的兽脚类等恐龙身上也发现了胃石。

第 166 页答案…❷ 骨层（Bone Bed）
若某地区发现大量化石，则该地区被称为“骨层”。其中，“骨”表示骨头，“层”表示地层。

图片：扇冠大天鹅龙头部的头冠（➔ P149）

能够看到恐龙的博物馆

虽然恐龙已经灭绝了，但在博物馆可以见到真实的恐龙化石和骨骼。利用某些设施，还能够感受博物馆之旅和挖掘体验等内容。

自贡恐龙博物馆展示的“恐龙世界”（自贡恐龙博物馆 余刚 / 摄）

自贡恐龙博物馆展示的恐龙骨架（自贡恐龙博物馆 余刚 / 摄）

北京自然博物馆展示的恐龙骨架（北京自然博物馆 / 摄）

自贡恐龙博物馆　　电话：0813-5801235

自贡恐龙博物馆是在世界著名的“大山铺恐龙化石群遗址”上就地兴建的我国第一座专业恐龙博物馆，是世界三大恐龙遗址博物馆之一。这里展示着气龙、峨眉龙、蜀龙、华阳龙，以及在自贡发现的蛇颈龙、翼龙、狭鼻翼龙等。在这里还能看到镶嵌着恐龙骨头的岩层。

◆四川省自贡市大安区粲海井路 268 号

◎ 8：30 ~ 17：30（17：00 停止入馆）

●全年正常开放

☆成人 40 元 / 人；60 ~ 64 周岁老年人（国家法定节假日），1.3 米以上儿童、全日制大、中、小学生 20 元 / 人；60 ~ 64 周岁老年人（非国家法定节假日）、年满 65 周岁及以上老年人、1.3 米以下儿童、医务工作者、残疾人、现役军人、退休士官、军队离退休干部免费

北京自然博物馆　　电话：010-67024431

北京自然博物馆的基本陈列以生物进化为主线，展示了生物多样性以及与环境的关系，构筑起一个地球上生命发生发展的全景图。这里展示着永川龙、马门溪龙、禄丰龙、霸王龙、恐爪龙、沱江龙等。这里还有恐龙发掘现场，观众可以看到恐龙化石挖掘时候的场面，看到恐龙化石还在岩石中的状况。

◆北京市东城区天桥南大街 126 号

◎ 9：00 ~ 17：00（15：00 停止入馆）

●周一（国家法定节假日除外）

☆免费

◆地址 ◎开馆时间 ●休馆日期 ☆入馆费用　※ 关于开馆时间和休馆日期等，有时会发生变动，因此请事先进行电话咨询或网上查询。

中国古动物馆 电话：010-88369280

中国古动物馆是中国科学院古脊椎动物与古人类研究所创建，中国第一家以古生物化石为载体，系统普及古生物学、古生态学、古人类学及进化论知识的国家级自然科学类专题博物馆，也是亚洲最大的古动物博物馆。这里展示着亚洲最大的恐龙马门溪龙、被称为“中国第一龙”的许氏禄丰龙、长有羽毛的恐龙、世界最早具有角质喙的古鸟类、世界首枚翼龙胚胎、中生代能吃恐龙的哺乳动物等在世界上引起轰动的珍稀标本。

◆北京市西城区西直门外大街 142 号

◎ 9：00 ~ 16：30（16：00 停止售票）

●周一

☆成人 20 元 / 人；1.3 米及以上、老人（60 周岁及以上）、现役军人凭证件 10 元 / 人；1.3 米以下儿童及残疾人免费。3D 电影票 10 元 / 张，播放时间为公休日、法定节假日及寒暑假期间；小达尔文俱乐部会员持有效会员卡参观免门票，随行的 1 名家长也免票

禄丰县恐龙博物馆 电话：0878-4130652

这里陈列着禄丰龙、云南龙、兀龙、芦沟龙、中国龙和大地龙等恐龙化石标本，包括一具长 5.5 米的许氏禄丰龙埋藏形态化石标本，该标本为一具较完整的许氏禄丰龙，化石保留了恐龙死亡时及形成化石后最原始的状态。

◆云南省楚雄彝族自治州禄丰县镇金山南路 95 号

◎上午 8：00 ~ 12：00（11:30 停止入馆）
下午 14：00 ~ 18：00（17:30 停止入馆）

●全年正常开放

☆免费

宁夏灵武恐龙地质博物馆 电话：未知

这里陈列有世界最大的恐龙股骨复制模型及原亚洲最大的恐龙模型——四川合川马门溪龙复制模型，该模型长 22 米、高 10 米，还有奔龙、窃蛋龙及恐龙蛋、狼鳍鱼、潜龙、大唇犀牛头骨、乌龟等的化石。

◆宁夏回族自治区银川市灵武市宁东镇

◎未知

●未知

☆未知

山东省天宇自然博物馆 电话：0539-4291666

天宇自然博物馆内保存了 1200 多件恐龙以及 2200 多件鸟类化石，是世界上保存较完整个体的恐龙和鸟类化石最多的自然博物馆，是世界上最大的收藏恐龙和其他史前动物化石的博物馆。中科院南京地质古生物研究所和中科院古脊椎动物与古人类研究所都在这里设有科研工作站。

◆山东省临沂市平邑县城莲花山路西段

◎夏季 8:30 ~ 18:00，冬季 8:30 ~ 17:30（闭馆前 1 小时停止售票）

●全年正常开放

☆ 70 元 / 人；1.4 米以下儿童免费

中国地质博物馆 电话：010-66557858

这里陈列着巨型山东龙、中华龙鸟等恐龙系列化石，以及鱼龙、中国安琪龙、翼龙化石的模型等。

◆北京市西城区西四羊肉胡同 15 号

◎ 9：00 ~ 16：30（16：00 停止售票） ●周一

☆成人 15 元 / 人（优惠期间）；成人团体 15 元 / 人（30 人以上为团体）；未成年人（学龄前儿童须有 1 名成人陪同）、成年学生（持学生证）、教师（持教师证）、残疾人（持残疾证）、老年人（60 岁以上老年人）、军人（持军人证）、自然资源系统职工（持工作证）、中国地质学会会员（持会员证）免费

河源恐龙博物馆 电话：0762-3333595

这里主要展出 17000 多枚各种恐龙蛋化石、10 多具恐龙骨骼化石个体及众多恐龙足迹化石模型，以及霸王龙、甲龙、大型蜥脚类恐龙、翼龙等的模型。

◆广东省河源市源城区南提路龟峰塔下

◎ 9：00 ~ 17：30（17：05 停止入馆）

●周一（国家法定节假日除外）

☆成人 30 元 / 人；儿童、60 ~ 69 周岁老人、现役军人 15 元 / 人；70 岁以上老人、1.2 米（含 1.2 米）以下儿童、残疾人免费；“五一”“十一”、春节节假日期间，单次购买全票的游客享 8 折优惠

小兴安岭恐龙博物馆 电话：0458-3603126

这里共展出生活在白垩纪和侏罗纪时期的大小恐龙化石骨架 7 具。最大的一具恐龙化石骨架是出土于四川省的马门溪龙骨架，长 22 米，高 9 米，仅颈椎骨就有 19 块，尾长有 4 米多。出土于伊春市嘉荫县龙骨山的 2 具平头鸭嘴龙化石骨架也陈列在这里。

◆黑龙江省伊春市伊美区新兴西大街 1 号

◎上午 8：30 ~ 11：30，下午 14：00 ~ 17：30

●周一

☆免费

甘肃地质博物馆 电话：0931-8178210

甘肃地质博物馆由我国老一辈地质学家王曰伦先生创建，是全国最早的地质博物馆之一。序厅中的恐龙家园浮雕生动地展现了白垩纪早期甘肃地区的恐龙生态景观。中央展区突出展示近 10 年来在甘肃省境内新发现的大夏巨龙、兰州龙、肃州龙、雄关龙、桥湾龙、叙五龙等恐龙及甘肃鸟的化石。

◆甘肃省兰州市城关区滩尖子团结路 6 号

◎ 9：00 ~ 16：30

●周一（国家法定节假日除外）

☆免费

河南地质博物馆　　电话：0371-6810899903

这里展示有多种多样的古生物化石，包括亚洲体腔最大的恐龙、世界上最小的窃蛋龙、中国唯一的结节龙、世界上最大的一窝恐龙蛋化石、数十件珍贵的早期哺乳动物和长羽毛的恐龙化石等。展厅内循环播放有针对河南地域特色原创的《西峡恐龙蛋富集之谜》等16部三维动画影视，还有“与恐龙赛跑”“与恐龙比体重”等寓教于乐的互动项目。

◆河南省郑州市郑东新区金水东路18号

◎9：00～16：30（16：00停止售票）

●周一（国家法定节假日除外）

☆免费

广西自然博物馆　　电话：0771-2820904/2820502

馆内陈列有50000余件现生动植物、岩石矿物和古生物（含古人类）化石等自然标本。其中，地球和生物历史展览中展示了地球各阶段的典型生物，比如出土于南宁市郊区那龙镇、号称“广西第一龙”的大石南宁龙，它生存于距今8000万年前的白垩纪晚期。此外，还有贵州龙、赵氏扶绥龙和邓氏萨斯特鱼龙等古生物的化石。

◆广西壮族自治区南宁市人民东路1-1号人民公园内

◎9：00～16：30

●周一（国家法定节假日除外）

☆免费

二连盆地白垩纪恐龙国家地质公园　　电话：15804793669

这里集中展出了二连地区发现的恐龙化石和各个时期哺乳动物化石。二连浩特市是内蒙古最早载入国际古生物史册的恐龙化石产地。古生物学家在这里已陆续发现十余种恐龙，包括盘足龙、欧氏阿莱龙、鸭嘴龙、似鸟龙、甲龙和角龙等，有大量较完整的各类恐龙骨骼化石出土。

◆内蒙古自治区锡林郭勒盟二连浩特市东北9公里处

◎夏季8：40～16：30，冬季8：40～17：30

●未知　　☆50元/人

安徽省地质博物馆　　电话：0551-63548008

安徽省地质博物馆内馆藏标本4万余件，汇集了省内主要矿物、岩石、古生物化石及奇石和宝玉石精品等，有皖南恐龙蛋、恐龙骨骼、恐龙足印化石、巢湖鱼龙化石等。该馆的恐龙厅设计了一些与各类恐龙比身高、比体重、比速度等展项；展出一些可触摸的展品，如恐龙大腿骨、恐龙蛋、恐龙足印；模拟恐龙发掘、装架现场，让观众零距离接触恐龙。

◆安徽省合肥市政务区仙龙湖路999号

◎9：00～17：00（16：00停止入馆）

●周一　　☆免费

辽宁古生物博物馆　　电话：024-86591170

该馆的辽宁大型恐龙厅展示了辽宁的8件大型恐龙，包括辽宁巨龙、薄氏龙等；互动科普厅则带领观众亲自参与古生物化石有关的活动，包括进入首次在中国亮相的“恐龙剧场”，以及“与恐龙赛跑”“寻找化石”“中华龙鸟盖印”等。

◆辽宁省沈阳市皇姑区黄河北大街253号

◎9：30～16：00（15：30停止入馆）

●周一　　☆免费

浙江自然博物馆　　电话：0572-5022030/5022217

馆内的恐龙馆展厅以时代为主线，用化石标本、全身骨架复原、场景、复原模型和多媒体等手段介绍了三叠纪、侏罗纪和白垩纪各时代最具代表性的恐龙，以及恐龙的生活场景和“亲戚”。同时，也详细展示了发现于浙江的几种恐龙。地球生命故事展厅还设置有“恐龙时代”单元，再现恐龙世界的复原场景。

◆浙江省杭州市中心西湖文化广场6号

◎夏季（4月1日～10月31日）9:00～17:00，冬季（11月1日～3月31日）9：30～17：00（16：00停止售票）

●周一、周二（节假日正常开放，顺延休馆）

☆免费

重庆自然博物馆　　电话：023-60313777

该博物馆主要展示了地球演变、生命进化、生物多样性以及重庆的壮丽山川，倡导人与自然和谐共处和可持续发展理念。馆内的恐龙厅内展示有合川马门溪龙、上游永川龙和多背棘沱江龙等恐龙的珍贵化石，它们都是在重庆市本地发现的恐龙。

◆重庆市北碚区金华路398号

◎9：00～17：00（16：00停止入馆）

●周一（国家法定节假日除外）

☆免费

上海自然博物馆　　电话：021-68622000

上海自然博物馆拥有29万余件藏品，其中包括生存于白垩纪的鸟臀类恐龙的圆形恐龙蛋、凌源潜龙、圣贤孔子鸟、胡氏贵州龙、幻龙和莱德利基虫等古生物的化石。该馆针对身高1～1.3米儿童推出了化石挖掘体验活动，让他们可以在化石挖掘区感受古生物学家工作的过程和乐趣。

◆上海市静安区北京西路510号（静安雕塑公园内）

◎9：00～17：15

●周一（国家法定节假日除外）

☆成人30元/人；学生12元/人；1.3米以下或6周岁以下儿童免费

昌吉恐龙馆　　电话：0994-2358518

这里主要展示在新疆挖掘的中加马门溪龙、江氏单嵴龙、苏氏巧龙、戈壁克拉美丽龙、董氏中华盗龙，以及在准噶尔盆地和吐鲁番盆地采集的大量的脊椎动物化石，如古鳕类、叉鳞鱼、假鳄类、水龙兽、肯氏兽、小新疆猎龙、乌尔禾龙等。该馆的4D影院采用高科技仿真、声光电控制和4D特效技术，以真实比例还原剑龙、霸王龙等大批恐龙家族成员的生活场景。

◆新疆维吾尔自治区昌吉市建国西路与世纪大道交汇处

◎上午10：30～13：30，下午16：00～19：30

●周一、周二

☆免费

◆地址 ◎开馆时间 ●休馆日期 ☆入馆费用　※关于开馆时间和休馆日期等，有时会发生变动，因此请事先进行电话咨询或网上查询。

能够看到恐龙的世界博物馆

加拿大

皇家泰瑞尔博物馆

它是世界上屈指可数的古生物博物馆。这里展示着异特龙、霸王龙、圆顶龙、鸭嘴龙、赖氏龙、三角龙等200件以上的恐龙标本。

http://www.tyrrellmuseum.com/

◆艾伯塔省德拉姆海勒

加拿大自然博物馆

这里展示着准角龙和戟龙等角龙类，以及短冠龙、埃德蒙顿龙等鸭嘴龙类。此外，这里还陈列着“恐龙人”及其原型伤齿龙的模型。

http://www.nature.ca/

◆安大略省渥太华

美国

菲尔德自然史博物馆

这里展示着霸王龙“苏”、艾伯塔龙、迷惑龙、腕龙、赖氏龙等。

http://fieldmuseum.org/

◆伊利诺伊州芝加哥

丹佛自然科学博物馆

这里展示着与异特龙作战的剑龙、霸王龙等。

http://www.dmns.org/

◆科罗拉多州丹佛

美国国立恐龙公园

在这里可以看到掩埋在岩石中的侏罗纪时期的恐龙骨骸。异特龙、迷惑龙、梁龙、剑龙等都是在这里发现的。

http://www.nps.gov/dino/

◆犹他州詹森

耶鲁皮博迪自然历史博物馆

这里拥有大量生物最初发现的模式标本，并展示着霸王龙、迷惑龙、圆顶龙、剑龙等。

http://peabody.yale.edu/

◆康涅狄格州纽黑文

美国自然历史博物馆

它堪称是世界最大级别的恐龙收藏馆，位于展厅入口的恐龙骨架非常知名——保持后腿站立姿势的重龙与正要袭击它的异特龙。这里还展示着霸王龙、原角龙和正在孵蛋的窃蛋龙等。

http://www.amnh.org/

◆纽约州纽约

卡内基自然历史博物馆

这里展示着异特龙、霸王龙、梁龙、迷惑龙等。其中，卡内基梁龙和路氏迷惑龙便得名于该博物馆的赞助者卡内基夫妇。

http://www.carnegiemnh.org/

◆宾夕法尼亚州匹兹堡

杨百翰大学古生物学博物馆

这里展示着超龙的前腿化石以及异特龙、弯龙的骨骼等。

http://cpms.byu.edu/MP/

◆犹他州普罗沃

史密森尼国立自然历史博物馆

这里展示着梁龙、异特龙、埃德蒙顿龙、剑龙等。

http://www.mnh.si.edu/

◆华盛顿哥伦比亚特区

阿根廷

阿根廷自然科学博物馆

这里收藏着南美洲最大的恐龙标本，如皮亚尼兹基龙、食肉牛龙、巴塔哥尼亚龙、阿马加龙等。

http://www.macn.secyt.gov.ar/

◆布宜诺斯艾利斯

英国

英国自然历史博物馆

这里展示着在英国发现的重爪龙、棱齿龙和禽龙的化石以及它们的复制品等。

http://www.nhm.ac.uk/

◆伦敦

比利时

比利时皇家自然科学研究院

这里展示着在伯尼撒尔煤矿发现的禽龙类的化石及其组合后的骨架等。

http://www.naturalsciences.be/

◆布鲁塞尔

德国

柏林自然历史博物馆

这里陈列着在坦桑尼亚发现的轻巧龙、叉龙、腕龙、钉状龙等恐龙，以及在德国发现的始祖鸟等。

http://www.naturkundemuseum-berlin.de/en/

◆柏林

森根堡自然博物馆

这里展示着来自非洲、亚洲、欧洲和北美洲的恐龙化石及其复制品，包括梁龙和腕龙的化石以及木乃伊化的埃德蒙顿龙标本等。此外，这里的展品还有泥泳龙、狭翼鱼龙、楯齿龙等海生爬行动物以及翼龙等。

http://www.senckenberg.de/root/

◆美因河畔法兰克福

俄罗斯

俄罗斯科学院古生物研究所

这里展示着在蒙古发现的特暴龙、原巴克龙、栉龙、鹦鹉嘴龙等。

http://www.paleo.ru/museum/

◆莫斯科

日本

国立科学博物馆

国立科学博物馆是以加深对自然和科学的感动、理解为宗旨而创建的综合性科学博物馆。2015年夏天，可以看到恐龙化石的地球馆以尖端科学知识为基础进行了全新的展示。这里陈列着斑比盗龙、埃雷拉龙、恐爪龙、亚冠龙、肿头龙、三角龙、迷惑龙、霸王龙、剑龙的全身骨骼等。

https://www.kahaku.go.jp/

◆东京

福井县立恐龙博物馆

这里展示有圆顶龙、霸王龙等全身骨骼及复原模型。其中，根据在胜山市发掘的化石复原而成的福井龙和福井盗龙复原骨骼格外引人注目。此外，这里还陈列着珍贵的埃德蒙顿龙固化化石等。该博物馆被称为“世界三大恐龙博物馆”之一。

https://www.dinosaur.pref.fukui.jp/cn/

◆福井县

群马县立自然史博物馆

这里展示有圆顶龙、马门溪龙、腕龙的全身骨骼。此外，这里还陈列着三角龙发掘现场的再现立体实景模型、霸王龙和似鸡龙的可动模型、多种多样的恐龙蛋、牙齿等。

http://www.gmnh.pref.gunma.jp/

◆群马县

澳大利亚

澳大利亚昆士兰博物馆

这里展示着在澳大利亚发现的盾龙、木他龙、瑞拖斯龙等。

http://www.qm.qld.gov.au/

◆昆士兰州布里斯班

◆所在地

索引

恐龙名称的秘密

在给新生物命名（学名）时，命名者会从众多具有一定含义的词汇中，选择与该生物相符的词汇进行整合。以下将介绍恐龙学名常用词汇的含义。

tri + cera + ops
（三只的）（角）（脸）

名称	含义
an	无
archaeo	古代（远古）的
avi(avis)	鸟
brachy	短的
caud(caudia)	尾巴
cephalo	头部
cera	角
coeli(coelo)	中空的
compso	华丽的，优雅的
cryo	冰的，冰冻的
deino	可怕的
di	两个的
dino	可怕的
dromeus	奔跑者
eo	黎明的，开始的
eu	卓越的
giga	巨大的
hetero	差异
lepto	小的，细的
lopho(lophus)	头冠
maia	慈母
mega	大的，巨大的
micro	小的
mimus	类似，相似之物
mono	一个的
nano	极小的，小矮人
neo	新的
odon(odont)	牙齿
oid(oides)	类似于
onyx	爪，钩爪
ops	脸，眼睛
ornis	鸟
ornitho	鸟
oro	山
pachy	厚的
para	相似之物
penta	五个的，五只的
pro	之前的，更加原始的
proto	最初的
ptero	羽毛，翅膀
pteryx	羽毛，翅膀
raptor	强盗，掠夺者
rex	王，国王
saur	蜥蜴
saurus	蜥蜴
sino	中国
stego	顶部，覆盖
suchus	鳄鱼
titano	巨大的
tri	三个的，三只的
troo	伤害
veloci	迅速地
venator	猎人，奔跑者

插图制作者和照片协助者一览

本书中的插图和照片等得到了众多单位和个人的协助，现以页码顺序进行标注。

[插图]…复原图、解说图、插图
[照片]…照片拍摄、协助、提供

封面 [插图]山本匠（霸王龙）
[照片·封皮里侧]小学馆（霸王龙的上颌·日本国立科学博物馆）

扉页 [插图]小田隆（梁龙）

6～7 [插图]山本匠

8～9 [插图]月本佳代美

10～11 [插图]服部雅人

12～13 [插图]服部雅人

14～15 [插图]服部雅人

16～17 [插图]木村太亮、山本匠（知识栏）

18～19 [插图]山本匠、冈本泰子（骨骼图）
[照片]Science Photo library/AFLO（艾伯塔龙的头骨）

20～21 [插图]伊藤丙雄、冈本泰子（骨骼图）、木村太亮（知识栏）

22～23 [插图]矶村仁穗、角慎作（恐龙化石的形成过程）、加藤爱一（地图）
[照片]Dough and Dough planning（肉食性恐龙的牙齿·日本富山市科学博物馆）

24～25 [插图]山本匠

26～27 [插图]伊藤丙雄、冈本泰子（骨骼图）

28～29 [插图]山本匠、伊藤丙雄（埃雷拉龙）、矶村仁穗（知识栏）
[照片]Dough and Dough planning（曙奔龙的全身骨骼·Paul Sereno）、长尾衣理子（埃雷拉龙的头骨）、NPS（化石林国家公园）

30～31 [插图]山本匠、伊藤丙雄（冰脊龙、双嵴龙）
[照片]William Hammer（柯克帕特里克山和发掘队的帐篷）

32～33 [插图]山本匠、菊谷诗子（泥潭龙）、伊藤丙雄（三角洲奔龙）、山本香奈衣（知识栏）
[照片]Dinoguy2（恶龙头骨·The Field Museum）

34～35 [插图]山本匠、伊藤丙雄（食肉牛龙）
[照片]富田幸光（皱褶龙头骨·Paul Sereno）、Mary Lou Stewart（牙齿和残留着牙印的骨头·Stony Brook University）

36～37 [插图]伊藤丙雄
[照片]Helmut Tischlinger（似松鼠龙的全身化石）

38～39 [插图]伊藤丙雄
[照片]Mike Hettwer（棘龙的全身骨骼·National Geographic Creative）、小学馆（棘龙类头骨·日本神流町恐龙中心）、Greg Dale（棘龙牙齿·National Geographic Creative）、Thawats（鳄鱼头骨·Dreamstime.com）

40～41 [插图]山本匠
[照片]Ken Lucas（异特龙和弯龙的复原骨骼·Visuais Unlimited/Corbis）

42～43 [插图]山本匠（包括知识栏）、伊藤丙雄（鲨齿龙、南方巨兽龙）、藤井康文（马普龙）
[照片]Santiago Torralba（昆卡猎龙的全身骨骼·Universidad Nacional de Educación a Distancia）、Louie Psihoyos（鲨齿龙和人类的头骨·Corbis）、小学馆（马普龙的全身骨骼·Museo Municipal Carmen Funes、南方巨兽龙头骨·日本群马县立自然史博物馆）

44～45 [插图]山本匠、角慎作（知识栏）
[照片]日本福井县立恐龙博物馆（高志龙上颌、福井盗龙的全身骨骼）、小学馆（福井盗龙的钩爪·日本福井县立恐龙博物馆）

46～47 [插图]比佐邦彦
[照片]日本鹉川町立穗别博物馆（鸭嘴龙类的尾部化石）、日本国立科学博物馆（茂师龙的手臂骨头）、Dough and Dough planning（甲龙类足迹·日本富山市科学博物馆）、日本石川县白山市教育委员会（窃蛋龙类的爪）、日本福井县立恐龙博物馆（福井猎龙的全身化石、日本龙的全身骨骼）、日本群马县立自然史博物馆（棘龙类牙齿）、日本三重县立综合博物馆（鸟羽龙的股骨）、日本兵库县立人与自然博物馆（丹波巨龙的产状化石）、日本御船町恐龙博物馆（御船龙的牙齿）

48～49 [插图]山本匠、山本香奈衣（来看一看它的骨骼吧！）
[照片]日本福井县立恐龙博物馆（霸王龙的全身骨骼）、Neal Larson（被认为是霸王龙的鳞片化石·2004,Black Hills Institute of Geological Research,Inc.）

50～51 [插图]山本匠、菊谷诗子（冠龙、帝龙）、角慎作（知识栏）
[照片]小学馆（羽暴龙的尾部化石·Shandong Zhucheng Dinosaur National Geopark）

52～53 [插图]山本匠、山本香奈衣（知识栏）
[照片]kameda ryukichi（兽脚类恐龙的牙齿·Nature Production/amanaimages）

54～55 [插图]山本匠
[照片]Pat Morris（美颌龙的全身化石·Ardea/AFLO）

56～57 [插图]山本匠、仓本秀树（特辑）
[照片]Jin Xingsheng（蜻蜓类化石·Zhejiang Museum of Natural Hlstow）、朝仓秀之（辽宁省的发掘现场）、PPS（中华龙鸟的羽毛化石）、日本福井县立恐龙博物馆（福井猎龙的全身骨骼）

58～59 [插图]风美衣、山本匠（似鸟龙）
[照片]PPS（似鸡龙的头骨）

60～61 [插图]山本匠、风美衣（慢龙）
[照片]小学馆（镰刀龙的钩爪·日本茨城县自然博物馆）

62～63 [插图]山本匠
[照片]Dough and Dough planning（巴塔哥尼亚龙的前肢·Museo Municipal Carmen Funes）

64～65 [插图]山本匠、风美衣（原始祖鸟、尾羽龙）
[照片]Dough and Dough planning（拟鸟龙的头骨·日本福井县立恐龙博物馆、2007恐龙大陆）

66～67 [插图]山本匠、风美衣（雌驼龙）、菊谷诗子（巨盗龙）
[照片]Dough and Dough planning（窃螺龙的全身骨骼·日本御船町恐龙博物馆）、小学馆（葬火龙化石·日本神流町恐龙中心）、富田幸光（戈壁沙漠）

68～69 [插图]山本匠、风美衣（半鸟）

70～71 [插图]山本匠、风美衣（斑比盗龙）、矶村仁穗（知识栏）
[照片]小学馆（伶盗龙和原角龙的战斗化石·日本神流町恐龙中心）

72～73 [插图]风美衣、山本匠（犹他盗龙、近鸟龙）、玉城聪（知识栏）
[照片]PPS（犹他盗龙的全身骨骼）、小学馆（近鸟龙化石·Beijing Museum of Natural History）

74～75 [插图]山本匠（包括知识栏）、菊谷诗子（寐龙）
[照片]Louie Psihoyos（伤齿龙的蛋·Corbis）、吉川藤三郎（寐龙的全身化石·IVPP）

76～77 [插图]风美衣、山口达也（知识栏）

78～79 [插图]风美衣

80～81 [插图]伊藤丙雄、冈本泰子（骨骼图）

82～83 [插图]伊藤丙雄、角慎作（知识栏）
[照片]PPS（始盗龙的头骨）、长尾衣里子（月亮谷）

84～85 [插图]小田隆
[照片]日本福井县立恐龙博物馆（板龙的全身骨骼）、Science Photo library/AFLO（板龙的足部）、关谷透（细细坡龙的头骨）、Image navigator（板龙类的足迹）

86～87 [插图]小田隆
[照片]吉川藤三郎（云南省）、Louie Psihoyos（鼠龙的头骨、鼠龙的全身骨骼·Corbis）

88～89 [插图]小田隆
[照片]Universidad Nacional de EducaciÓn a Distancia（棘刺龙的发掘现场）

90～91 [插图]小田隆、山本香奈衣（知识栏）

92～93 [插图]小田隆、伊藤丙雄（巴塔哥尼亚龙）、玉城聪（知识栏）
[照片]富田幸光（巴塔哥尼亚龙的全身骨骼·Museo Argentino de Ciencias Naturales）、Heinrich Mallison、Luis Alcalá（图里亚龙的大腿骨·Museum Aragonés de Paleontología）

94～95 [插图]小田隆
[照片]Ardea/AFLO（梁龙头骨）、Louie Psihoyos（迷惑龙的全身骨骼·Corbis）、Dough and Dough planning（胃石·日本茨城县自然博物馆）

96～97 [插图]小田隆、伊藤丙雄（阿马加龙）、山本匠（尼日尔龙）、玉城聪（知识栏）
[照片]Ira Block（阿马加龙的头部和颈部骨骼·National Geographic Creative）、William Cushman（尼日尔龙的头骨·Shutterstock）

98 ~ 99	[插图] 小田隆、比佐邦彦（知识栏） [照片] 小学馆（清理化石的情形 · 日本福井县立恐龙博物馆）、日本福井县立恐龙博物馆（除清理化石外，从发掘到展示的情形）
100 ~ 101	[插图] 小田隆、山本香奈衣（知识栏） [照片] 富田幸光（长颈巨龙的全身骨骼 · Museum for Naturkunde Berlin）
102 ~ 103	[插图] 小田隆 [照片] 日本福井县立恐龙博物馆（福井巨龙手臂的骨头）
104 ~ 105	[插图] 山本匠、小田隆（安第斯龙、泰坦龙）、山本香奈衣（知识栏）、伊藤丙雄（马拉维龙）
106 ~ 107	[插图] 小田隆、山本匠（富塔隆柯龙）、伊藤丙雄（阿根廷龙） [照片] Afro（红树林）、小学馆（阿根廷龙的脊骨 · 日本群马县立自然史博物馆）
108 ~ 109	[插图] 小田隆、山本匠（纳摩盖吐龙）
110 ~ 111	[插图] 木村太亮
112 ~ 113	[插图] 山本匠
114 ~ 115	[插图] 菊谷诗子、山本香奈衣（左侧知识栏）、角慎作（右侧知识栏虚拟像）
116 ~ 117	[插图] 伊藤丙雄、冈本泰子（骨骼图）
118 ~ 119	[插图] 藤井康文、玉城聪（知识栏）
120 ~ 121	[插图] 藤井康文、矶村仁穗（知识栏） [照片] 朝仓秀之（剑龙头骨、剑龙骨板 · 日本国立科学博物馆）
122 ~ 123	[插图] 藤井康文 [照片] Yellow Two Company 井原信隆（残留受伤痕迹的西龙化石 · 日本林原自然科学博物馆）、Afro（莫里逊组、剑龙的全身化石）
124 ~ 125	[插图] 小田隆、玉城聪（知识栏） [照片] 小学馆（迈摩尔甲龙的头骨一中央宣传企划）、富田幸光（加斯顿龙的骨架 · BYU Museum of Paleontology）
126 ~ 127	[插图] 小田隆 [照片] Royal Saskatchewan Museum（肉食性恐龙的粪便化石）、小学馆（草食性恐龙的粪便化石 · 日本福井县立恐龙博物馆）、Louie Psihoyos（各种各样的粪便化石 · Corbis）、Afro（加拿大艾伯塔省恐龙公园）、National Geographic Creative（北方盾龙的化石）
128 ~ 129	[插图] 小田隆、伊藤丙雄（盾龙）、山口达也（知识栏） [照片] 小学馆（甲龙类的尾骨）
130 ~ 131	[插图] 小田隆、山本香奈衣（知识栏） [照片] Witmer Lab at Obio University（牛头怪甲龙的头骨）、小学馆（绘龙的头骨 · Long Hao Institute of Geology and Paleontology in Hohhot）
132 ~ 133	[插图] 伊藤丙雄、冈本泰子（骨骼图）
134 ~ 135	[插图] 菊谷诗子、山本香奈衣（知识栏） [照片] Ghedoghedo（奥斯尼尔洛龙的全身骨化石 · Paleontology Museum of Zurich）、富田幸光（灵龙的骨架 · 日本福井县立恐龙博物馆）、相田明（白峰龙的头部复原模型 · 日本国立科学博物馆、"三角龙展"实施委员会）、石川县白山市教育委员会（白峰龙的头部化石、加贺龙的牙齿）、小学馆（桑岛化石壁）
136 ~ 137	[插图] 菊谷诗子、伊藤丙雄（加斯帕里尼龙） [照片] Ghedoghedo（棱齿龙的头骨 · The Natural History Museum）、富田幸光（加斯帕里尼龙的头骨 · National University of Comahue）
138 ~ 139	[插图] 山本匠、伊藤丙雄（木他龙）、藤井康文（阿纳拜斯龙） [照片] 小学馆（禽龙全身化石 · Royal Belgian Institute of Natural Sciences）、富田幸光（木他龙的头骨 · Queensland Museum）
140 ~ 141	[插图] 山本匠 [照片] 日本福井县立恐龙博物馆（高吻龙头的骨 · 福井龙的骨架）、小学馆（手取群北谷层的发掘情况 · 日本福井县立恐龙博物馆）
142 ~ 143	[插图] 山本匠 [照片] Afro（黑鸭）、富田幸光（齿系 · 日本国立科学博物馆）
144 ~ 145	[插图] 山本匠 [照片] Louie Psihoyos（慈母龙幼崽的模型 · Corbis）、Kevin Schafer（格里芬龙的全身骨化石 · Corbis）、PPS（鳄鱼巢穴）、Afro（鸟巢）
146 ~ 147	[插图] 山本匠、角慎作（知识栏） [照片] The Judith River Foundation、LoriLee（短冠龙的全身化石 · The Children's Museum of Indianapolis）
148 ~ 149	[插图] 山本匠、加藤爱一（知识栏） [照片] 小学馆（扇冠大天鹅龙骨架 · 日本福井县立恐龙博物馆）、Ira Block（副栉龙的头骨 · National Geographic Creative）
150 ~ 151	[插图] 加藤爱一、山本匠（全景立体画） [照片] Louie Psihoyos（霸王龙头骨、霸王龙的牙齿、三角龙头骨卜 · Corbis）、PPS（异特龙前肢、伶盗龙前肢）
152 ~ 153	[插图] 伊藤丙雄、冈本泰子（骨骼图）
154 ~ 155	[插图] 伊藤丙雄、山本匠（知识栏） [照片] Afro（肿头龙的头骨）、Ira Block（龙王龙的头骨 · National Geographic Creative）
156 ~ 157	[插图] 山本匠 [照片] PPS（鹦鹉嘴龙头骨、鹦鹉头骨）、小学馆（隐龙头骨 · IVPP）、吉川藤三郎 [红山龙（成年）的头骨 · IVPP]、富田幸光（鹦鹉嘴龙的巢穴化石 · Dalian Natural History Museum）、Robert Clark（鹦鹉嘴龙的尾部化石 · National Geog raphic Creative）
158 ~ 159	[插图] 山本匠 [照片] Richard T.Nowitz（原角龙的骨架 · Corbis）、Witmer Lab at Ohio University（黎明角龙的头骨）
160 ~ 161	[插图] 山本匠、山本香奈衣（知识栏） [照片] EoFauna/Jorge Mendieta、Martha Garcfa（奥伊考角龙的头骨）、Witmer Lab at Ohio University（祖尼角龙的头骨）
162 ~ 163	[插图] 山本匠 [照片] Royal Ontario Museum（尖角龙的头骨）、相田明（恶魔角龙的头骨、大鼻角龙的头骨 · "三角龙展"实施委员会）、Claire Houck（戟龙的头骨 · American Museum of Natural History）
164 ~ 165	[插图] 山本匠 [照片] Maarten Heerlien（野牛龙的头骨 · Los Angeles Natural History Museum）、相田明（厚鼻龙的头骨 · "三角龙展"实施委员会）
166 ~ 167	[插图] 山本匠 [照片] 相田明（三角龙的骨架 · 日本福井县立恐龙博物馆 · "三角龙展"实施委员会、开角龙的头骨 · "三角龙展"实施委员会）、Royal Ontario Museum（无鼻角龙的头骨）
168 ~ 169	[插图] 山本匠 [照片] Royal Tyrrell Museum（始三角龙的头骨）、相田明（华丽角龙的头骨、犹他角龙的头骨 · "三角龙展"实施委员会）、Nicholas R.Longrich（三角龙的头骨、牛角龙的头骨）
170 ~ 171	[插图] 山本匠（长着羽毛的霸王龙） [照片] PPS（世界上第一个霸王龙复原骨架、1920 年左右的霸王龙复原图、曼特尔肖像、欧文肖像、19 世纪 60 年代的巨齿龙和禽龙复原图、禽龙类的化石、禽龙像、禽龙的爪子、雷龙复原图、腕龙复原图）、Paul A.Souders（霸王龙现在的复原骨架 · Corbis）、小学馆（历代图鉴）、Louie Psihoyos（从雷龙的骨架上除去头骨的样子 · Corbis）
172 ~ 173	[插图] 山本匠
174 ~ 175	[插图] 风美衣、山本匠（沛温翼龙） [照片] Kevin Schafer（喙嘴龙的全身化石 · Corbis）
176 ~ 177	[插图] 风美衣、玉城聪（右侧知识栏） [照片] 日本福井县立恐龙博物馆（南翼龙的骨架、夜翼龙的骨架）
178 ~ 179	[插图] 风美衣、玉城聪（知识栏） [照片] 福井县立恐龙博物馆（风神翼龙的骨架）、PPS（索伦霍芬）
180 ~ 181	[插图] MIPPY [照片] 小学馆（双叶龙的骨架 · 日本国立科学博物馆）
182 ~ 183	[插图] MIPPY
184 ~ 185	[插图] MIPPY
186 ~ 187	[插图] MIPPY、田中丰美（哺乳动物）
188 ~ 189	[插图] Mark Garlick、玉城聪（知识栏）、田中丰美（知识栏：幸存的生物） [照片] 白尾元理（K/Pg 界线的地层）
190 ~ 191	[插图] 比佐邦彦 [照片] 福井县立恐龙博物馆（福井盗龙的钩爪）、Lynton Gardiner（戟龙的头骨 · Dorling Kindersley）、小学馆（扇冠大天鹅龙的头骨 · 日本福井县立恐龙博物馆）
200	[插图] 伊藤丙雄
封底衬页	[照片] 木村太亮

※ 大小比较的虚拟像全部由加藤爱一制作

●主编

富田幸光（日本国立科学博物馆名誉研究员）

●植物主编

大花民子（原日本财团法人自然史科学研究所主任研究员）

●协助

东洋一（日本福井县立大学恐龙学研究所教授、日本福井县立恐龙博物馆特别馆长）

池上直树（日本御船町恐龙博物馆主任研究员）

大桥智之（日本北九州市立自然史与历史博物馆研究员）

三枝春生（日本兵库县立人与自然博物馆自然与环境评价研究部主任研究员）

藤田将人（日本富山市科学博物馆研究课调查主任研究员）

藤原慎一（名古屋大学博物馆助教）

徐星（中国科学院古脊椎动物与古人类研究所副所长）

田中康平（名古屋大学博物馆特别研究员）

●复原图

伊藤丙雄 冈本泰子 小田隆 菊谷诗子 田中丰美

月本佳代美 服部雅人 风美衣 藤井康文 山本匠 MIPPY

●插图

矶村仁穗 加藤爱一 木村太亮 仓本秀树 角慎作 玉城聪

比佐邦彦 山口达也 山本香奈衣 Mark Garlick

●照片提供与拍摄

相田明 朝仓秀之 小林快次 白尾元理

开谷透 富田幸光 长尾衣里子 吉川藤三郎

金幸生 Heinrich Mallison Helmut Tischlinger Luis Alcala

Nicholas R.Longrich Paul Sereno Peter Larson William Hammer

Afro Image Navigator Corbis DKimages Dreamstime Getty Images

National Geographic Creative Nature Production/amanaimages PPS 通讯社

Dough and Dough planning 小学馆摄影部

●摄影与采访合作

饭田市美术博物馆 大阪市立自然史博物馆 神流町恐龙中心 群马县立自然史博物馆 日本国立科学博物馆 富山市科学博物馆 林原自然科学博物馆 兵库县立人与自然博物馆 福井县立恐龙博物馆 三重县立综合博物馆 御船町恐龙博物馆 茨城县自然博物馆 鹉川町立穗别博物馆 石川县白山市教育委员会 Science Heart 中央宣传企划 中日新闻社 日本经济新闻社 读卖新闻社 “三角龙展”实施委员会（读卖新闻社、中央宣传企划）

内蒙古龙昊地质古生物研究所 山东省诸城市恐龙博物馆 大连自然博物馆 浙江自然博物馆 中国科学院古脊椎动物与古人类研究所 北京自然博物馆

BYU Museum of Paleontology Los Angeles Natural History Museum

Museo Argentino de Ciencias Naturales Museo Municipal Carmen Funes

Museum Aragones de Paleontologia Museum fÜr Naturkunde Berlin

Queensland Museum Royal Belgian Institute of Natural Sciences

Royal Ontario Museum Royal Saskatchewan Museum Royal Tyrrell Museum

The Children's Museum of Indianapolis The Field Museum

The Natural History Museum Black Hills Institute of Geological Resaearch

EoFauna The Judith River Foundation National University of Comahue NPS

Stony Brook University Universidad Nacional de Educacida a Distancia

Witmer Lab at Ohio University

除此之外的日本与世界各国的博物馆

主要参考文献

《霍尔兹博士的最新恐龙事典》，托马斯·R. 霍尔兹 Jr.（小畠郁生译）2010，朝仓书店

《亚洲恐龙》，董枝明（富田幸光监译，关谷透译），2013，国书刊行会

《新版 灭绝的哺乳动物图鉴》，富田幸光、伊藤丙雄、冈本泰子，2011，丸善

The Princeton Field Guide To Dinosaurs, Gregory S.Paul, 2010, Princeton University Press

The Dinosauria, David B.Weishampel, etc, 2007, University of California Press

Dinosaurs: The Most Complete, Up-to-Date Encyclopedia for Dinosaur Lovers of All Ages, Thonas R. Holtz Jr, 2007, Random House

《古生物学事典（第 2 版）》，日本古生物学会（编），2010，朝仓书店

《恐龙学》，David E.Fastovsky 等（真锅真译），2006，丸善

《恐龙大百科事典》，James O.Farlow 等（小畠郁生译），2001，朝仓书店

《世界化石遗产》，P.A. 塞尔登等（镇西清高译），2009，朝仓书店

《索伦霍芬化石图鉴 Ⅱ》，K.A 弗利克宾格（小畠郁生监译，舟木嘉浩、舟木秋子译），2007，朝仓书店

《热河生物群化石图鉴》，张弥曼等（小畠郁生监译，池田比佐子译），2007，朝仓书店

《特辑 日本恐龙》，富田幸光等，2011、Milsil22 号，国立科学博物馆

《评价与提议 报告书》，篠山层群恐龙化石等发掘调查验证委员会，2013，兵库县立人与自然博物馆

《恐龙时代 修订版》，Newton 增刊，2012，Newton Press

《轻松知晓！猜谜式趣味恐龙学》，福井县立恐龙博物馆，2013，今人舍

《21 世纪儿童百科恐龙馆》，真锅真，2007，小学馆

《哆啦 A 梦的恐龙世界大探险》，真锅真，2006，小学馆

Archaeopteryx, Peter Wellnhofer, 2009, Pfeil, Dr.Friedrich

The Pterosaurs, Peter Wellnhofer, 2009, Pfeil, Dr.Friedrich

Composition of Scientific Words, Roland Wilbur Brown, 2000, Smithsonian Books

Distributions of cranial pathologies provide evidence for head-butting in dome-headed dinosaurs, Joseph E.Peterson, Collin Dischler, Nicholas R. Longrich, 2013, PLosONE, vol.8.

Torosaurus is not Triceratops:ontogeny in chasmosaurine ceratopsids as a case study in dinosaur taxonomy, Nicholas R. Longrich, Daniel J. Field, 2013, PLosONE, vol.7.

Nostril position in dinosaurs and other venebrates and its significance for nasal function, Lawrence M. Witmer, 2001, Science, vol.293.

参考图鉴

《福井县立恐龙博物馆展示解说书》修订第 3 版，2013，福井县立恐龙博物馆

《恐龙战国时代的霸主！三角龙》，2014，读卖新闻社

《大恐龙展》，2013，读卖新闻社

《翼龙之谜》，2012 年，福井县立恐龙博物馆

《世界最大 恐龙王国 2012》，2012，汎企画 21

《秘密探险！棘龙》，2011，群马县立自然史博物馆

《恐龙博览 2011》，2011，朝日新闻社

《地球最古老的恐龙展》，2010，NHK

《亚洲恐龙时代的揭幕》，2010，福井县立恐龙博物馆

《恐龙 2009》，2009，日本经济新闻社等

《恐龙大陆》，2007，中日新闻社

《世界巨大恐龙博览 2006》，2006，日本经济新闻社等

《恐龙博览 2005》，2005，朝日新闻社

《中国大陆的 6 亿年》，2004，福井县立恐龙博物馆

参考网页

Thomas R.Holtz, Jr.Genus list Holz(2007) dinosaurs：updated genus list (12 January 2012)

http://www.geol.umd.edu/ ~tholtz /dinoappendix/HoltzappendixWinter2011.pdf

University of Maryland Geol 104 Dinosaurs：a natural history（Fall Semester 2013）

http://www.geol.umd.edu/~tholtz/G104/lectures/104dinorise.html

图书在版编目（CIP）数据

小学馆大百科．恐龙 /（日）富田幸光著；王美玲译；廖俊棋校．-- 北京：北京联合出版公司，2021.8（2023.8 重印）

ISBN 978-7-5596-4615-6

Ⅰ．①小… Ⅱ．①富… ②王… ③廖… Ⅲ．①恐龙－儿童读物 Ⅳ．① Q915.864-49

中国版本图书馆 CIP 数据核字 (2020) 第 199385 号

小学馆大百科：恐龙

著　　者：[日] 富田幸光
译　　者：王美玲　　　　**校：**廖俊棋
出 品 人：赵红仕
选题策划：北京浪花朵朵文化传播有限公司
出版统筹：吴兴元
编辑统筹：彭　鹏
特约编辑：黄逸凡　陆　叶
责任编辑：孙志文
营销推广：ONEBOOK
装帧制造：墨白空间・唐志永

北京联合出版公司出版
（北京市西城区德外大街 83 号楼 9 层　100088）
北京盛通印刷股份有限公司　新华书店经销
字数 700 千字　889 毫米 ×1194 毫米　1/16　13.25 印张
2021 年 8 月第 1 版　2023 年 8 月第 6 次印刷
ISBN 978-7-5596-4615-6
定价：160.00 元

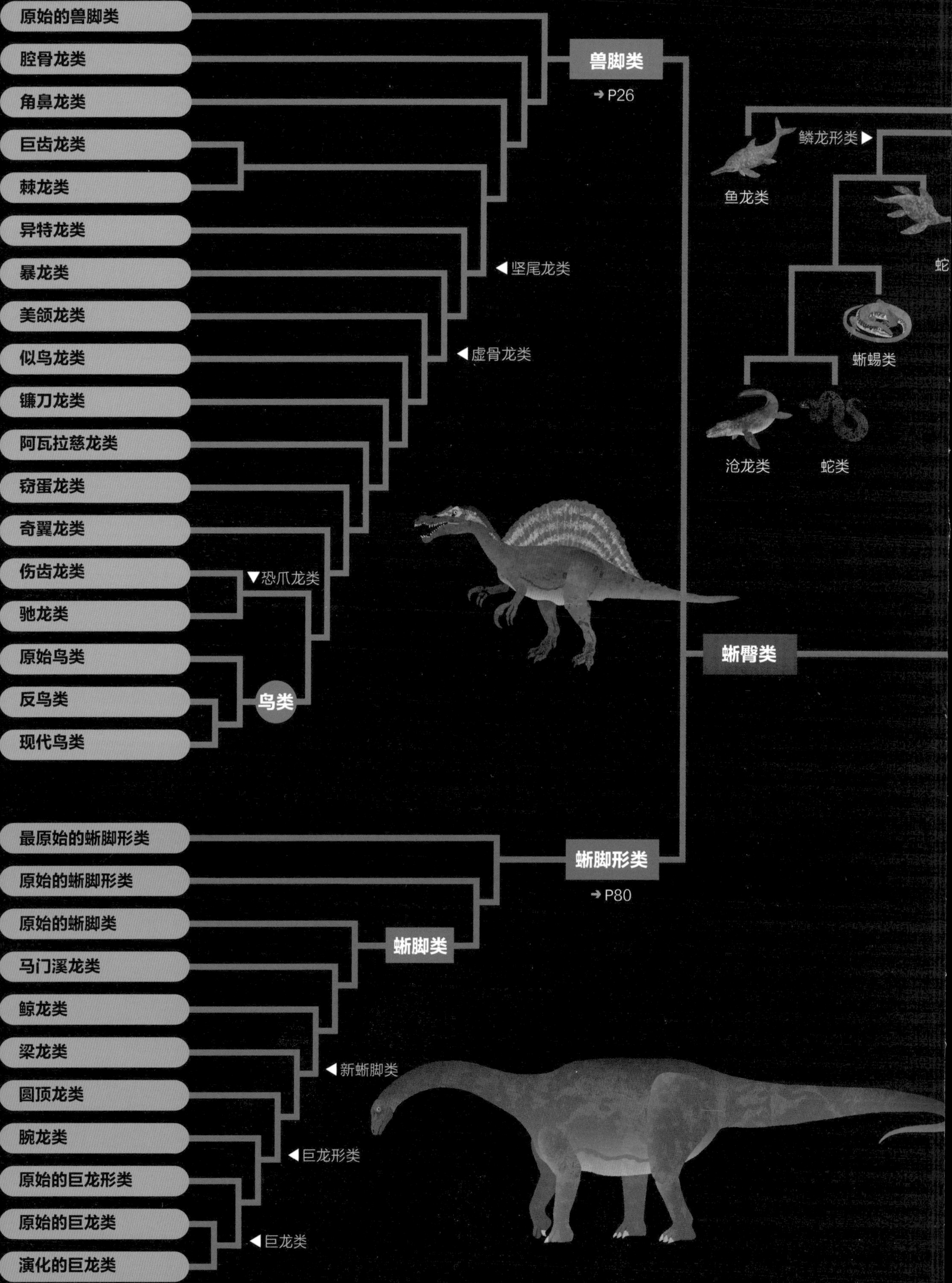
原始的兽脚类
腔骨龙类
角鼻龙类
巨齿龙类
棘龙类
异特龙类
暴龙类
美颌龙类
似鸟龙类
镰刀龙类
阿瓦拉慈龙类
窃蛋龙类
奇翼龙类
伤齿龙类
驰龙类
原始鸟类
反鸟类
现代鸟类
兽脚类
➜P26
◀坚尾龙类
◀虚骨龙类
▼恐爪龙类
鸟类
鳞龙形类▶
鱼龙类
蛇
蜥蜴类
沧龙类
蛇类
蜥臀类
最原始的蜥脚形类
原始的蜥脚形类
原始的蜥脚类
马门溪龙类
鲸龙类
梁龙类
圆顶龙类
腕龙类
原始的巨龙形类
原始的巨龙类
演化的巨龙类
蜥脚形类
➜P80
蜥脚类
◀新蜥脚类
◀巨龙形类
◀巨龙类